なぜ?
を解決!

中学校 3年分の数学が教えられるほどよくわかる

東大卒プロ数学講師
小杉拓也

はじめに

人に教えられるくらいの本物の数学力を身につける

●中学数学の疑問を徹底的にわかりやすく解説！

中学校で習う数学は、「なぜ？」「どうして？」「どうやって？」と疑問をもつことがとても大切な科目です。

「負の数と負の数をかけると、なぜ正の数になるのか?」
「平方根の計算は、どうやってするのか?」
「三平方の定理は、なぜ成り立つのか?」

このように疑問をもち、その疑問を解決していくプロセスのなかで、数学の力がどんどん身についていきます。本書は、これらの疑問に対して、徹底的にわかりやすく解説した本です。中学校3年間に習う数学の全範囲（全12章）にわたる疑問を解説していきます。中学1年生で習う「正負の数」「1次方程式」から、中学3年生で習う「因数分解」「円周角の定理」まで、数学の全範囲を幅広くカバーしています。

本書は主に次のような方を対象にしています。

- ●中学数学の学び直しや、頭の体操をしたい方
- ●数学史にも触れながら、中学数学の「なぜ？」「どうして？」を解決したい方
- ●学校では教えてくれないことも含めて、中学数学をもっと深く理解したい中学生～大学生
- ●お子さんに中学数学を深く理解してほしい、または上手に教えたい親御さん
- ●授業に数学史をとり入れて、わかりやすく教えたい教育関係の方

003

この本は、皆様のおかげでベストセラーにしていただいた『小学校6年分の算数が教えられるほどよくわかる』（ベレ出版）の続編です。前作を読んでいただいた方はもちろん、本作から読んでいただくのも、著者としてうれしい限りです。

本作には、前作と比べて、プラスの要素を加えた部分があります。それは「**数学の歴史をとり入れたこと**」です。これは本書の大きな特長のひとつです。

数学のテキストをみると、数字や文字が並んでいて、機械的なイメージを感じ、それによって苦手意識をもつ方もいるでしょう。

しかし実際、数学とは、私たちと同じ人間がつくり上げてきたものであり、数学のテキストに載っていることはすべて、人間が証明してきたものです。言いかえると、古代から現代までの数多の数学者が試行錯誤し、悩み、やっとの思いで積み重ねてきた、理論や閃きの結晶が、数学なのです。ですから、**数学のさまざまな公式の背景には、わくわくするような数学の歴史が存在します**。

それらは、**学校ではあまり教えてくれませんが、実際に知ると、数学が好きになるきっかけとなるほど興味深いエピソードが多い**のも事実です。

そこで、この本では、中学校3年分の数学を徹底的にわかりやすく解説するのに加えて、その背景にある数学の歴史や、数学者の興味深いエピソードもあわせて紹介しています。それによって、**より深く、楽しく、数学を理解**していただければ幸いです。

●**数学の本当の理解＝それを人に教えられること**

中学校で習う数学は、「数学の基礎の基礎」です。だからといって、甘く見るのは禁物です。文字式、方程式、平方根などの計算の仕方はわかっていても、「**なぜこの方法で計算できるのか?**」「**どうしてこの公式が成り立つのか?**」というような根本的な疑問に答えられる人は意外に少ないものです。このような

根本的な疑問に答えられてこそ、「本物の数学力」が身についているのだといえます。

　本書では、数学の「なぜ？」「どうして？」「どうやって？」などの疑問を徹底的にかみくだいて、わかりやすく解説しています。それぞれの解説では、他のどの本にもないくらいに、丁寧かつわかりやすく説明することを心がけました。それによって、最終的には読者の方自身が「人に教えられるくらいの本物の数学力を身につける」ことを目指します。

「人に教えられるくらいわかる」というのは、本当の意味で理解することを意味します。「なんとなく」のレベルでなら、中学数学を理解している方は多いでしょう。しかし、人に説明できるくらいにマスターしている人は少ないのではないでしょうか。中学校で習う数学を「なんとなくわかっている状態」から「本当に理解している状態」に引き上げることも、本書の目的です。

　この「人にわかりやすく説明する」というのは、実は最も難しいことです。なぜなら、頭の中でわかっていても、それを言語化し、さらに他の人でもわかるように教えることは至難の業だからです。

　でも、せっかく数学の学び直しをするなら、表面的なおさらいだけでなく、人に説明できるくらいに深く理解をしたいものです。本当の意味で理解してこそ、「こういうことだったのか！」と、数学の面白さを実感することができます。

　本書は前作同様、これまでにない内容の濃い 1 冊になったと思っています。

　また、数学では、用語の意味をきちんと理解することが大切です。なぜなら、数学の学習は、「同類項」「分母の有理化」「関数」などの用語の意味を、確実に理解するところからスタートすると言っても過言ではないからです。
　そのため、この本では、それぞれの用語の意味を丁寧に解説しています。また、いつでも調べられるように、巻末に索引をつけています。

この本を読み終わったときに「わからなかったことが本当に理解できた！」「数学ってこんなに面白いのか！」といった感想をもっていただけたなら、こんなうれしいことはありません。本書によって、数学が好きになる人が一人でも増えることを願っています。今まで知らなかった数学の世界をお楽しみください。

　それでは、さっそくはじめましょう！

小杉　拓也

CONTENTS

はじめに ………………………………………………………………… 003

第1章 正負の数の「?」を解決する ……………… 015

- **中1** 「0（何もない数）より小さい数なんてあるの?」
  という質問にどう答えるか? ………………… 016
- **中1** 「−50円増えた」とは、どういうことか? ……………… 020
- **中1** −0.5と−0.05は、どちらが大きいか? ……………… 021
- **中1** 正の数をたしたり、引いたりするとはどういうことか? … 025
- **中1** 負の数をたしたり、引いたりするとはどういうことか? ……… 029
- **中1** 「負の数 × 負の数」の答えは、なぜ正の数になるのか? … 033
- **中1** 「負の数 ÷ 負の数」の答えは、なぜ正の数になるのか? … 042
- **中1** 負の数が奇数個か偶数個かによって、
  答えの符号が変わる? ……………………… 044
- **小学校〜中1** 交換法則、結合法則とは何か? ……………… 046
- **中1** 紙を51回折り曲げると、太陽の高さに届くって本当? ……… 049
- **中1** -5^2、$(-5)^2$、$-(-5)^2$の違いとは? ……………… 051

第2章 文字式の「?」を解決する ……………… 055

- **小学校の復習** 文字式は、小学校でも習うって本当? ……………… 056

中1 文字式のルールとは何か? ……………………… 060

中1 文字式には、なぜルールがあるのか? その歴史とは? …… 068

中1・中2 単項式と多項式の違いは何か? ……………………… 071

中1 分配法則とは何か? ……………………… 074

中1・中2 「同類項をまとめる」とは何か? ……………………… 077

中1・中2 かっこの中の符号が変わるのはなぜか? ……………… 080

中1・中2 文字式の計算で交換法則をどう使うか? ……………… 084

中2 $\frac{3}{5}x$ の逆数は $\frac{5}{3}x$ と $\frac{5}{3x}$ のどちらが正しい? ……… 087

中1・中2 文字式の計算で分配法則をどう使うか? ……………… 089

中1・中2 代入とは何か? ……………………… 092

がくもん散歩　分数の割り算では、なぜ割る数の逆数をかけるのか?　095

第3章 1次方程式の「?」を解決する ……………………… 097

中1 「方程式って何?」と聞かれて即答できますか? ………… 098

中1 等式にはどんな性質があるのか? ……………………… 101

中1 移項を使って、方程式をどう解くか? ……………………… 107

中1・中2 多項式の計算と方程式の違いとは何か? ……………… 110

中1・発展 「代数学」と「移項」の歴史上のつながりとは? ……… 113

中1 古代エジプトの数学の問題が、1次方程式で解ける? …… 115

中1 湯川秀樹博士も中学生の頃に感じていた、
方程式の長所とは? ……………………… 119

中1 数学者ディオファントスは、何歳まで生きたのか?………… 122

第**4**章 連立方程式の「?」を解決する ………… 125

中2 連立方程式をどうやって解くか? 【その1】加減法 ………… 126

中2 連立方程式をどうやって解くか? 【その2】代入法 ………… 131

中2 連立方程式の文章題をどう解くか?

—— 「方程式」の語源を探りながら ………… 134

第**5**章 平方根の「?」を解決する ………… 139

中3 平方根とは何か? ………… 140

中3 $\sqrt{}$（根号）はどうやって使うのか? ………… 143

中3・発展 古代人は $\sqrt{2}$ の近似値をどうやって求めたか? ……… 147

中3・発展 中学数学で習う数は、どのように分類されるのか?…… 152

中3・発展 $\sqrt{2}$ が無理数であることは、

どうやって証明できるか? ………… 157

中3 「$\sqrt{a} \times \sqrt{b} = \sqrt{ab}$」が成り立つ理由とは? ………… 159

中3 素因数分解とは何か?………… 163

中3 $a\sqrt{b}$ についての計算をどう解くか? ………… 167

中3 なぜ、分母を有理化する必要があるのか? ………… 171

中3 平方根のたし算と引き算は、どうやって計算するのか? …… 176

009

第6章 乗法公式と因数分解の「?」を解決する …………… 179

中3 「$(a+b)(c+d)=ac+ad+bc+bd$」

は、なぜ成り立つか？ ……………………………………… 180

中3 4つの乗法公式は、なぜ成り立つか？ ……………………… 182

中3・発展 乗法公式の1つは、

2300年以上前に考え出されていた？ …………… 187

中3 因数分解とは何か？【その1】共通因数でくくる ……………… 190

中3 因数分解とは何か？【その2】公式を使う因数分解 ………… 193

第7章 2次方程式の「?」を解決する …………… 199

中3 2次方程式をどうやって解くか？【その1】因数分解を使う …… 200

中3 2次方程式をどうやって解くか？【その2】平方根を使う …… 206

中3 2次方程式をどうやって解くか？【その3】平方完成を使う …… 209

中3 2次方程式をどうやって解くか？【その4】解の公式を使う …… 213

中3 2次方程式をどうやって解くか？【その5】解の公式（bが偶数

の場合）を使う …………………………………………… 217

中3 2次方程式の文章題をどうやって解くか？ …………………… 222

第8章 中1で習う図形の「?」を解決する ……………… 227

中1〜中3 中学校で習う図形の多くは、二千年以上前の
学問って本当？【平面図形】【空間図形】 ……………… 228

中1 線や角は、どうやって表すのか？【平面図形】 ……………… 232

中1・一部中2の内容をふくむ さまざまな作図は、どうやってするのか？
【平面図形】 ……………… 235

中1 「垂直二等分線」と「角の二等分線」の
違いとは？【平面図形】 ……………… 247

中1 円周率とは何か？【平面図形】 ……………… 250

中1・一部中2の内容をふくむ おうぎ形の弧の長さと面積を
どうやって求めるか？【平面図形】 ……………… 252

中1 柱体の表面積を、どうやって求めるか？【空間図形】 ………… 258

中1 錐体の体積を、どうやって求めるか？【空間図形】 ………… 262

中1 錐体の表面積を、どうやって求めるか？【空間図形】 ………… 265

中1 球の体積と表面積を、
どうやって求めるか？【空間図形】 ……………… 270

中1・発展 多面体では、なぜ「頂点の数－辺の数＋面の数＝2」が
成り立つのか？【空間図形】 ……………… 275

中1・発展 正多面体が、5種類しかない理由とは？【空間図形】 …… 281

第9章 中2で習う図形の「?」を解決する ……………… 287

中2 対頂角、同位角、錯角とは何か？【平面図形】 ……………… 288

011

中2 同位角、錯角と平行線との関係とは？【平面図形】 ………… 291

中2 三角形の内角の和は、
なぜ180度になるのか？【平面図形】 …………………… 295

中2 多角形の内角の和と外角の和はどうなる？【平面図形】 …… 299

中2 合同とは何か？【平面図形】 …………………………… 305

中2 三角形が合同になる条件とは何か？【平面図形】 ………… 308

中2 タレスは、どうやって船までの距離を測ったか？【平面図形】 … 312

中2 証明とは何か？ ……………………………………… 314

中2 三角形の合同を証明する問題は、
どうやって解くのか？【平面図形】 ……………………… 318

中2 二等辺三角形の定義と定理とは何か？【平面図形】 ……… 322

中2 二等辺三角形になるための条件とは何か？【平面図形】 … 327

中2 正三角形の定義と定理とは何か？【平面図形】 ………… 330

中2 直角三角形が合同になる条件とは何か？【平面図形】 …… 332

中2 平行四辺形の定義と定理とは何か？【平面図形】………… 338

中2 平行四辺形になるための条件とは何か？【平面図形】…… 344

中2 特別な平行四辺形とは何か？【平面図形】 ……………… 353

第 10 章 中3で習う図形の「？」を解決する ……… 357

中3 相似とは何か？【平面図形】 …………………………… 358

中3 相似比とは何か？【平面図形】 ………………………… 360

中3 三角形が相似になる条件とは何か？【平面図形】………… 366

中3 円周角とは何か？【平面図形】 ………………………… 373

中3 三平方の定理は、なぜ成り立つのか？【平面図形】 ……… 380

中3・発展 アメリカ合衆国の大統領が
証明した方法とは？【平面図形】 ················· 384

中3・発展 ピタゴラス数を見つける方法とは？【平面図形】 ········ 387

中3・発展 江戸時代の人々を悩ませた三平方の定理の問題とは？
【平面図形】 ················ 391

中3 三平方の定理と三角定規との関係とは？【平面図形】 ········ 397

中3 三平方の定理の逆は成り立つか？【平面図形】 ··············· 401

中3 直方体の対角線の長さはどうやって求められるのか？【空間図形】
················ 405

第11章 関数の「？」を 解決する ················· 409

中1 関数とは何か？ ················· 410

中1・発展 関数が、過去に「函数」と表記されていた理由とは？ ··· 415

中1 座標とは何か？ ················· 417

中1 比例とそのグラフとは？ ················· 419

中1 反比例とそのグラフとは？ ················· 424

中1 比例と反比例の違いとは？ ················· 429

中2 1次関数とは何か？ ················· 434

中2 1次関数のグラフはどうやってかくか？ ················· 437

中2 変化の割合とは何か？ ················· 442

中2 変化の割合を使って、1次関数のグラフをどうかくか？ ····· 446

中2 1次関数の式をどうやって求めるか？ ················· 450

中2 1次関数の交点の座標をどうやって求めるか？ ················· 456

中3 関数 $y = ax^2$ とは？ ················· 461

がくもん散歩 ガリレオとデカルト　465

中3 関数 $y = ax^2$ のグラフはどうやってかくか？ ……………… 467

中3 関数 $y = ax^2$ の変化の割合はどうなるか？ ……………… 472

第12章 確率と代表値の「？」を解決する …………… 481

中2 確率とは何か？ ……………………………………… 482

中2 「同様に確からしい」とは何か？ ……………………… 484

中2 確率は、どんな範囲の値をとるか？ ………………… 489

中2 2枚のコインを投げて、2枚とも裏になる確率は？ ………… 492

中2 2つのサイコロを投げる問題をどうやって解くか？ ………… 501

中2・発展 ガリレオが解決した「3つのさいころ」の問題とは？ … 506

中1 度数分布表とは何か？ ……………………………… 511

中1 代表値とは何か？ ………………………………… 514

おわりに ……………………………………………………… 519

参考文献 ……………………………………………………… 521

索　引 ………………………………………………………… 522

第1章

正負の数の「?」を解決する

「0（何もない数）より小さい数なんてあるの？」という質問にどう答えるか？

中1

　中学校の数学で、最初に習うのが「**正負の数**」です。
　0より大きい数を正の数といい、**0より小さい数を負の数**といいます。そして、正の数と負の数を合わせて、**正負の数**といいます。0は、正の数でも負の数でもありません。

　整数は、**負の整数、0、正の整数**に分けられます。正の整数を**自然数**ということもあります。

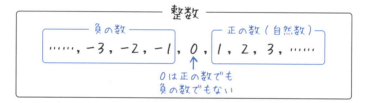

　例えば、**0より3大きい数を＋3**と表します。＋は「**プラス**」と読み、**正の符号**といいます。＋3は、＋を省略して3と表すこともできます。
　また、例えば、**0より5小さい数を－5**と表します。－は「**マイナス**」と読み、**負の符号**といいます。

　ここで例えば、Aさんという人が、次のような考えをもったとしましょう。

> （Aさんの考え）
> 0という数は、何もないことを表す数ですよね？　0は何もないことを表す数なのに、何もない数より小さい数なんて存在するわけがない！　負の数なんてデタラメです！

Ａさんのこの考えに、あなたなら何と答えますか？

確かに、0 は「何もないことを表す数」です。ですから、「何もないことを表す 0 より小さい数は存在しない」と主張するＡさんの考えも、一理あるような気もします。

しかし、Ａさんの考えは間違いです。なぜなら、**0 という数には、「何もないことを表す」こと以外にも、意味がある**からです。

0 には大きく分けて、次の **3 つの意味**があります。

$$0 \text{ の } 3 \text{ つの意味} \left\{ \begin{array}{l} \text{何もないことを表す } 0 \\ \text{位に数がないことを表す } 0 \\ \text{基準を表す } 0 \end{array} \right.$$

1 つめの意味は「**何もないことを表す 0**」です。例えば、所持金が 100 円だったとしましょう。その 100 円を使ってしまうと 0 円、つまり、所持金はなくなります。こういう意味での「0」です。

この意味をもとに、Ａさんは「負の数なんてデタラメ」だと考えたわけです。しかし、0 の意味はこれだけではありません。

2 つめの意味は「**位に数がないことを表す 0**」です。位に数がないことを、空位（くうい）ともいいます。

例えば、308 という数は、十の位に数がないので、十の位に 0 を書きます。また、5010 という数は、百の位と一の位に数がないので、それぞれに 0 を書きます。つまり、308 や 5010 の中にある 0 は、「位に数がないという意味」を表しています。

3 つめの意味は「**基準を表す 0**」です。正の数、0、負の数を、数直線（数を対応させて表した直線）で表すと、次のようになります。

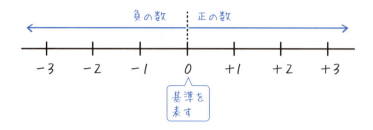

　0を基準として、0より大きい数が正の数で、0より小さい数が負の数です。0が正の数と負の数を分ける基準となっているのです。

　このように、「基準を表す」という意味で0を考えると、0より小さい数（＝負の数）が存在することが説明できます。

　先ほどのAさんは、「何もないことを表す」という意味だけを考えて、「基準を表す」という意味での0を考えなかったので、「0より小さい数があるのはおかしい」という考えをもったと考えられます。

　実は、約400年前までのヨーロッパにおいては、Aさんの「負の数なんてデタラメ」という考えに近い数学者がけっこういたようです。

　ドイツのシュティフェル（1487～1567）は、負の数のことを「無いものより小さい数」と言いました。また、0から、正の数を引いた答え（負の数）を「不条理数（ふじょうりすう）」と名づけて、積極的に認めることをしませんでした。

　また、フランスのパスカル（1623～1662）も、負の数を理解していなかったといわれています。その証拠に、パスカルは著作『パンセ』の中で「私は0から4を引けば0であることを理解できない人を知っている」と述べています。

　ヨーロッパで、負の数を、数直線を使って初めて表したのは、「我（われ）思う、ゆえに我あり」という言葉で有名な、フランスのデカルト（1596～1650）です。デカルトは、0を基準にした（上の図のような）数直線によって、負の数を表しました。

一方、中国やインドでは、負の数の存在はかなり早い段階から知られていました。2000 年以上前に中国で書かれた数学書『九章算術』では、負の数を使った考え方が紹介されています。

この項目の最後に、次の問題を考えてみましょう。

> **例**　日常生活で負の数が使われている例を2つ答えましょう。

日常生活で負の数が使われている場面を考えると、多そうで意外に少ないことに気づきます。
2つ考えることができたでしょうか？

では、解答例をみていきましょう。日常生活で負の数が使われている代表例は、温度でしょう。温度は 0℃を基準にします。例えば、0℃より 5℃低い温度は、－5℃と表します。

そして、もう 1 つの例として、ゴルフのスコアが挙げられます。ゴルフのスコアでは、パーのスコアを基準の 0 にします。例えば、パーより 2 打少ないスコアなら、－2 と表します。

さらには、ダイエットなどで日々の体重の増減を記録するときにも、負の数を使うことがあります。例えば、前日に比べて体重が 0.3kg 減っていたなら、－0.3kg と表します。

他にもありますが、多くの人にとって身近なのは上記の例ではないでしょうか。
日常生活にも関わりのある負の数。算数では扱われなかった負の数ですが、数学では、しょっちゅう出てきますので、慣れていきましょう。

第 1 章 ── 正負の数の「？」を解決する

019

「−50円増えた」とは、どういうことか？

中1

　お金の増減は、ふつう正の数を使って、例えば「1000円増えた」「120円減った」のように表します。

　一方、ある人が「−50円増えたよ」と言ったとしましょう。「−50円増えた」とは、一体どういうことでしょうか。

　実は、**負の数を使うことで、反対の意味を表すことができます**。ですから、「−50円増えた」というのは、「50円減った」ことを表すのです。

　日常生活では、ほとんど使わない表現ですが、次の例題で練習してみましょう。

例　反対の意味を表すことばを使って、それぞれ言いかえましょう。

(1) 10 cm 長い　　　　(2) −500 円減る

(3) 7 を引く　　　　　(4) −3 をたす

---

　(1) から解いていきましょう。「長い」の反対は「短い」です。ですから、「10 cm 長い」を言いかえると、「−10 cm 短い」になります。

　(2) の「減る」の反対は「増える」です。ですから、「−500 円減る」を言いかえると、「500 円増える」になります。

　(3) の「引く」の反対は「たす」です。ですから、「7 を引く」を言いかえると、「−7 をたす」になります。

　(4) の「たす」の反対は「引く」です。ですから、「−3 をたす」を言いかえると、「3 を引く」になります。

　負の数を使うことで、反対の意味を表せることが、おわかりいただけたでしょうか。これを理解することによって、後で習う正負の数のたし算と引き算を理解しやすくなります。

−0.5と−0.05は、どちらが大きいか？

中1

正負の数の大小についてみていきましょう。

数直線上では、**右にある数ほど大きく、左にある数ほど小さい**です。例えば、−4と−1なら、数直線上で−1のほうが右にあるので、−1のほうが大きいということです。

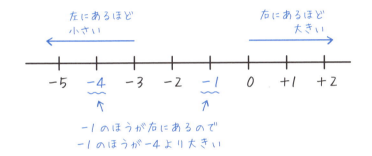

数の大小は、不等号を使って表せます。不等号とは、**数の大小を表す記号**（＜と＞）のことです。

不等号を使って、数の大小を次のように表すことができます（不等号が開いているほうが大きい数です）。

不等号を使った表し方
　小さい数 ＜ 大きい数　　（例）−4 ＜ −1
　大きい数 ＞ 小さい数　　（例）−1 ＞ −4

数の大小を比べるとき、数直線を書けばどちらが大きいかわかります。しかし、数の大小を比べるごとに数直線を書くのも面倒です。

そこで知っておきたいのが、**絶対値**です。絶対値とは、**数直線上で、0からある数までの距離**のことです。
例えば、+3の絶対値は3で、-2の絶対値は2です。

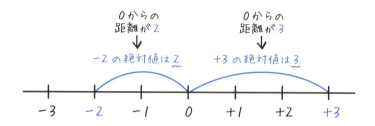

「**正負の数から、符号（+や-）をとりのぞいた数**」が、その数の絶対値であるともいえます。

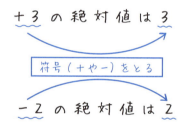

絶対値で考えると、数の大小を比べやすくなります。実際にどのように比べるのか、次の例題を通して、解説します。

> **例**　次の数の大小を、不等号を使って表しましょう。
> (1) +3, +5
> (2) -2, -3
> (3) -0.5, -0.05

(1) の「+3と+5」は、どちらも正の数です。そして、+3の絶対値は3で、+5の絶対値は5です。
正の数では、絶対値が大きいほど数直線の右よりの数になるので、その数は大きくなります。

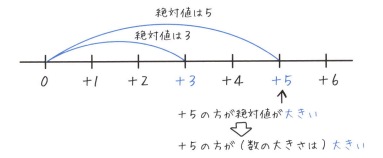

だから、+3 < +5 と求められます。

(2) の「−2 と −3」は、どちらも負の数です。そして、−2 の絶対値は 2 で、−3 の絶対値は 3 です。

負の数では、絶対値が大きいほど数直線の左よりの数になるので、その数は小さくなります。

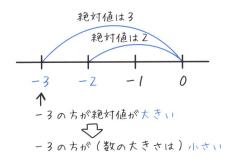

だから、−2 > −3 と求められます。

(3) の「−0.5 と −0.05」は、どちらも負の数です。そして、−0.5 の絶対値は 0.5 で、−0.05 の絶対値は 0.05 です。

(2) でふれたとおり、**負の数では、絶対値が大きいほど、その数は小さくなります。**

だから、$\underline{-0.5<-0.05}$ と求められます。

数の大小を比べるとき、次のことをおさえましょう。

> **絶対値と数の大小**
> ● **正の数**は、絶対値が**大きい**ほど、**大きい**。
> ● **負の数**は、絶対値が**大きい**ほど、**小さい**。

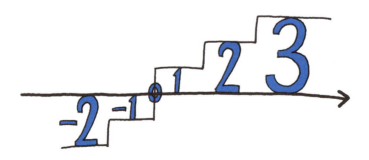

正の数をたしたり、引いたりするとはどういうことか？

中1

　ある数に正の数をたしたり、ある数から正の数を引いたりする計算について、次の4パターンに分けてみていきましょう。

① 正の数 ＋ 正の数　　② 負の数 ＋ 正の数
③ 正の数 － 正の数　　④ 負の数 － 正の数

　本題に入る前に、たし算のことを**加法**、引き算のことを**減法**ともいうことをおさえておきましょう。また、加法の結果を「**和**」、減法の結果を「**差**」といいます。

①　正の数＋正の数

　正の数に正の数をたす計算は小学算数で習いました。
　例えば、$2+3=5$ という計算。2 と 3 は、どちらも正の数なので、$2+3$ は「正の数に正の数をたす計算」です。

　$2+3$ という計算は、「**2 より 3 大きい数を求める**」ことを意味し、数直線で表すと、次のようになります。

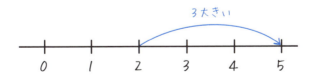

　また、2 は $+2$、3 は $+3$ とそれぞれ表せるので、$2+3$ を、$(+2)+(+3)$ と表すこともできます。ここで、$+2$ と $+3$ をたす計算を、「**$+2++3$」とは表せないことに注意をしましょう。$+-\times\div$ が 2 つ以上続くときは、かっこ

を使って表します。

　まとめると、+2 と +3 をたす計算は、単に 2 + 3 とも表せますし、もしくは、(+2)+(+3)、+2 + (+3) などのように、かっこを使って表すこともできるということです。

(例)
$$2 + 3 = 5$$
$$(+2)+(+3) = 5$$
$$+2+(+3) = 5$$
\} どれも同じ意味を表す（2と3をたすという意味）

② 負の数 + 正の数

　小学算数では負の数は習わないので、「負の数 + 正の数」の計算は、中学校で初めて習うことになります。

　負の数に正の数をたす計算も、①の「正の数 + 正の数」と同じように考えましょう。
　例えば、負の数の −2 に、正の数の 5（または +5）をたす計算は、次のように表すことができます。

$$-2 + 5 = \qquad (-2)+(+5) = \qquad -2+(+5) =$$

　上の 3 つの式は、どれも「負の数の −2 に、正の数の 5 をたす」ことを表します。「負の数の −2 に、正の数の 5 をたす」ことは、「負の数の −2 より 5 大きい数を求める」ことを意味します。数直線で表すと、次のようになります。

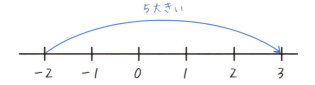

　これにより、負の数の −2 に、正の数の 5 をたすと、3 になることがわか

ります。式で表すと次のようになります（どの式も同じ意味を表します）。

$$-2+5=3 \qquad (-2)+(+5)=3 \qquad -2+(+5)=3$$

「負の数 + 正の数」の計算では、答えが負の数になることもあります。例えば、「$-5+3$」という計算は、「-5 より 3 大きい数を求める」ことを意味します。-5 より 3 大きい数は -2 なので、「$-5+3=-2$」となり、答えは負の数になります。

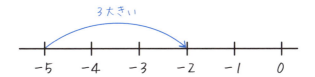

③ 正の数 − 正の数

「正の数 − 正の数（= 正の数)」の計算は、小学算数で習いました。

例えば、正の数の 5 から、正の数の 2 を引く計算は、次のように表すことができます（小学校で習うのは一番左の式だけです）。

$$5-2= \qquad (+5)-(+2)= \qquad +5-(+2)=$$

上の 3 つの式は、どれも「正の数の 5 から、正の数の 2 を引く」ことを表します。「正の数の 5 から、正の数の 2 を引く」ことは、「正の数の 5 より 2 小さい数を求める」ことを意味します。数直線で表すと、次のようになります。

これにより、正の数の 5 から、正の数の 2 を引くと、3 になることがわかります。式で表すと次のようになります（どの式も同じ意味を表します）。

$$5-2=3 \qquad (+5)-(+2)=3 \qquad +5-(+2)=3$$

「正の数 − 正の数」の計算では、答えが負の数になることもあります。例

えば、「1－4」という計算は、「**1 より 4 小さい数を求める**」ことを意味します。1 より 4 小さい数は －3 なので、「1－4＝－3」となり、答えは負の数になります（答えが負の数になる計算は中学校で初めて習います）。

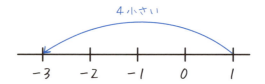

④ 負の数－正の数

負の数から正の数を引く計算も、③の「正の数 － 正の数」と同じように考えましょう。

例えば、負の数の －1 から、正の数の 2（または ＋2）を引く計算は、次のように表すことができます。

$$-1-2= \qquad (-1)-(+2)= \qquad -1-(+2)=$$

上の 3 つの式は、どれも「負の数の －1 から、正の数の 2 を引く」ことを表します。「負の数の －1 から、正の数の 2 を引く」ことは、「**負の数の －1 より 2 小さい数を求める**」ことを意味します。数直線で表すと、次のようになります。

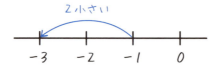

これにより、**負の数の －1 から、正の数の 2 を引くと、－3 になる**ことがわかります。式で表すと次のようになります（どの式も同じ意味を表します）。

$$-1-2=-3 \qquad (-1)-(+2)=-3 \qquad -1-(+2)=-3$$

負の数をたしたり、引いたりするとはどういうことか？

中1

例えば、「2−(−3)」という計算は、次のように求められます。

$$2-(-3)=2+3=5$$

このように機械的に計算できる人は多いかもしれません。でも、「2−(−3)」がなぜ「2+3」になるか、人に順をおって説明することはできるでしょうか？ ここではその理由を、教えられるほどよくわかるように解説していきます。

ある数に負の数をたしたり、ある数から負の数を引いたりする計算について、次の2パターンに分けてみていきましょう。

① 負の数をたす計算　　② 負の数を引く計算

① 負の数をたす計算

ある数に負の数をたす計算について、次の例題を解説しながら、説明していきます。

例1 次の計算をしましょう。
(1) $3+(-5)$　　(2) $(-1)+(-2)$

(1) から解説していきます。(1) は、正の数の3に、負の数の −5 をたす計算です。3は +3 とも表せるので、(1) の式を、次のように表すこともできます。

$$+3+(-5)=\qquad (+3)+(-5)=$$

ところで、p.20 で、「**負の数を使うことで、反対の意味を表すことができ**

る」と述べました。例えば、「-50 円増えた」というのは、「50 円減った」ことを表すのでしたね。

　これをもとに、**(1)** の計算を考えましょう。**(1)** は、正の数の 3 に、負の数の -5 をたす計算です。**負の数は反対の意味を表す**ので、「-5 をたす」ということは、「5 を引く」ことを意味します。ですから、次のように式を変形できます。

$$3 \underline{+(-5)} \qquad \leftarrow -5 \text{ をたす}$$
$$= 3 \underline{-5} \qquad \leftarrow 5 \text{ を引く}$$
$$= \underline{-2}$$

言いかえられる

3 より 5 小さい数は -2

　つまり、$3+(-5)=3-5$ と変形でき、3 より 5 小さい数は -2 なので、答えを $\underline{-2}$ と求められるのです。

　(2) も同じように解いていきましょう。**(2)** は、負の数の -1 に、負の数の -2 をたす計算です。**負の数は反対の意味を表す**ので、「-2 をたす」ということは、「2 を引く」ことを意味します。ですから、次のように式を変形できます。

$$(-1)\underline{+(-2)} \qquad \leftarrow -2 \text{ をたす}$$
$$= -1 \underline{-2} \qquad \leftarrow 2 \text{ を引く}$$
$$= \underline{-3}$$

言いかえられる

-1 より 2 小さい数は -3

　つまり、$(-1)+(-2)=-1-2$ と変形でき、-1 より 2 小さい数は -3 なので、答えを $\underline{-3}$ と求められるのです。

　まとめると、「**負の数をたす計算**」は、「**正の数を引く計算**」に直して求めればよいということです。

② 負の数を引く計算

 ある数から負の数を引く計算について、次の例題を解説しながら、説明していきます。

例2 次の計算をしましょう。
 (3) $2-(-3)$　　　　　(4) $-1-(-7)$

 (例2) も (例1) と同じように考えていきましょう。(3) は、正の数の 2 から、負の数の -3 を引く計算です。**負の数は反対の意味を表す**ので、「-3 を引く」ということは、「3 をたす」ことを意味します。ですから、次のように式を変形できます。

$$2 \underline{-(-3)} \quad \leftarrow -3 を引く$$
$$= 2 \underline{+3} \quad \leftarrow \quad 3 をたす \quad 言いかえられる$$
$$= \underline{5} \quad \quad 2 より 3 大きい数は 5$$

 つまり、$2-(-3)=2+3$ と変形でき、2 より 3 大きい数は 5 なので、答えを $\underline{5}$ と求められるのです。

 (4) に進みましょう。(4) は、負の数の -1 から、負の数の -7 を引く計算です。**負の数は反対の意味を表す**ので、「-7 を引く」ということは、「7 をたす」ことを意味します。ですから、次のように式を変形できます。

$$-1 \underline{-(-7)} \quad \leftarrow -7 を引く$$
$$= -1 \underline{+7} \quad \leftarrow \quad 7 をたす \quad 言いかえられる$$
$$= \underline{6} \quad \quad -1 より 7 大きい数は 6$$

 つまり、$-1-(-7)=-1+7$ と変形でき、-1 より 7 大きい数は 6 なので、答えを $\underline{6}$ と求められるのです。

「負の数を引く計算」は、「正の数をたす計算」に直して求めればよいということもできます。

ここまでの内容をまとめると、次のようになります。

●負の数をたす計算　→　「正の数を引く計算」に直す

例　　$3+(-5)=3-5=-2$
　　　$(-1)+(-2)=-1-2=-3$

●負の数を引く計算　→　「正の数をたす計算」に直す

例　　$2-(-3)=2+3=5$
　　　$-1-(-7)=-1+7=6$

さて、「正負の数の加法と引き算」の仕組みについて解説してきました。つまずいたところがあれば、もう一度読んでマスターしてから、次に進みましょう。

ここで、ここまでの内容に関する数学史もみておきましょう。インドでは早い段階から負の数が導入されていました。インドの数学者ブラフマグプタ（598 〜 665 頃）は、正の数を「資産」、負の数を「負債」と言いかえて、次のように表しました。

ブラフマグプタの表記	現代の表記
資産 2 つの和は資産	正の数 ＋ 正の数 ＝ 正の数
負債 2 つの和は負債	負の数 ＋ 負の数 ＝ 負の数
0 と資産の和は資産	0＋ 正の数 ＝ 正の数
0 と負債の和は負債	0＋ 負の数 ＝ 負の数

これらはいずれも正しく、7 世紀頃のインドで、正負の数の考え方がいかに発展していたかを知る手掛かりになります（一方、ヨーロッパで正負の数の考えが広まったのは 17 世紀頃です）。

「負の数×負の数」の答えは、なぜ正の数になるのか？

中1

　ここからは、正負の数のかけ算についてお話ししていきます。かけ算のことを乗法（じょうほう）ともいい、乗法の結果を「積（せき）」といいます。

　この項目のタイトルにある通り、負の数と負の数をかけると、正の数になります。例えば、−2 と −3 をかけると、次のように正の数の 6 になります。

$$(-2) \times (-3) = 6$$

　ではどうして、負の数と負の数をかけると、正の数になるのでしょうか？
　これは、昔から多くの数学者や知識人を悩ませてきた問題でもありました。例えば、小説『赤と黒』で有名な、フランスの小説家スタンダール（1783〜1842）は、著書の中で次のように述べています。

> 「ところが誰も私に、どうして負に負を乗（じょう）じて正になるか（−×−＝＋）を説明してくれないのだから、私はどうしてよいかわからないではないか？
>
> （中略）一万フランの負債（ふさい）に五百フランの負債を乗じて、どのようにしてこの男は五百万の財産をえるにいたるだろう？」
>
> （スタンダール著、桑原武夫、生島遼一訳『アンリ・ブリュラールの生涯 下』岩波書店、ルビは著者）

　「負債」とは借金のことで、「フラン」とはフランスで使われていたお金の単位のことです。いわれてみれば、「（借金）×（借金）＝（財産）」になるのは不思議な気もします。
　しかし、この例では、「フランとフランをかけると、フランになる」という考えが正しいとはいえません。ですから、この例を使って「負 × 負 ＝ 正」

の理由を説明することはできません。

では、どうすれば「負 × 負 ＝ 正」であることを説明できるのでしょうか？

正負の数のかけ算には、次の **4 パターン**があります。

正負の数のかけ算（4 パターン）

① 正の数 × 正の数 ＝ 正の数

② 正の数 × 負の数 ＝ 負の数

③ 負の数 × 正の数 ＝ 負の数

④ 負の数 × 負の数 ＝ 正の数

このように、①～④の 4 パターンがあり、④で「負の数 × 負の数 ＝ 正の数」が出てきます。ここでは、①から順に、それぞれの公式がどうして成り立つのか、みていきます。

① 「正の数 × 正の数 ＝ 正の数」が成り立つ理由

小学校で習った算数で出てくる数は、0 をのぞくと、すべて正の数です。

「$6 \times 9 = 54$」「$1.8 \times 5.7 = 10.26$」「$\dfrac{2}{3} \times \dfrac{4}{5} = \dfrac{8}{15}$」のように、正の数どうし

をかけると、必ず正の数になり、答えが負の数になることはありません。

「正の数 × 正の数 ＝ 正の数」であることは、小学生にとっても「当たり前」のことのように捉えられていると思いますが、改めて「正の数 × 正の数 ＝ 正の数」になる理由についてみていきましょう。

そのためには、**小学算数で習った「速さ」**を使った解説が有効です。小学算数では、**「速さ × 時間 ＝ 道のり」**という公式を習いました。この公式を使って説明していきます。

034 ｜ 「負の数×負の数」の答えは、なぜ正の数になるのか？

> **例** 次の問題を読んで、後の問いに答えましょう。問いには、現在（0 km 地点）と比べた位置を、正負の数を使って答えてください。
>
> 　太郎君は現在 A 地点におり、この A 地点を基準の 0 km とします。太郎君が南にいることを正の数で、北にいることを負の数で、それぞれ表します。つまり、A より南に 5 km の地点にいれば「+5 km」と表し、A より北に 5 km の地点にいれば「−5 km」と表します。太郎君の歩く速さは、時速 5 km です。
>
>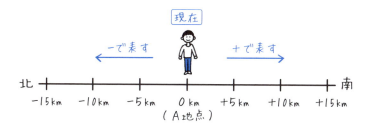
>
> (1) 太郎君が南に向かって歩くとき、現在から 3 時間後にどこにいるでしょうか。
> (2) 太郎君が南に向かって歩くとき、現在から 3 時間前にどこにいたでしょうか。
> (3) 太郎君が北に向かって歩くとき、現在から 3 時間後にどこにいるでしょうか。
> (4) 太郎君が北に向かって歩くとき、現在から 3 時間前にどこにいたでしょうか。

　(1) は「太郎君が南に向かって進むとき、現在から 3 時間後にどこにいるでしょうか」という問題です。この問題に答えることによって、「正の数 × 正の数 = 正の数」であることが説明できます。

　太郎君の歩く速さは時速 5 km で、3 時間後にどこにいるか求めればよいということです。「速さ × 時間 = 道のり」より、3 時間後に太郎君がいる位置は次のように求められます。

第 1 章　正負の数の「？」を解決する

$$(+5)\times(+3)=+15$$

または、$5\times 3=15$

図で表すと、次の 図A のようになります。

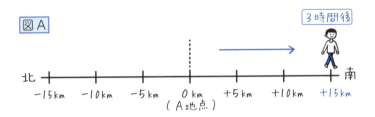

+5（正の数）と、+3（正の数）をかけると、+15（正の数）になるということです。この例から、正の数と正の数をかけると、正の数になることがわかります。(問1) の答えは、+15 km です。

②「正の数 × 負の数 ＝ 負の数」が成り立つ理由

(2) に進みましょう。「太郎君が南に向かって歩くとき、現在から3時間前にどこにいたでしょうか」という問題です。

太郎君の歩く速さは時速5 kmで、3時間前にどこにいるか求めればよいということです。

(2) で、太郎君は北から南に向かって進みます。現在、基準の0 km（A地点）にいるということは、現在から3時間前にはA地点より北にいたことがわかります。

さらに考えると、太郎君が3時間前にいたところは、基準のA地点から北に15 km離れたところ、つまり「−15 km 地点」だったと考えられます。図で表すと、次の 図B のようになります。

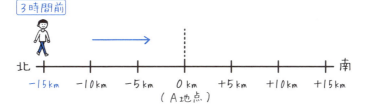

さて、この状況を計算式で表すとどうなるのでしょうか？

ここで、「**負の数を使うことで、反対の意味を表すことができる**」（p.20）ことを思い出しましょう。つまり、「3 時間前」を言いかえると、「**−3 時間後**」となります。

ですから、**(2)** は「太郎君が南に向かって歩くとき、現在から **−3 時間後**にどこにいたでしょうか」と言いかえられます。

先ほどの 図B からわかるように、太郎君が −3 時間後にいたのは「**−15 km 地点**」です。そして、「速さ × 時間 = 道のり」の公式に「速さ → +5」、「時間 → −3」、「道のり → −15」をそれぞれあてはめると、次のようになります。

$$(+5) \times (-3) = -15$$

または、$5 \times (-3) = -15$

つまり、+5（正の数）と、−3（負の数）をかけると、−15（負の数）になるということです。この例から、**正の数と負の数をかけると、負の数になる**ことがわかります。**(2)** の答えは、−15 km です。

③「負の数 × 正の数 = 負の数」が成り立つ理由

(3) の「太郎君が北に向かって歩くとき、現在から 3 時間後にどこにいるでしょうか」という問題に進みましょう。

(1) と **(2)** はいずれも南に向かって歩く問題ですが、**(3)** は北に向かって

歩く問題です。太郎君が3時間後にいるところは、基準のA地点から北に15 km離れたところ、つまり「−15 km地点」だったと考えられます。図で表すと、次の図Cのようになります。

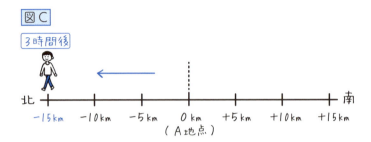

さて、この状況を計算式で表していきましょう。
ここでも、「負の数を使うことで、反対の意味を表すことができる」考え方を使います。

南に向かって歩くときは、太郎君の歩く速さは「時速5 km」と考えました。一方、北に向かって歩くときは、速さを「時速 −5 km」と考えることができます。
つまり、「北に向かって時速5 kmで歩く」ことを言いかえて、「南に向かって時速 −5 kmで歩く」としたということです。

まとめると、太郎君の歩く速さは時速 −5 kmで、3時間後にどこにいるか求めればよいのです。

先ほどの図Cからわかるように、太郎君が3時間後にいるのは「−15 km地点」です。そして、「速さ × 時間 = 道のり」の公式に「速さ→ −5」、「時間→ +3」、「道のり→ −15」をそれぞれあてはめると、次のようになります。

$$(-5) \times (+3) = -15$$

または、$-5 \times 3 = -15$

つまり、−5（負の数）と、+3（正の数）をかけると、−15（負の数）になるということです。この例から、負の数と正の数をかけると、負の数になることがわかります。(3) の答えは、−15 km です。

④「負の数 × 負の数 = 正の数」が成り立つ理由

(4) の「太郎君が北に向かって歩くとき、現在から3時間前にどこにいるでしょうか」という問題に進みましょう。

ここでいよいよ、「負の数と負の数をかけると正の数になる」理由を説明することになります。

(4) で、太郎君は南から北に向かって進みます。現在、基準の 0 km（A地点）にいるということは、現在から3時間前には A 地点より南にいたことがわかります。

そして、太郎君が3時間前にいたところは、基準の A 地点から南に 15 km 離れたところ、つまり「+15 km 地点」だったと考えられます。図で表すと、次の 図D のようになります。

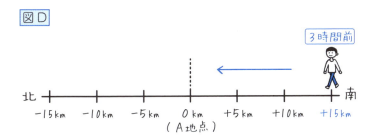

この状況を計算式で表していきましょう。

(4) は、(3) と同様、北に向かって歩く問題です。「北に向かって時速 5 km で歩く」ことを言いかえて、「南に向かって時速 −5 km で歩く」と表せばよいのでしたね。また、「3時間前」を言いかえると、「−3 時間後」となります。

まとめると、太郎君の歩く速さは「時速 −5 km」で、「−3 時間後」にどこにいたか求めればよいのです。

先ほどの 図D からわかるように、太郎君が −3 時間後にいたのは「+15 km 地点」です。そして、「速さ × 時間 = 道のり」の公式に「速さ → −5」、「時間→ −3」、「道のり→ +15」をそれぞれあてはめると、次のようになります。

$$(-5) \times (-3) = +15$$

または、$-5 \times (-3) = +15$

つまり、−5（負の数）と、−3（負の数）をかけると、+15（正の数）になるということです。この例から、**負の数と負の数をかけると、正の数になる**ことがわかります。**(4)** の答えは、+15 km です。

以上、正負の数のかけ算について、4 パターンに分けてみてきました。もう一度まとめると、次のようになります。

正負の数のかけ算（4 パターン）
① 正の数 × 正の数 = 正の数
② 正の数 × 負の数 = 負の数
③ 負の数 × 正の数 = 負の数
④ 負の数 × 負の数 = 正の数

中には「4 パターンもおさえないといけないのか」と思う方もいるかもしれません。しかし、実際は 2 パターンをおさえるだけで大丈夫です。

①と④のように、**同じ符号どうしのかけ算**（「正 × 正」「負 × 負」）では、**答えは正の数**になります。一方、②と③のように、**違う符号どうしのかけ算**（「正 × 負」「負 × 正」）では、**答えは負の数**になります。この 2 パターンをおさえておけばよいのです。まとめると、次のようになります。

- ●同じ符号どうしのかけ算　→　絶対値の積に **+** をつける

  ［例］　$(+5)×(+3)=+15$　　　$(-5)×(-3)=+15$
  　　　　正　×　正　＝　正　　　　負　×　負　＝　正

- ●違う符号どうしのかけ算　→　絶対値の積に **−** をつける

  ［例］　$(+5)×(-3)=-15$　　　$(-5)×(+3)=-15$
  　　　　正　×　負　＝　負　　　　負　×　正　＝　負

※絶対値とは「0 からある数までの距離」です。例えば、「−5 と 0 の
　距離は 5」なので、「−5 の絶対値は 5」となります（p.22 参照）。
※積とは「乗法（かけ算）の結果」のことです。

　多くの数学者や知識人を悩ませてきた「負 × 負 ＝ 正」になる理由もふく
めて、正負の数のかけ算についてみてきました。正負の数の計算は、「数学の
第 1 ステップ」といってもよいくらい、土台になるところです。計算の仕組み
もふくめて深く理解することが大切です。

　ところで、たし算、引き算と同様に、かけ算、割り算でもインドでは早い段
階から負の数が導入されていました。インドのブラフマグプタは、**正の数を
「資産」、負の数を「負債」**と言いかえて、次のように表しました。

ブラフマグプタの表記	現代の表記
2 つの資産の積は資産	正の数 × 正の数 ＝ 正の数
2 つの負債の積は資産	負の数 × 負の数 ＝ 正の数
資産を負債にかけた結果は負債	正の数 × 負の数 ＝ 負の数

　この場合、資産どうしや負債どうしをかける考え方には問題がありますが、
インドで、7 世紀頃にすでに、正負の数の正しい計算方法が確立されていたこ
とがわかります。

「負の数 ÷ 負の数」の答えは、なぜ正の数になるのか?

中1

　ここからは、正負の数の割り算についてお話ししていきます。割り算のことを除法ともいい、除法の結果を「商」といいます。

　ひとつ前の項目で、負の数と負の数をかけると、正の数になることを説明しました。一方、負の数を負の数で割っても、正の数になります。例えば、-15（負の数）を -3（負の数）で割ると、$+5$（正の数）になるということです。

　でも、負の数を負の数で割るってどういうことなのでしょう？　0 より小さい数を、0 より小さい数で割る？　考えるほど、なんだかこんがらがってきそうですね。

　しかし、正負の数の割り算は、実はかんたんに理解できます。まずは、小学算数の範囲で考えましょう。例えば、「みかんを 1 人 2 個ずつもらえるように、3 人に配ります。みかんは何個必要ですか」という問題は「$2 \times 3 = 6$ 個」という式で求まります。一方、「6 個のみかんを 3 人で分けると、1 人ぶんのみかんは何個ですか」という問題は「$6 \div 3 = 2$ 個」と求められます。

　まとめると、「$2 \times 3 = 6$」というかけ算は、「$6 \div 3 = 2$」という割り算に変形できるということです。そして、これはどのかけ算についても成り立ちます。

　つまり、「$A \times B = C$」のとき、「$C \div B = A$」が成り立つということです。

　ここで先ほどの「正負のかけ算」（4 パターン）をみてみましょう。

> **正負の数のかけ算（4パターン）**
>
> ① 正の数 × 正の数 ＝ 正の数
>
> ② 正の数 × 負の数 ＝ 負の数
>
> ③ 負の数 × 正の数 ＝ 負の数
>
> ④ 負の数 × 負の数 ＝ 正の数

この4パターンのかけ算を、『「A×B＝C」のとき、「C÷B＝A」が成り立つ』ことを使って、割り算に変形すると次のようになります。

> **正負の数の割り算（4パターン）**
>
> ① 正の数 ÷ 正の数 ＝ 正の数
>
> ② 負の数 ÷ 負の数 ＝ 正の数
>
> ③ 負の数 ÷ 正の数 ＝ 負の数
>
> ④ 正の数 ÷ 負の数 ＝ 負の数

「負の数 ÷ 負の数 ＝ 正の数」となるのも、上記の②からわかります。

そして、「正負の数のかけ算」のときと同じように、「正負の数の割り算」も、次の2パターンにまとめることができます。

> ●**同じ符号どうしの割り算** → 絶対値の商に ＋ をつける
>
> ［例］　$(+15) \div (+3) = +5$　　　$(-15) \div (-3) = +5$
>
> 　　　　　正 ÷ 正 ＝ 正　　　　　負 ÷ 負 ＝ 正
>
> ●**違う符号どうしの割り算** → 絶対値の商に － をつける
>
> ［例］　$(+15) \div (-3) = -5$　　　$(-15) \div (+3) = -5$
>
> 　　　　　正 ÷ 負 ＝ 負　　　　　負 ÷ 正 ＝ 負
>
> ※商とは「除法（割り算）の結果」のことです。

いかがでしょうか。正負の数のかけ算も割り算も「同じ符号どうしか、違う符号どうしか」に注目して、答えの符号を決めればよいということです。

043

負の数が奇数個か偶数個かによって、答えの符号が変わる？

中1

　かけ算だけでできた式において、次の表のように、負の数が奇数個（1、3、5、…）か、偶数個（2、4、6、…）かによって、答えの符号がかわります。

負の数の個数	式	答えの符号
1つ（奇数個）	負 × 正 ＝ 負	−
2つ（偶数個）	負 × 負 ＝ 正	＋
3つ（奇数個）	負 × 負 × 負 ＝ 負	−
4つ（偶数個）	負 × 負 × 負 × 負 ＝ 正	＋
5つ（奇数個）	負 × 負 × 負 × 負 × 負 ＝ 負	−

　このように、かけ算だけでできた式では
　　負の数が奇数個なら、答えの符号は **−**
　　負の数が偶数個なら、答えの符号は **＋**
になるという性質があります。

　ところで、例えば、「$5 \div (-2)$」のような割り算の式も「$5 \times \left(-\dfrac{1}{2}\right)$」のように、かけ算の式に変形できます。ですから、「**負の数が奇数個**なら、答えの符号は **−** で、**負の数が偶数個**なら、答えの符号は **＋**」という性質は、「**かけ算と割り算だけでできた式**」において成り立つということもできます。この性質を使うと、例えば、次のような計算をスムーズに解くことができます。

例　次の計算をしましょう。
(1) $-3 \times 4 \times (-2)$
(2) $-16 \div 8 \times (-2) \times (-3)$
(3) $-9 \times (-6) \div (-3) \div (-9)$

例題の (1)〜(3) は、どれも「かけ算と割り算だけでできた式」です。ですから、「**負の数が奇数個**なら、答えの符号は **−** で、**負の数が偶数個**なら、答えの符号は **+**」という性質を使って解くと、次のようになります。

(1) $-3 \times 4 \times (-2) = +(3 \times 4 \times 2) = \underline{24}$

負の数が2個（偶数個） / 答えの符号は+

(2) $-16 \div 8 \times (-2) \times (-3) = -(16 \div 8 \times 2 \times 3) = \underline{-12}$

負の数が3個（奇数個） / 答えの符号は−

(3) $-9 \times (-6) \div (-3) \div (-9) = +(9 \times 6 \div 3 \div 9) = \underline{2}$

負の数が4個（偶数個） / 答えの符号は+

このように、**答えの符号を先に決めてから計算できるので、答えの符号の間違いを減らすことができる**のです。効率のよい計算法として、ぜひマスターしておきましょう。

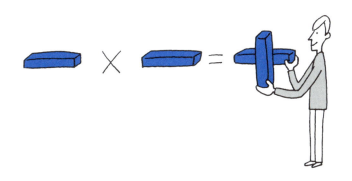

交換法則、結合法則とは何か？

小学校〜中1

　交換法則と**結合法則**は、それぞれ計算の基本法則です。言葉だけ聞くと難しそうな印象も受けますが、どちらも小学校で習う、シンプルな計算のきまりです（交換法則と結合法則という用語自体は中学1年生で初めて習います）。

　まず、**交換法則とは「数を並べかえても答えは同じになる」という計算のきまり**です。例えば、「8＋2」は、8と2を並べかえて、「2＋8」としてもどちらも答えは同じ(10)になります。「8＋2＝2＋8」ということです。

$$8 + 2 = 10$$
$$2 + 8 = 10$$

数を並べかえても答えは同じ

　一方、**結合法則とは「どこにかっこをつけても答えは同じになる」という計算のきまり**です。例えば「(2×3)×4」は、かっこの位置をかえて、「2×(3×4)」としてもどちらも答えは同じ(24)になります。「(2×3)×4＝2×(3×4)」ということです。

$$(2 × 3) × 4 = 24$$
$$2 × (3 × 4) = 24$$

どこにかっこをつけても答えは同じ

　そして、交換法則と結合法則は、たし算だけでできた式と、かけ算だけでできた式で成り立ちます。例えば、割り算の「8÷2」の答えは4です。一方、

この式の2と8を並べかえた「2÷8」の答えは$\frac{1}{4}$となり、答えが一致しません。この場合、交換法則は成り立たないということです。

$$8 \div 2 = 4$$
$$2 \div 8 = \frac{1}{4}$$

この場合、交換法則は成立しない

また、例えば、割り算の「$(6÷3)÷2$」の答えは1です。一方、この式のかっこの位置をかえた「$6÷(3÷2)$」の答えは4となり、答えが一致しません。この場合、結合法則は成り立たないということです。

$$(6 \div 3) \div 2 = 2 \div 2 = 1$$
$$6 \div (3 \div 2) = 6 \div \frac{3}{2} = 4$$

この場合、結合法則は成立しない

繰り返しになりますが、交換法則と結合法則は、たし算だけでできた式と、かけ算だけでできた式で成り立つことをおさえておきましょう。

さらに、**交換法則と結合法則は、正の数だけでなく、負の数の数が混じった式でも成り立ちます。**

そのことについて、交換法則からみていきましょう。交換法則とは「**数を並べかえても答えは同じになる**」という計算のきまりでしたね。例えば、「$(-3)×(+2)$」は、負の数と正の数のかけ算で、答えは -6 になります。一方、この式の -3 と $+2$ を並べかえた「$(+2)×(-3)$」も答えは -6 になります。つまり、負の数が混じっても、交換法則が成り立つことがわかります。

047

$$(-3) \times (+2) = -6$$

（負の数が混じっても）交換法則は成り立つ

$$(+2) \times (-3) = -6$$

次に、結合法則についてみていきましょう。結合法則とは「どこにかっこをつけても答えは同じになる」という計算のきまりでしたね。例えば、「$(-2 \times 3) \times 4$」の答えは -24 になります。一方、かっこの位置をかえた「$-2 \times (3 \times 4)$」も答えは -24 になります。つまり、負の数が混じっても、結合法則が成り立つことがわかります。

$$(-2 \times 3) \times 4 = -6 \times 4 = -24$$

（負の数が混じっても）結合法則は成り立つ

$$-2 \times (3 \times 4) = -2 \times 12 = -24$$

交換法則と結合法則について、ポイントをまとめると次のようになります。

- 交換法則　⇒　数を並べかえても答えは同じになる。
- 結合法則　⇒　どこにかっこをつけても答えは同じになる。
- 交換法則と結合法則は、たし算だけでできた式と、かけ算だけでできた式で成り立つ。
- 負の数が混じっても、交換法則と結合法則は成り立つ。

第 2 章の「文字式」以降でも、交換法則と結合法則は出てきますので、この機会におさえておきましょう。

048 ｜ 交換法則、結合法則とは何か？

紙を51回折り曲げると、太陽の高さに届くって本当？

中1

同じ数をいくつかかけたものを、その数の累乗といいます。ここでは、累乗についてお話ししていきます。

例えば、6×6 は、6^2 と表して、「6 の 2 乗」と読みます。$7 \times 7 \times 7 \times 7 \times 7$ は 7^5 と表して、「7 の 5 乗」と読みます。

7^5 の右上に小さく書いた数 5 を指数といいます。指数は、かけた数の個数を表します。

$$\underbrace{7 \times 7 \times 7 \times 7 \times 7}_{7 を 5 個かけている} = 7^5 \leftarrow 指数$$

ところで、累乗は英語で power といいます。power の本来の意味は「力」ですが、累乗が「力強いもの」であるから power という単語があてられたという説があります。

累乗は、確かに強い力をもっています。例えば、厚さ 0.1 mm の紙があるとしましょう。この紙を 1 回折ると、厚さは $0.1 \times 2 = 0.2$ mm になります。2 回折ると、$0.1 \times 2 \times 2 = 0.1 \times 2^2 = 0.4$ mm になります。こうして、10 回折ると、$0.1 \times 2^{10} = 0.1 \times 1024 = 102.4$ mm $= 10.24$ cm となります。10 回折り曲げただけで、厚さが 10 cm を超えてしまうのですね。

20 回折ると、紙の厚さは、$0.1 \times 2^{20} = 104857.6$ mm $=$ 約 105m となり、大

体 30 階建ての建物くらいの高さになります。

42 回折り曲げると、紙の厚さは、$0.1 \times 2^{42} = 439804651110.4$ mm = 約 44 万 km となります。地球から月の距離は約 38 万 km なので、月の高さに到達して、さらにそれを超えることになります。

51 回折り曲げると、紙の厚さは、$0.1 \times 2^{51} = 225179981368524.8$ mm = 約 2 億 2500 万 km となります。地球から太陽の距離は約 1 億 5000 万 km なので、太陽の高さに到達して、さらにそれを超えることになります。

「紙を 51 回折り曲げると、太陽の高さに届く」というのは、感覚的に信じられないところもありますが、計算上は正しいことなのです。実際に紙が何回折れるか挑戦しようとすると、大体 7 回くらいで折れなくなってしまうのですが…。
　しかし、この例は、累乗の「力強さ」を物語っているといえるでしょう。

-5^2、$(-5)^2$、$-(-5)^2$ の違いとは？

中1

　数学の世界で、累乗を使うことはよくあります。しかし、この累乗の扱い方に少しややこしいところがあるので、例題を解説しながら、わかりやすく説明していきます。

> **例1**　次の積を、累乗の指数を用いて表しましょう。
> (1) $5 \times 5 \times 5$
> (2) $(-3) \times (-3)$
> (3) $0.15 \times 0.15 \times 0.15$
> (4) $\dfrac{2}{3} \times \dfrac{2}{3} \times \dfrac{2}{3} \times \dfrac{2}{3}$

　(1) の「$5 \times 5 \times 5$」は、5が3個かけられているので、答えは $\underline{5^3}$ です。

　(2) の「$(-3) \times (-3)$」は、-3 が2個かけられているので、答えは $\underline{(-3)^2}$ です。このとき、**(2)** の答えを -3^2 としないように気をつけましょう。-3^2 だと、**3だけを2個かける**という意味になります。$(-3)^2$ のように、かっこをつけることで、**-3 を2個かける**という意味になるのです。$(-3)^2$ と -3^2 をそれぞれ累乗のないかたちにすると、次のようになります。

$$(-3)^2 = (-3) \times (-3) = 9$$
$$-3^2 = -(3 \times 3) = -9$$

　(3) の「$0.15 \times 0.15 \times 0.15$」は、$0.15$ が3個かけられているので、答えは $\underline{0.15^3}$ です。このように小数にも累乗が使えます。

(4) の「$\dfrac{2}{3} \times \dfrac{2}{3} \times \dfrac{2}{3} \times \dfrac{2}{3}$」は、$\dfrac{2}{3}$ が 4 個かけられているので、答えは $\left(\dfrac{2}{3}\right)^4$ です。このとき、**(4)** の答えを $\dfrac{2^4}{3}$ **としないように気をつけましょう。**$\dfrac{2^4}{3}$ だと、**分子の 2 だけを 4 個かける**という意味になります。$\left(\dfrac{2}{3}\right)^4$ のように、かっこをつけることで、$\dfrac{2}{3}$ **を 4 個かける**という意味になるのです。$\left(\dfrac{2}{3}\right)^4$ と $\dfrac{2^4}{3}$ をそれぞれ累乗のないかたちにすると、次のようになります。

$$\left(\dfrac{2}{3}\right)^4 = \dfrac{2}{3} \times \dfrac{2}{3} \times \dfrac{2}{3} \times \dfrac{2}{3} = \dfrac{16}{81}$$

$$\dfrac{2^4}{3} = \dfrac{2 \times 2 \times 2 \times 2}{3} = \dfrac{16}{3}$$

ちなみに、$\dfrac{16}{3}$ は仮分数のままで OK です。小学算数では、$5\dfrac{1}{3}$ のように帯分数にしますが、数学では一般的に帯分数は使わず、仮分数を使います。

(4) の問題でみたように分数にも累乗が使えますが、かっこの使い方によって意味が変わってくるので注意が必要です。

累乗に慣れるために、もう 1 問解いてみましょう。

例2　**次の計算をしましょう。**
(1) -5^2　　　　**(2)** $(-5)^2$　　　　**(3)** $-(-5)^2$

(例2)(1) の -5^2 の指数の 2 の意味は、**5 だけを 2 個かける**ということです。だから、次のように計算できます。

$$-5^2 = -(5 \times 5) = \underline{-25}$$

(2) の $(-5)^2$ の指数の 2 の意味は、**かっこの中の -5 を 2 個かける**ということです。だから、次のように計算できます。

$$(-5)^2=(-5)\times(-5)=\underline{25}$$

(3)の$-(-5)^2$の指数の2の意味も**(2)**と同じく、**かっこの中の -5 を 2個かける**ということです。左右2つの−(負の符号)がありますが、左の−(負の符号)はそのままにして、次のように計算しましょう。

$$-(-5)^2=-\{(-5)\times(-5)\}=\underline{-25}$$

2つの例題を解説しながら、累乗でつまずきやすいところについて説明しました。どこにかっこをつけるかによって、意味が変わってくることに注意しましょう。

第 2 章

文字式の「？」を解決する

文字式は、小学校でも習うって本当?

小学校の復習

入学したばかりの中学1年生が、数学で最初に習うのが、前章の「正負の数」です。負の数は小学校の算数では習わず、中学校の数学で初めて習うので、面食らって、いきなり数学でつまずいてしまう生徒もいるようです。

そして、「正負の数」の次に習うのが「**文字式**」です。文字式とは、$2x$ や $-3y$ のような、**アルファベットなどの文字を使った式**のことです。

文字式では、例えば、次のような計算を学びます。

$$3(2x-5)-2(7x+6)=$$

このような式をみて、初めて習う中学生のなかには「難しそう」「なんだか数学っぽいなあ」などのように感じる生徒もいます。

小学校で習う算数は、整数、小数、分数の**四則計算**（＋ － × ÷ の計算）が中心です。ですから、そこに x や y などの文字が加わった式をみて、身構えてしまうのも、やむをえないのかもしれません。

中学1年生にとっては、初めて習う「正負の数」で面食らって、次の「文字式」でさらにつまずいて、そのまま数学に苦手意識をもってしまうことさえあります。逆にいえば、**「正負の数」と「文字式」をつまずかずに理解できれば、その後はスムーズに理解できるケースが多い**ということもできるでしょう。

先ほど述べたように、「正負の数」は中学校の数学で初めて習います。一方、**「文字式」は、小学校の算数でその基礎を学ぶ**ことをご存知でしたか？

実は、**算数では、小学3年生から文字式の基礎を学びます。**そういう意味において、「正負の数」に比べて、文字式のほうが戸惑わずに学び始めることができるといえるのかもしれません。

　では、小学校でどのように文字式を学ぶのでしょうか？　算数のおさらいもかねて、具体的にみていきましょう。

　小学3年生の算数の教科書には「□を使った式」という単元があります。□は、文字ではなく記号ですが、ここで文字式や方程式につながる考え方を学びます（方程式については、この本では第3章で解説します）。

　小学3年生の「□を使った式」では、例えば次のような問題がでてきます。

> **例1**　田中君は、おはじきを25個もっています。山本君にいくつかもらったので、田中君のおはじきの数は52個になりました。山本君にいくつおはじきをもらいましたか。

　この問題をさっそく解いていきましょう。「□を使った式」では、**わからない数を□とするのがポイント**です。（例1）でわからない数は、「山本君にもらったおはじきの数」です。ですから、「山本君にもらったおはじきの数」を「□個」とします。

　はじめ25個もっていて、山本君に□個もらって52個になったのですから、「25 + □ = 52」と表せます。これを線分図（数や量の関係を線で表した図）で表すと、次のようになります。

線分図より、52 から 25 を引けばよいことがわかるので、□は、52 − 25 ＝ 27 と求められます。これにより、答えは 27 個です。

この解き方をみて、「なんだか面倒な解き方だなあ。わざわざ□とおかなくても、52 − 25 ＝ 27 個と求めればよいのでは？」と思う方もいるかもしれません。確かに、□とおかずに直接、52 − 25 ＝ 27 個と求めたほうがすばやく解けます。

しかし、「わからない数を□とおいて式をつくる」というのは、算数や数学の大事な考え方のひとつです。ですから、「□を使った式」をつくってから、□を求める考え方を学ぶことには意味があります。

また、小 3 で習う「□を使った式」について、「文字式ではなく、方程式の基礎ではないか？」と思う方もいるかもしれません。確かに **（例 1）** の「$25 + \square = 52$」という式は方程式だといえます。しかし、方程式も「文字式のひとつ」です。なぜなら、方程式では「$3x + 4 = 5x$」のように文字を使うからです。

さて、次に文字式について習うのが、小学 4 年生の「**□、△ などを用いた式**」です。ここでは、次のような問題を習います。

> **例 2** A君とB君は、あわせて8枚のカードをもっています。A君が□枚、B君が △ 枚のカードをもっているとき、□と △ の関係を式に表しましょう。

A君が□枚、B君が △ 枚のカードをもっていて、それが合わせて 8 枚なのですから、「$\square + \triangle = 8$」という式が答えです。小 3 で習った「□を使った式」では、記号が 1 つだけでしたが、小 5 で習うこの単元では、記号が 2 つ出てきます。

そして、次に習うのが、小学 6 年生の「**文字を用いた式**」です。文字式とは、

058 ｜ 文字式は、小学校でも習うって本当？

文字を用いた式のことですから、小6で学ぶのは文字式そのものということができます。小6の「文字を用いた式」では、次のような問題を習います。

> **例3** たての長さが x cm、横の長さが 5 cm の長方形があります。この長方形の面積が y cm²のとき、xとyの関係を式に表しましょう。

「たての長さ × 横の長さ ＝ 長方形の面積」ですから、**（例3）**の答えは「$x \times 5 = y$」です。ところで、**（例3）**の x と y をそれぞれ□と△にかえると次の**（例4）**になります。

> **例4** たての長さが□ cm、横の長さが 5 cm の長方形があります。この長方形の面積が△ cm²のとき、□と△の関係を式に表しましょう。

（例4）も、**（例3）**と同じように解くと、答えは「$\square \times 5 = \triangle$」となります。ですから、この小6で習う「文字を用いた式」は、小4で習う「□、△などを用いた式」と内容的にはほとんど同じだということができます。まずは、□や△などの記号を使うことを学んでから、**記号のかわりに x や y などの文字を使うことを学ぶ**のです。

ところで、「□を使った式」「文字を用いた式」では、何の代わりに、□や文字を使っているのでしょうか？

そう。**数の代わりに□や文字を使っている**のです。例えば、「$x + 2 = 5$」という式では、数の「3」の代わりに、文字の「x」を使っています。

「数の代わりに文字を使う」ので、文字式やその後に習う方程式、さらにそこから発展した数学を「**代数（学）**」といいます。**中学で習う数学は主に、代数（学）と幾何（学）に分けられます**。幾何（学）とは、図形の性質について研究する数学の分野です。

今までみてきたように、小学校の算数では、文字式の基礎について学びます。一方、**中学校の数学では、文字式について、より詳しい内容を学んでいきます**。具体的にどういうことを習うのか、次の項目からみていきましょう。

第2章 ── 文字式の「？」を解決する

059

文字式のルールとは何か?

中1

　文字式とは、$2x$ や $-3y$ のような、**アルファベットなどの文字を使った式**のことです（例えば、「$2 \times x$」を「$2x$」と表記します）。中学数学の文字式で最初に学ぶのは「文字式のルール」です。

　「ルールを覚えるのはおもしろくない」と思う方もいるかもしれません。その気持ちはわかります。でも、スポーツやトランプゲームをするときに、初めにルールを覚える必要がありますよね？　文字式も詳しく学んでいく前に、最低限のきまりをおさえる必要があるのです。

　具体的には、積（かけ算の結果）と商（割り算の結果）の表し方についての、次のようなルールです。積と商にそれぞれ分けて説明します。

● 積の表し方のルール

（ルール1）文字をふくんだかけ算では、記号 × をはぶく

　例えば「$x \times y \times z$」のような、文字をふくんだかけ算では、かけ算の記号 × をはぶいて、次のように表しましょう。

　$x \times y \times z = xyz$　← × をはぶく

（ルール2）文字どうしの積は、アルファベット順に並べることが多い

　例えば「$b \times c \times a$」のような、文字どうしの積は、アルファベット順に並べて、次のように表しましょう。

　$b \times c \times a = abc$　←アルファベット順に並べる

（ルール3）数と文字の積では、「数・文字」の順にかく

例えば「$x \times 7$」のような、数と文字の積は、「数・文字」の順にかいて、次のように表しましょう。

$x \times 7 = 7x$　　←「数・文字」の順にかく

上の例で「$x \times 7 = x7$」とかいてしまうと、間違いになるので注意しましょう。

（ルール4）同じ文字の積は、累乗の指数を用いて表す

例えば「$x \times x \times x$」や「$a \times a \times b \times b \times b$」のような、同じ文字の積は、累乗の指数を用いて、次のように表しましょう。

$x \times x \times x = x^3$　　←x を3個かける

$a \times a \times b \times b \times b = a^2 b^3$　　←a を2個かけて、b を3個かける

（ルール5）1と文字の積は、1をはぶく

例えば「$1 \times x$」のような、1と文字の積は、1をはぶいて、次のように表しましょう。

$1 \times x = x$　　←1をはぶく（$1x$ とするのは間違い）

ただし、0.1 や 0.01 の1は、はぶかないので注意しましょう。

$0.1 \times b = 0.1b$　　←$0.b$ とするのは間違い

$0.01 \times c = 0.01c$　　←$0.0c$ とするのは間違い

（ルール6）−1と文字の積は、− だけをかいて1をはぶく

例えば「$-1 \times y$」のような、−1と文字の積は、− だけをかいて1をはぶいて、次のように表しましょう。

$-1 \times y = -y$　　←$-1y$ とするのは間違い

第2章 ― 文字式の「？」を解決する

以上が、積の表し方のルールです。ややこしく感じた方もいると思いますので、問題を解いて整理してみましょう。

> **例1** 次の式を、文字式の表し方にしたがって表しましょう。
> (1) $z \times (-5) \times x \times y$　　　　(2) $b \times 1 \times a$
> (3) $x \times x \times (-0.01)$　　　　(4) $-1 \times c \times b \times b \times b$

(1) の「$z \times (-5) \times x \times y$」は、数 ($-5$) と文字 ($z$, x, y) がまじったかけ算です。このような場合、「**数・文字**」の順に並べるので、数 (-5) が一番左にきます。そして、文字どうしの積は、**アルファベット順に並べればよい**ので、次のようになります。

$$z \times (-5) \times x \times y = \underline{-5xyz} \quad \leftarrow \text{「数・文字 (アルファベット順)」}$$
$$\text{に並べる}$$

(2) の「$b \times 1 \times a$」も、数 (1) と文字 (b, a) がまじったかけ算ですが、**「$1ab$」とするのは間違い**です。1 と文字の積は、1 をはぶく必要があるので、「ab」が正しい答えです。

$$b \times 1 \times a = \underline{ab} \quad \leftarrow \text{1 をはぶいて、文字をアルファベット順に}$$

(3) の「$x \times x \times (-0.01)$」も、数 ($-0.01$) と文字 ($x$, x) がまじったかけ算です。同じ文字の積は、**累乗の指数を用いて表す**ので、正しい答えは「$-0.01x^2$」です。0.01 の 1 は、はぶかないので注意しましょう（$-0.0x^2$ は間違い）。

$$x \times x \times (-0.01) = \underline{-0.01x^2} \quad \leftarrow -0.01 \text{ の 1 は、はぶかない}$$

(4) の「$-1 \times c \times b \times b \times b$」も、数 ($-1$) と文字 ($c$, b, b, b) がまじったかけ算です。-1 と文字の積は、**$-$ だけをかいて 1 をはぶく**ので、正しい答えは「$-b^3c$」です。

$$-1 \times c \times b \times b \times b = \underline{-b^3c} \quad \leftarrow - \text{ だけをかいて 1 をはぶく}$$

次に、商の表し方のルールもみていきましょう。

●商の表し方のルール

例えば、「$2 \div 3$」という計算は、「$2 \div 3 = \dfrac{2}{3}$」という形で、商を分数の形で表すことができます。これは、「$2 \div 3$」という式が、次のように変形できるからです。

$$2 \div 3$$
$$= \frac{2}{1} \div \frac{3}{1} \qquad \text{数は } \frac{\text{数}}{1} \text{ に直せる}$$
$$= \frac{2}{1} \times \frac{1}{3} \qquad \text{割る数の逆数をかける}$$
$$= \frac{2}{3} \qquad\qquad \text{分母どうし、分子どうしをかける}$$

※「分数の割り算で、割る数の逆数(分母と分子をひっくり返した数)をかける理由」は、本書の **p.95** のコラムをみてください。また、「分数のかけ算で、分母どうし、分子どうしをかける理由」については、拙著『小学校 6 年分の算数が教えられるほどよくわかる』(ベレ出版)の第 5 章をご参照ください。

文字式を使って商を表すときも、記号 ÷ を使わずに、分数の形でかくようにしましょう。例えば、「$a \div b = \dfrac{a}{b}$」ということです。「$a \div b = \dfrac{a}{b}$」という式を、公式としておさえておくとよいでしょう。

これをもとに、次の問題を解いてみましょう。

> **例2** 次の式を、文字式の表し方にしたがって表しましょう。
>
> (1) $x \div 11$　　　　　　　　(2) $5a \div 9$
>
> (3) $-15 \div y$　　　　　　　(4) $7x \div (-3)$

(1) は、「$a \div b = \dfrac{a}{b}$」という公式から、次のように分数の形で表すことができます。

$$x \div 11 = \frac{x}{11}$$

ところで、(1) の「$x \div 11$」の答えを、「$\dfrac{1}{11}x$」**としても正解**です。なぜなら、「$x \div 11$」を、次のように「$\dfrac{1}{11}x$」に変形できるからです。

$$
\begin{aligned}
& x \div 11 \\
= \; & x \div \frac{11}{1} \qquad \text{11を}\frac{11}{1}\text{にする} \\
= \; & x \times \frac{1}{11} \qquad \text{割る数の逆数をかける} \\
= \; & \frac{1}{11}x \qquad\quad \text{「数・文字」の順に並べる（積の表し方のルール3）}
\end{aligned}
$$

つまり、「$\dfrac{x}{11} = \dfrac{1}{11}x$」ということです。ですから、どちらを答えにしても正解です。

(2) も、「$a \div b = \dfrac{a}{b}$」という公式から、次のように分数の形で表すことができます。

$$5a \div 9 = \frac{5a}{9}$$

ところで、(2) の「$5a \div 9$」の答えを、「$\dfrac{5}{9}a$」**としても正解**です。なぜなら、「$\dfrac{5}{9}a$」を、次のように「$\dfrac{5a}{9}$」に変形できるからです。

064 ｜ 文字式のルールとは何か？

$$\frac{5}{9}a$$

$$= \frac{5}{9} \times a$$

$$= \frac{5}{9} \times \frac{a}{1}$$

$$= \frac{5 \times a}{9 \times 1}$$

$$= \frac{5a}{9}$$

$\dfrac{5}{9}$ と a の間に「×」が省略されている

a を $\dfrac{a}{1}$ にする

分母どうし、分子どうしをかける

$5 \times a$ の「×」をはぶく

つまり、「$\dfrac{5a}{9} = \dfrac{5}{9}a$」ということです。ですから、どちらを答えにしても正解です。

(3) の式「$-15 \div y$」は、次のように変形できます。

$$-15 \div y$$

$$= \frac{-15}{y}$$

$$= -\frac{15}{y}$$

「$a \div b = \dfrac{a}{b}$」を使う

－を分数の前に出す
（※後の文を参照）

(4) の式「$7x \div (-3)$」は、次のように変形できます。

$$7x \div (-3)$$

$$= \frac{7x}{-3}$$

$$= -\frac{7x}{3} \quad \left(\text{または} -\frac{7}{3}x\right)$$

「$a \div b = \dfrac{a}{b}$」を使う

－を分数の前に出す
（※後の文を参照）

ところで、**負の整数の -1 は、2つの分数の形「$\dfrac{-1}{1}$」と「$\dfrac{1}{-1}$」に変形できる**ことをおさえておきましょう。つまり、「$-1 = \dfrac{-1}{1} = \dfrac{1}{-1}$」ということです。なぜ、これら3つが等しいのかは、次の式の変形から理解することができます。

● $\dfrac{-1}{1} = -1$ である理由

$$\dfrac{-1}{1}$$

$$= -1 \div 1 \qquad \left.\begin{array}{l}\end{array}\right\rangle \text{「}\dfrac{a}{b} = a \div b\text{」を使う}$$

$$\qquad\qquad\qquad \left.\begin{array}{l}\end{array}\right\rangle \text{負} \div \text{正} = \text{負}$$

$$= -1$$

● $\dfrac{1}{-1} = -1$ である理由

$$\dfrac{1}{-1}$$

$$= 1 \div (-1) \qquad \left.\begin{array}{l}\end{array}\right\rangle \text{「}\dfrac{a}{b} = a \div b\text{」を使う}$$

$$\qquad\qquad\qquad\qquad \left.\begin{array}{l}\end{array}\right\rangle \text{正} \div \text{負} = \text{負}$$

$$= -1$$

話をもとにもどしましょう。**(3) (4)** の途中式で出てきたような、$\dfrac{-\triangle}{\square}$ や $\dfrac{\triangle}{-\square}$ という形は、どちらも $-\dfrac{\triangle}{\square}$ と等しいです。$-\dfrac{\triangle}{\square}$ は、それぞれ次のように変形できるからです（「$-1 = \dfrac{-1}{1} = \dfrac{1}{-1}$」であることを利用して変形します）。

066 | 文字式のルールとは何か？

● $-\dfrac{\triangle}{\square} = \dfrac{-\triangle}{\square}$ である理由

$-\dfrac{\triangle}{\square}$

$= -1 \times \dfrac{\triangle}{\square}$ ）－と $\dfrac{\triangle}{\square}$ の間に「$1\times$」が省略されている

$= \dfrac{-1}{1} \times \dfrac{\triangle}{\square}$ ）-1 を $\dfrac{-1}{1}$ に変形する

$= \dfrac{-1 \times \triangle}{1 \times \square}$ ）分母どうし、分子どうしをかける

$= \dfrac{-\triangle}{\square}$

● $-\dfrac{\triangle}{\square} = \dfrac{\triangle}{-\square}$ である理由

$-\dfrac{\triangle}{\square}$

$= -1 \times \dfrac{\triangle}{\square}$ ）－と $\dfrac{\triangle}{\square}$ の間に「$1\times$」が省略されている

$= \dfrac{1}{-1} \times \dfrac{\triangle}{\square}$ ）-1 を $\dfrac{1}{-1}$ に変形する

$= \dfrac{1 \times \triangle}{-1 \times \square}$ ）分母どうし、分子どうしをかける

$= \dfrac{\triangle}{-\square}$

つまり、「$-\dfrac{\triangle}{\square} = \dfrac{-\triangle}{\square} = \dfrac{\triangle}{-\square}$」ということです。

（3）と（4）の途中式で出てきた、この $\dfrac{-\triangle}{\square}$ や $\dfrac{\triangle}{-\square}$ という形は、 $-$ を分数の前に出して、$-\dfrac{\triangle}{\square}$ の形に直して答えにするのがきまりです。

　以上で、文字式のルールの解説は終了です。この項目を読んで、「きまりが多いのが大変だ」「こんなルールがなぜあるの？」のように思われた方もいるかもしれません。そこで次の項目では、その疑問にお答えします。

第2章 ― 文字式の「？」を解決する

067

文字式には、なぜルールがあるのか？
その歴史とは？

中1

　ひとつ前の項目で、文字式のさまざまなルールを解説しました。ルールですから、守らないと数学のテストなどでバツになることもあります。これは、スポーツに例えると、ルールを守らないと反則（ファール）をとられてしまうのと似ています。

　とはいえ「なぜ、こんなにたくさんルールがあるのか？」「ルールを覚えるのが大変だ」「それぞれのルールが成り立つ理由は何？」など、さまざまな疑問をおもちになったかもしれません。

　これら文字式のルールは、初めから存在したものではありませんでした。**長い数学の歴史において、少しずつ形を変えながら、現在のわかりやすい形になっていった**のです。

　これもスポーツに例えると、例えば、テニスは初めから現在のルールであったわけではありませんでした。実際、11世紀頃のテニスでは、今のようなラケットを使わず、手のひらや手袋でボールが打ち合われていたといわれています。そこから、長い年月を重ねて、現在のルールができていったのです。

　この項目では、**文字式のルールが存在する理由**や、**どのように現在のルールに変化したか**、などについてみていきます。

●文字式のルールが存在する理由とは？

　まず、文字式のルールが存在する理由について、「**ルールがないと、みながバラバラの答えを求めて混乱が起きるため**」ということが考えられます。例えば、「$a \times c \times 1 \times b \times b$」という式を、文字式のルールにしたがって表す問題があったとしましょう。

もし、文字式にルールがなかったら、「$ac1bb$」「$1abbc$」「$babc1$」「b^2ca」などなど、みながそれぞれに好き勝手な答えを求めてしまい、わかりにくくなって混乱が生じます。

　一方、文字式のルールをきちんと守れば、「$a×c×1×b×b=ab^2c$」のように、答えはひとつだけになり、だれもがスムーズに理解し合えるようになります。共通のルールを守ってこそ、数学が世界共通の学問になりうるのです。

●文字式のルールは、どのようにして現在のものになったのか？

　先述した通り、文字式のルールは初めから存在したものではなく、長い数学の歴史において、少しずつ形を変えながら、現在のわかりやすい形になっていきました。

　文字式の積の表し方に「**同じ文字の積は、累乗の指数を用いて表す**」というルールがありました。例えば、「$a×a×a$」なら、a が 3 個かけられているので、「a^3」と表すルールです。このルールも初めから存在したものではありませんでした。

　フランスのヴィエト（1540 〜 1603）は、3 乗を「cubus」という言葉で表しました。例えば、現在なら「$\mathbf{A}×\mathbf{A}×\mathbf{A}$」を「$\mathbf{A}^3$」と表します。一方、ヴィエトはわざわざ「A cubus」と書いたのです。

　同じフランスのデカルト（1596 〜 1650）は、現在とほとんど同様のルールで文字式を表記しました。例えば、「$a×a×a+b×b×b×b$」という式なら、「a^3+b^4」のように表したのです。ただし、2 乗だけは「a^2」のように書かず、「aa」のように、文字を重ねて表していました。

　デカルトは、ヴィエトが用いていた「A cubus」のような表記を、もっとシンプルにするべきだと考えていたようです。それは、デカルトの著書からもわかります。

069

「そこで、例えば $2a^3$ と書けば、これは a なる文字によって示されかつ三つの関係を含むところの量の、二倍、というに同じい。このような手段により、多くの語を短く要約(ようやく)することができる（後略）」
（デカルト著、野田又夫訳『精神指導の規則』岩波文庫、ルビは著者）

引用文の「同じい」は「同じである」という意味です。この文からも、デカルトが、文字式のルールをできるだけ簡単なものに統一しようと意図していたことが読み取れます。

また、万有引力の法則を発見した、イギリスのニュートン（1642〜1727）は、1676年に書いた手紙の中で「aa、aaa、$aaaa$ をそれぞれ a^2、a^3、a^4 と表す」むねを述べています。これらの資料から、ヨーロッパの数学者の間では、17世紀半ばから後半にかけて、現在使われている累乗の表記のルールが定着していったことがわかります。

この項目では、「同じ文字の積は、累乗の指数を用いて表す」というルールについて、それが歴史的にどのように変わっていき、現在の形になったのかをみてきました。他のルールについても、同じように徐々に変化していって、現在の姿になっていったのです。

ルールを覚えるのは、楽しい作業だとはいえないかもしれません。しかし、過去の数学者達が、できるだけシンプルで、みながわかりやすいように努力しあって現在の形になったことを知れば、文字式のルールについて、少しでも興味がもてるのではないでしょうか。

単項式と多項式の違いは何か？

中1・中2

「単項式と多項式の違いって何？」
このように質問すると、答えにつまる生徒は少なくありません。

中学校の数学の授業で、文字式について習うとき、「単項式、多項式」に加えて、「係数、次数」などの用語がよく出てきます。これらの用語の意味がわからないために、授業をなかなか理解できなかったり、つまずいてしまったりするケースもみられます。

そこで、この項目では、<u>文字式について理解するために、最低限おさえておくべき用語</u>について解説します。

【文字式でおさえるべき用語】

● <u>単項式</u> … $7a$、$-3x^2$ のように、**数や文字のかけ算だけでできている式。**
x や -8 のような、**1つだけの文字や数も単項式にふくまれる。**

● <u>係数</u> … $7a$ の 7 や、$-3x^2$ の -3 のように、**文字をふくむ単項式の数の部分**のこと。

（単項式での係数の例）

$7a$ $-3\,x^3$
↑   ↑
係数は 7   係数は -3

● <u>多項式</u> … $5x-6y+2$ のように、**単項式の和の形で表された式。**
※ $5x-6y+2 = 5x+(-6y)+2$ と変形できるので、単項式の「和」といえる。

●項 … 多項式で、＋ で結ばれたひとつひとつの単項式。

例えば、$5x-6y+2$ は、$5x+(-6y)+2$ と変形できるので、項は $5x$ と $-6y$ と 2 である。

（多項式での項の例）

$$5x-6y+2$$
$$=\underset{\text{項}}{5x}+\underset{\text{項}}{(-6y)}+\underset{\text{項}}{2}$$

●（単項式での）次数 … 単項式では、**かけあわされている文字の個数**を、その式の次数という。

例えば、**単項式** $5xyz$ は、x と y と z の 3 つの文字がかけあわされているので、$5xyz$ の次数は 3 である。

また、**単項式** $6ab^3$ は、a と b と b と b の 4 つの文字がかけあわされているので、$6ab^3$ の次数は 4 である。

$$5xyz = 5 \times \underset{\uparrow}{x} \times \underset{\uparrow}{y} \times \underset{\uparrow}{z}$$
文字が3つかけあわされているので
次数は3

$$6ab^3 = 6 \times \underset{\uparrow}{a} \times \underset{\uparrow}{b} \times \underset{\uparrow}{b} \times \underset{\uparrow}{b}$$
文字が4つかけあわされているので
次数は4

●（多項式での）次数 … 多項式では、**それぞれの項の次数のうち、もっとも大きいもの**を、その式の次数という。次数が 1 の式を **1 次式**、次数が 2 の式を **2 次式**、次数が 3 の式を **3 次式**、…という。

例えば、**多項式** $a^2b+3ab+5b$ では、それぞれの項のうち、項の次数がもっとも大きいのは a^2b の 3。だから、この多項式は、**3 次式**である。

072 ｜ 単項式と多項式の違いは何か？

$$a^2b + 3ab + 5b$$

次数3　　次数2　　次数1

次数がもっとも大きい→この多項式は3次式

　まとめると、$7a$、$-3x^2$ のように、数や文字のかけ算だけでできている式が単項式で、一方、$5x-6y+2$ のように、単項式の和の形で表された式が多項式です。

　この項目で解説した用語の意味をおさえておくことで、文字式についての説明をより理解しやすくなります。特に、**「次数」は、単項式と多項式でその意味が違う**ので、注意しましょう。

分配法則とは何か?

中1

p.46 で、交換法則と結合法則について説明しましたが、数学には、もうひとつの計算法則があります。それが、**分配法則**です。この分配法則も、数や文字式の計算に欠かせないきまりです。

では一体、分配法則とは何か。それについて説明するために、次の図をみてください。

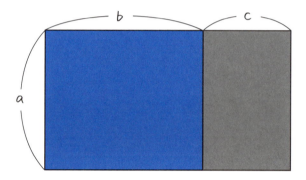

この図の中には、次の3つの長方形がありますね。
- 青のかげをつけた長方形（以下、**青い長方形**）
- グレーのかげをつけた長方形（以下、**グレーの長方形**）
- 上の2つ（青とグレー）を合わせた長方形（以下、**合体した長方形**）

青い長方形は、たての長さが a、横の長さが b なので、面積は、$a \times b = ab$ です。**グレーの長方形**は、たての長さが a、横の長さが c なので、面積は、$a \times c = ac$ です。ですから、**合体した長方形**の面積は、$ab + ac$ と表せます。

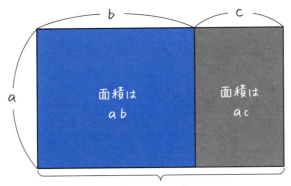

一方、**合体した長方形**は、たての長さが a で、横の長さが $(b+c)$ です。「長方形の面積 ＝ たて × 横」の公式によって、合体した長方形の面積は、$a \times (b+c) = a(b+c)$ と表せます。

また、たてと横を入れかえても長方形の面積を求める公式は成り立ちます（p.46 の「交換法則」を参照）。つまり、「長方形の面積 ＝ 横 × たて」により、合体した長方形の面積を、$(b+c) \times a = (b+c)a$ と表すこともできます。

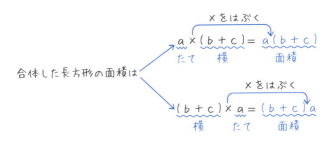

まとめると、合体した長方形の面積は、次の3通り（①〜③）で表せるということです。

合体した長方形の面積は3通りで表せる
- ① $ab+ac$
- ② $a(b+c)$
- ③ $(b+c)a$

　この3通り（①〜③）は、どれも同じ面積（合体した長方形の面積）を表すので、等号で結ぶことができます。②と①、③と①、①と③をそれぞれ等号で結ぶと、次のようになり、これらの式を**分配法則**といいます。等号とは「＝」の記号のことです。

分配法則
$$\begin{cases} a(b+c) = ab + ac \\ (b+c)a = ab + ac \\ \underline{ba + ca} = (b+c)a \end{cases}$$
（$ab+ac$と同じ）
（交換法則より、$ba=ab$、$ca=ac$だから）

　ところで、これらの式は、なぜ分配法則と呼ばれるのでしょうか。3つの式のうち、上の2つの式では、次のように、bとcを**分けて**、それぞれaとかけています。だから、「分配」法則という名称になったと考えられます。

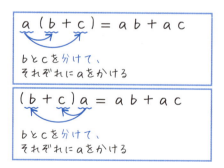

　ここまで分配法則についてお話ししてきましたが、この項目のはじめで述べたように、分配法則は文字式の計算で欠かせないきまりです。では、文字式の計算で、どのように分配法則が使われるのか、次の項目からみていきましょう。

「同類項をまとめる」とは何か？

中1・中2

　ここからは、文字式の計算のしかたについて、具体的にみていきましょう。文字式の計算をするときに、「同類項をまとめる」という作業が必要になります。

　同類項とは、**多項式で、文字の部分が同じ項**のことです。例えば、$2a+7a$ という多項式で、$2a$ と $7a$ は、文字 a の部分が同じなので、同類項です。

　ひとつ前の項目で説明した分配法則の「$ba+ca=(b+c)a$」を使うと、同類項は、1つの項にまとめられます。例えば、$2a+7a$ なら、次のように計算できます。

$$ba + ca = (b+c)a$$

（bと+cをかっこの中に入れる）

$$(例)\ 2a + 7a = (2+7)a = \underline{9a}$$

（2と+7をかっこの中に入れる）

　このように、2つ以上の同類項を1つにまとめることを「同類項をまとめる」といいます。

　次に引き算についてみてみましょう。例えば、$2a-7a$ なら、正負の数の計算で学んだように、たし算の $2a+(-7a)$ に直すことができます。ですから、次のように、同類項をまとめられます。

$$
\begin{aligned}
&2a - 7a \\
&= 2a + (-7a) \quad \text{引き算をたし算に直す} \\
&= \{2 + (-7)\}a \quad \text{同類項をまとめる} \\
&= -5a
\end{aligned}
$$

たし算に直すのを面倒に感じる方もいるかもしれません。たし算に直さなくても、次のように解くこともできます。

$$
\begin{aligned}
&2a - 7a \\
&= (2 - 7)a \quad \text{同類項をまとめる} \\
&= -5a
\end{aligned}
$$

次の例題を解きながら、同類項をまとめる練習をしましょう。

例 次の計算をしましょう。
(1) $3a + 8a$
(2) $-x - 3x$
(3) $x - 8y - 6x + 10y$
(4) $5x^2 + x - 6 + 3x - 7x^2 - 9$

それぞれ、次のように解くことができます。

(1)
$$
\begin{aligned}
&3a + 8a \\
&= (3 + 8)a \quad \text{同類項をまとめる} \\
&= 11a
\end{aligned}
$$

078 | 「同類項をまとめる」とは何か?

(2) $-x-3x$
 $=(-1-3)x$ ← 同類項をまとめる
 $=\underline{-4x}$

(3) $x-8y-6x+10y$
 $=(1-6)x+(-8+10)y$ ← 同類項をまとめる
 $=\underline{-5x+2y}$

(4) $5x^2+x-6+3x-7x^2-9$
 $=(5-7)x^2+(1+3)x-6-9$ ← 同類項をまとめる
 $=\underline{-2x^2+4x-15}$

　以上のように、それぞれ分配法則を使って、同類項をまとめることができます。ちなみに、(4)の答えの「$-2x^2+4x-15$」は、これ以上かんたんにすることはできません。「$-2x^2$」の次数が2、「$4x$」の次数が1であり、**次数が違う項は同類項ではない**ので、1つの項にまとめられないためです。

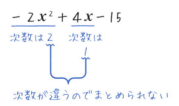

　ところで、(4)のもとの式の「$5x^2+x-6+3x-7x^2-9$」は何次式でしょうか？ p.72で述べた通り、多項式では、**それぞれの項の次数のうち、もっとも大きいもの**を、その式の次数といいます。「$5x^2+x-6+3x-7x^2-9$」の項のうち、$5x^2$と$-7x^2$の次数がそれぞれ2で最大なので、この式は「2次式」です。

かっこの中の符号が変わるのはなぜか？

中1・中2

　この項目では、**多項式どうしのたし算と引き算**について解説していきます。まずは、**多項式どうしのたし算**についてです。例えば、多項式 $6x+y$ と多項式 $2x-5y$ のたし算を、どのように計算するかみていきましょう。$6x+y$ と $2x-5y$ がそれぞれ多項式であることを示すために、次のように、かっこを使って表します。

（例）多項式 $6x+y$ と多項式 $2x-5y$ のたし算

$$(6x+y)+(2x-5y)$$

かっこを使う　　かっこを使う

　多項式のたし算では、**かっこをそのまま外して、同類項をまとめましょう**。例にあげた、多項式 $6x+y$ と多項式 $2x-5y$ のたし算なら、次のように計算できます。

$$(6x+y)+(2x-5y)$$
$$=6x+y+2x-5y$$
$$=(6+2)x+(1-5)y$$
$$=\underline{8x-4y}$$

　かっこをそのまま外す
　同類項をまとめる

　多項式どうしのたし算は、次のように筆算のような形で考えることもできます。

例 多項式 $6x + y$ と多項式 $2x - 5y$ のたし算（筆算）

$$
\begin{array}{r}
6x + y \\
+)\ 2x - 5y \\
\hline
8x - 4y
\end{array}
$$

① $6x + 2x$　② $+y + (-5y)$

【筆算のしかた（3 ステップ）】

① x の同類項をまとめる　→　$6x + 2x = 8x$

② y の同類項をまとめる　→　$+y + (-5y) = -4y$

③ ①と②から、答えは $\underline{8x - 4y}$

　次に、**多項式どうしの引き算**について、みていきましょう。例えば、多項式 $x - 3y$ から多項式 $7x + 2y$ を引く計算を、どのように解くか解説していきます。たし算のときと同じように、$x - 3y$ と $7x + 2y$ がそれぞれ多項式であることを示すために、かっこを使って表します。

（例）多項式 $x - 3y$ から多項式 $7x + 2y$ を引く計算

⬇

$(x - 3y) - (7x + 2y)$

かっこを使う　　かっこを使う

　多項式の引き算では、**かっこをそのまま外して計算すると間違いになるので注意**しましょう。多項式の引き算では「**− の後のかっこの中のそれぞれの項の符号（＋ と −）をかえて、かっこを外す**」必要があります。例えば、多項

第2章 ─ 文字式の「？」を解決する

081

式 $x-3y$ から多項式 $7x+2y$ を引く計算で、[**間違った解き方**] と [**正しい解き方**] をそれぞれ示すと次のようになります。

[間違った解き方]

－の後のかっこ

$(x-3y)-(7x+2y)$
$= x-3y-7x+2y$

符号をかえずにそのままかっこを外すのは ×

[正しい解き方]

－の後のかっこ

$(x-3y)-(7x+2y)$
$= x-3y-7x-2y$
$= (1-7)x+(-3-2)y$
$= -6x-5y$

かっこを外すと符号がかわる

同類項をまとめる

繰り返しになりますが、[**間違った解き方**] のように、かっこをそのまま外して計算するミスはしてしまいがちなので気をつけましょう。

では、なぜ多項式の引き算では、－ の後のかっこの中の各項の符号をかえる必要があるのでしょうか？ 多項式どうしの引き算も、次のように筆算のような形で考えることができます。筆算の形で考えることで、その理由がわかります。

例 多項式 $x-3y$ から多項式 $7x+2y$ を引く計算（筆算）

$$
\begin{array}{r}
x - 3y \\
-)\,7x + 2y \\
\hline
-6x - 5y
\end{array}
$$

① $x - 7x$ ② $-3y - (+2y)$

【筆算のしかた（3 ステップ）】

① x の同類項をまとめる　　→ $x - 7x = -6x$

② y の同類項をまとめる　　→ $-3y - (+2y)$

たし算に直すと符号がかわる

$= -3y + (-2y)$

$= -5y$

③ ①と②から、答えは $\underline{-6x-5y}$

　上の【筆算のしかた】の②で、y の同類項を計算するときに、$+2y$ から $-2y$ に符号がかわっています。なぜなら、引き算からたし算になおすときに、引く数の符号がかわるからです。そのため、多項式の引き算では「**− の後のかっこの中のそれぞれの項の符号（＋ と −）をかえて、かっこを外す**」必要があるのです。

　ここまで、多項式どうしのたし算と引き算についてみてきました。特に、多項式どうしの引き算は、ケアレスミスをしないように気をつけましょう。

第2章 — 文字式の「?」を解決する

文字式の計算で交換法則をどう使うか？

中1・中2

　交換法則とは、第1章「正負の数」でお話しした通り、「**たし算だけの式とかけ算だけの式では、数を並べかえても答えは同じになる**」という計算のきまりです（p.46参照）。文字式の計算でも、この交換法則をひんぱんに使います。

　文字式の計算で、交換法則はどのような形で使われるのでしょうか？　ここでは、「**単項式 × 数**」「**単項式 ÷ 数**」「**単項式 × 単項式**」の計算を例に説明していきます。次の例題をみてください。

> **例**　次の計算をしましょう。
> (1) $5a \times 3$
> (2) $-4y \div \dfrac{2}{7}$
> (3) $-3x^2 y \times (-2xy)$

　(1)の「$5a \times 3$」からみていきましょう。これは、「単項式の $5a$」と「数の 3」をかける計算です。

　$5a \times 3$ の「$5a$」の部分は、「$5 \times a$」の ×（かける）が省略されたものです。文字式の積の表し方には、「文字をふくんだかけ算では、記号 × をはぶく」というルールがありましたね（p.60参照）。

　つまり、「$5a \times 3 = 5 \times a \times 3$」と変形できるので、(1)は次のように計算できます。

$$5a \times 3$$
$$= 5 \times a \times 3 \quad \text{5aを5×aにする}$$
$$= 5 \times 3 \times a \quad \text{交換法則を使って並べかえる}$$
$$= \underline{15a}$$

すでに述べたとおり、交換法則は、たし算だけでできた式とかけ算だけでできた式で使えます。上の計算の途中式「$5 \times a \times 3$」は、かけ算だけでできた式なので「**数や文字を並べかえても答えは同じになる**」という交換法則が使えるのです。

(2) に進みましょう。「$-4y \div \dfrac{2}{7}$」の計算です。これは、「単項式の $-4y$」を「数の $\dfrac{2}{7}$」で割る計算です。

小学校の算数で「**(分数の) 割り算では、割る数の逆数をかける**」ことを学びますが、文字式でも同じようにします。逆数とは、ざっくり言うと、分母と分子をひっくり返した数のことです。$\dfrac{2}{7}$ の逆数は $\dfrac{7}{2}$ なので、

「$-4y \div \dfrac{2}{7} = -4y \times \dfrac{7}{2}$」のように、式を変形できます。割り算をかけ算に変形することによって、あとは次のように計算できます。**(1)** と同様、途中で交換法則を使います。

$$-4y \div \frac{2}{7}$$

（割る数の逆数をかける）

$$= -4y \times \frac{7}{2}$$

（$-4y$ を $-4 \times y$ にする）

$$= -4 \times y \times \frac{7}{2}$$

（交換法則を使って並べかえ、約分する
（かけ算だけの式なので、交換法則が
使える））

$$= -\overset{-2}{4} \times \frac{7}{\underset{1}{2}} \times y$$

$$= -14y$$

ところで、「分数の割り算では、なぜ割る数の逆数をかけるのか？」を疑問に思う方もいるでしょう。その疑問に対する回答は、p.95 のコラムに書きましたので、ご覧ください。

(3) の「$-3x^2y \times (-2xy)$」は、「単項式の $-3x^2y$」と「単項式の $-2xy$」をかける計算です。これも、交換法則を使って、次のように計算できます。

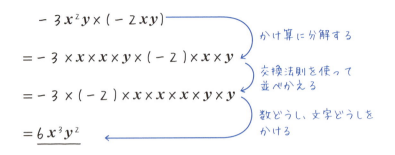

　この項目では、文字式の計算で、交換法則がどのように使われるかをみてきました。「かけ算だけの式では、数や文字を並べかえても答えは同じになる」という交換法則をスムーズに使えるように練習していきましょう。

$\frac{3}{5}x$ の逆数は $\frac{5}{3}x$ と $\frac{5}{3x}$ のどちらが正しい？

中2

　この項目では、「**単項式 ÷ 単項式**」を例に、間違えやすい計算について、お話ししていきます。まずは、次の例題をみてください。

例 次の計算をしましょう。
$$\frac{7}{10}xy^2 \div \frac{3}{5}x$$

　ひとつ前の項目でみたように、「**(分数の) 割り算では、割る数の逆数をかける**」のでしたね。これをもとに、次のように間違った式の変形をしてしまう生徒がいます。

[間違った解き方]
$$\frac{7}{10}xy^2 \div \frac{3}{5}x = \frac{7}{10}xy^2 \times \frac{5}{3}x$$

（すでに間違っているので以下の計算は省略）

　上の計算例は、どこが間違っているかわかるでしょうか？

　結果からいうと、$\frac{3}{5}x$ の逆数を $\frac{5}{3}x$ としているところが間違いです。$\frac{3}{5}x$ は、次の変形によって、$\frac{3x}{5}$ と等しいことがわかります。

第2章　文字式の「？」を解決する

$$\frac{3}{5}x$$

$$= \frac{3}{5} \times x \qquad \bigg\}\text{ 省かれた × を書く}$$

$$= \frac{3}{5} \times \frac{x}{1} \qquad \bigg\}\ x \text{ を } \frac{x}{1} \text{ に変形}$$

$$= \frac{3x}{5} \qquad\qquad \bigg\}\text{ 分母どうし、分子どうしをかける}$$

公式のように、「$\dfrac{\bigcirc}{\square}\triangle = \dfrac{\bigcirc\triangle}{\square}$」とおさえておいてもよいでしょう。

話をもどすと、$\dfrac{3}{5}x$ は $\dfrac{3x}{5}$ と等しいため、**$\dfrac{3}{5}x$ の逆数は $\dfrac{5}{3x}$** です。これによって、例題は次のように計算できます。

［正しい解き方］

$$\frac{7}{10}x\,y^2 \div \frac{3}{5}x$$

$$= \frac{7x\,y^2}{10} \div \frac{3x}{5} \qquad \bigg\}\ \frac{\bigcirc}{\square}\triangle = \frac{\bigcirc\triangle}{\square}\ \text{の変形}$$

$$= \frac{7x\,y^2}{10} \times \frac{5}{3x} \qquad \bigg\}\ \text{割る数の逆数をかける}$$

$$= \frac{7 \times \overset{1}{x} \times y \times y \times \overset{1}{5}}{\underset{2}{10} \times 3 \times \underset{1}{x}} \qquad \leftarrow x \text{ と } x \text{ 、} 10 \text{ と } 5 \text{ をそれぞれ}$$
$$\text{約分する}$$

$$= \frac{7}{6}y^2 \quad\left(\text{または } \frac{7y^2}{6}\right)$$

答えは、$\dfrac{7}{6}y^2$ と $\dfrac{7y^2}{6}$ のどちらでも正解です。この計算では、**$\dfrac{3}{5}x$ の逆数が、$\dfrac{5}{3}x$ ではなく、$\dfrac{5}{3x}$ であることがポイント**でした。間違えやすいところなので、引っかからないように注意しましょう。

文字式の計算で分配法則をどう使うか？

(中1・中2)

p.74 〜 p.76 で、分配法則とは何かについて説明しました。この項目では、文字式の計算で、分配法則をどのように使うかについてお話しします。ここで使うのは、次の分配法則です。

$$\overset{\text{どちらにも } a \text{ をかける}}{a(b+c)} = ab + ac$$

$$\overset{\text{どちらにも } a \text{ をかける}}{(b+c)a} = ab + ac$$

次の例題を解きながら、分配法則の使い方について解説していきます。

例 次の計算をしましょう。
(1) $2(4x+7y)$
(2) $(2a-5b)\times(-4)$
(3) $(-12x+18y)\div 6$
(4) $7(-x-3)+2(8x+4)$
(5) $4(7a+3b)-6(3a-2b)$
(6) $\dfrac{x-6y}{4} - \dfrac{2x+9y}{3}$

(1) と (2) はどちらも、多項式と数のかけ算です。それぞれ次のように分配法則を使って計算することができます。

089

(1) どちらにも2をかける

$$2(4x+7y) = 2 \times 4x + 2 \times 7y$$
$$= \underline{8x+14y}$$

(2) どちらにも−4をかける

$$(2a-5b) \times (-4) = 2a \times (-4) + (-5b) \times (-4)$$
$$= \underline{-8a+20b}$$

(3) は、多項式を数で割る計算です。割り算をかけ算に直して、次のように計算しましょう。

(3)
$$(-12x+18y) \div 6$$ 〉 割り算をかけ算に直す
$$= (-12x+18y) \times \frac{1}{6}$$ 〉 分配法則を使う
$$= -12x \times \frac{1}{6} + 18y \times \frac{1}{6}$$
$$= \underline{-2x+3y}$$

(4) と (5) は、次のように計算できます。(5) は、**符号がかわる部分があるので注意**しましょう。

(4) どちらにも7をかける　どちらにも2をかける

$$7(-x-3)+2(8x+4)$$
$$= -7x-21+16x+8$$
$$= (-7+16)x-21+8$$ 〉 同類項をまとめる
$$= \underline{9x-13}$$

(5) どちらにも4をかける　どちらにも−6をかける

$$4(7a+3b)-6(3a-2b)$$
$$= 28a+12b-18a+12b$$ 〔$-6 \times (-2b) = +12b$ なので符号がかわる〕
$$= (28-18)a+(12+12)b$$ 〉 同類項をまとめる
$$= \underline{10a+24b}$$

090　文字式の計算で分配法則をどう使うか？

（6） のような計算は、次のように**分母を通分**して計算します。

(6)　第1式　$\dfrac{x-6y}{4} - \dfrac{2x+9y}{3}$

第2式　$= \dfrac{3(x-6y)-4(2x+9y)}{12}$

　　　　　符号がかわる　　　分配法則を使う

第3式　$= \dfrac{3x-18y-8x-36y}{12}$

　　　　$= \dfrac{-5x-54y}{12}$

（6）のような通分が必要な計算に慣れないうちは、**第2式**の途中式を省かずに書いて、順を追って解いていきましょう。**第1式**から**第3式**をいきなり導こうとして、次のように間違ってしまうミスがけっこう見られます。

［間違った解き方］

第1式　$\dfrac{x-6y}{4} - \dfrac{2x+9y}{3}$

第3式　$= \dfrac{3x-18y-8x+36y}{12}$

正しくは－なので間違い
（第2式を省かずに書くと、
このミスは起こりにくい）

どの計算についてもいえることですが、慣れないうちは、一気に解こうとせずに、丁寧に途中式を書きながら、一歩一歩計算しましょう。

この項目では、文字式の計算での分配法則の使い方についてみてきました。どの問題もスムーズに計算できるように練習していきましょう。

第2章 ── 文字式の「？」を解決する

091

代入とは何か?

中1・中2

　代数(学)とは、「数の代わりに文字を使う」数学のことで、文字式の計算も代数学にふくまれることは、すでに述べました(p.59)。

　つまり、文字式(文字を使った式)で出てきた a、b、x、y、…などの文字は、すべて数の代わりに使用されるのだということです。

　ただ、このように意味を説明するだけでは、なかなか理解しづらいかもしれません。そこで、具体例を出して説明しましょう。ここでは、「標高と気温の関係」を例にお話しします。

　標高とは、「ある地点の海水面からの高さ」のことです。例えば、富士山の頂上は海水面から 3776m の高さです。ですから、「富士山の頂上の標高は 3776m だ」というような使い方をします。

　一般に、標高が高くなるにつれて気温は下がります。このことについて、次の例題を解いてみましょう。

例1　ある日、標高 0m 地点の気温が20度でした。このとき、標高 1000m 地点の気温は何度でしょうか? ただし、標高が100m 高くなるにつれて、気温は約0.6度下がるものとして求めましょう。

この例題は、次のように解くことができます。

$1000 \div 100 = 10$　←　1000m は 100m の **10倍**

$0.6 \times 10 = 6$　←　標高 1000m 地点の気温は、標高 0m 地点の気温より、**6度**低い

092　|　代入とは何か?

$$20 - 6 = 14 \qquad \leftarrow \quad \text{標高 1000 m 地点の気温は } \underline{14 \text{ 度}}$$

3つの式によって、（例1）の答えを14度と求めました。では、次の例題はどうでしょうか？ （例2）の標高1000 mを標高 x mにかえたものです。言いかえると、1000（数）の代わりに、x（文字）を使った問題です。

> **例2** ある日、標高 0 m 地点の気温が20度でした。このとき、標高 x m 地点の気温は何度でしょうか？ 文字を使った式で表しましょう。ただし、標高が100 m 高くなるにつれて、気温は約0.6度下がるものとします。

（例2）も、（例1）と同じように、次のように解くことができます。

$$x \div 100 = \frac{x}{100} \qquad \leftarrow \quad x \text{ m は 100 m の } \frac{x}{100} \text{ 倍}$$

$$0.6 \times \frac{x}{100} = \frac{3}{5} \times \frac{x}{100} = \frac{3x}{500} \qquad \leftarrow \quad \text{標高 } x \text{ m 地点の気温は、標高 0 m 地}$$
$$\text{点の気温より、} \frac{3x}{500} \text{ 度低い}$$

$$\rightarrow \quad \text{標高 } x \text{ m 地点の気温は} \underline{\left(20 - \frac{3x}{500} \right) \text{度}}$$

これによって、標高 x m 地点の気温が $\left(20 - \dfrac{3x}{500} \right)$ 度と求められました。繰り返しになりますが、（例2）は、1000（数）の代わりに、x（文字）を使った問題です。文字式の計算などが、「代数学（数の代わりに文字を使う）」といわれるのは、この意味においてです。

（例2）で、標高 x m 地点の気温は $\left(20 - \dfrac{3x}{500} \right)$ 度と求められました。この $\left(20 - \dfrac{3x}{500} \right)$ の x に、数を入れて計算すれば、さまざまな標高の気温が求められます。例えば、次の問題を解いてみましょう。

第2章 ― 文字式の「？」を解決する

093

> **例3** ある日、標高 0 m 地点の気温が20度でした。このとき、標高
> 3500 m 地点の気温は何度でしょうか？ ただし、標高 x m 地点の気温は
> $\left(20 - \dfrac{3x}{500}\right)$ 度で求められるものとします。

（例3）は、$20 - \dfrac{3x}{500}$ という式のなかの文字 x に 3500 をあてはめて計算すると、求められます。このように、**式のなかの文字を数におきかえること**を
<ruby>代入<rt>だいにゅう</rt></ruby> するといいます。そして、**代入して計算した結果**を、**式の<ruby>値<rt>あたい</rt></ruby>** といいます。
（例3）は次のように解くことができます。

$20 - \dfrac{3x}{500}$ の x に 3500 を代入すると、

$$20 - \frac{3 \times 3500}{500}$$

$$= 20 - \frac{3 \times \cancel{3500}^{7}}{\cancel{500}_{1}}$$

$$= 20 - 21 = \underset{\uparrow}{-1}$$

式の値（代入して計算した結果）

（例3）の式の値（代入して計算した結果）は、−1 です。これにより、答えは、−1 度と求められます。

「数の代わりに文字を使う」のが文字式なので、文字式の文字に数をあてはめて計算すれば、式の値を求められるのです。

ところで、標高 0 m 地点の気温が 20 度のときの、標高 x m 地点の気温を t 度とすると、$t = 20 - \dfrac{3x}{500}$ という式が成り立ちます。このように、**文字を使って式をつくることができるのも、文字式の強み**といえます。

この章では、文字式やその計算について、さまざまな観点からみてきました。間違いやすい、いくつかの箇所も説明しましたので、その部分には気をつけてください。また、「数の代わりに文字を使う」文字式や、次の章で習う方程式も、代数学の一分野であることもおさえておきましょう。

がくもん散歩

分数の割り算では、なぜ割る数の逆数をかけるのか？

まず、次の例題をみてください。

（例）次のように、変形できるのはなぜですか。

$$-\frac{2}{5} \div \frac{3}{7} = -\frac{2}{5} \times \frac{7}{3}$$

この例題を説明することによって、「分数の割り算では、なぜひっくり返してかけるの？」や「分数の割り算では、なぜ割る数の逆数をかけるの？」という質問に答えることができます。ここでは、この質問に対して「**割り算の性質を使って考える**」方法によってお答えします。

$$\boxed{-\frac{2}{5} \div \frac{3}{7} = -\frac{2}{5} \times \frac{7}{3} \text{ となる理由}}$$

割り算には、「割られる数と割る数に、同じ数をかけても、答えはかわらない」という性質があります。例えば、$0.15 \div 0.03$ という計算なら、割られる数と割る数に 100 をかけて、次のように計算すればよいのです。

割られる数 ÷ 割る数
$$0.15 \div 0.03 = (0.15 \times 100) \div (0.03 \times 100)$$
$$= 15 \div 3$$
$$= 5$$

$-\dfrac{2}{5} \div \dfrac{3}{7}$ の計算で、割る数の $\dfrac{3}{7}$ を 1 にするために、割られる数と割る数に $\dfrac{7}{3}$ をかけると、次のようになります。

第2章 ── 文字式の「？」を解決する

095

割られる数 ÷ 割る数

$$-\frac{2}{5} \div \frac{3}{7}$$

$$= \left(-\frac{2}{5} \times \frac{7}{3}\right) \div \left(\frac{3}{7} \times \frac{7}{3}\right)$$

割られる数と割る数に $\frac{7}{3}$ をかける

$$= \left(-\frac{2}{5} \times \frac{7}{3}\right) \div 1$$

割る数が 1 になる

$$= -\frac{2}{5} \times \frac{7}{3}$$

これにより、$-\dfrac{2}{5} \div \dfrac{3}{7} = -\dfrac{2}{5} \times \dfrac{7}{3}$ と変形できました。ちなみに「$-\dfrac{2}{5} \div \dfrac{3}{7}$」の答えは、次のように求められます。

$$-\frac{2}{5} \div \frac{3}{7}$$

割る数の逆数をかける

$$= -\frac{2}{5} \times \frac{7}{3}$$

$$= -\frac{2 \times 7}{5 \times 3}$$ ← 分母どうし、分子どうしをかける

$$= -\frac{14}{15}$$

　このコラムでは、「分数の割り算で、割る数の逆数をかける」理由について、「割り算の性質を使って考える」方法を紹介しましたが、これ以外の方法でも説明することができます。拙著『小学校 6 年分の算数が教えられるほどよくわかる』ベレ出版）の第 5 章に、さらに 2 つの方法を紹介していますので、興味のある方はご覧ください。

第 3 章

1次方程式の「?」を
解決する

「方程式って何？」と聞かれて即答できますか？

中1

　中学数学で大事な単元のひとつ、方程式。この方程式の意味を聞かれて、すぐに答えることはできるでしょうか？　「方程式って何？」と聞かれて、ある人は、次のように答えたとしましょう。

　「方程式っていうのはね、$3x+7=16$ のような式のことで、計算して x にどんな数が入るかを求めるんだよ。これが、方程式。」

　この回答でも間違いとは言い切れないのですが、方程式には、きちんとした意味があります。その意味について説明するために、まずは、次の5つの言葉の意味をおさえましょう。

> 等号　…　2つの数や式が等しいことを表す記号。「＝」を使う
> 等式　…　等号を使って、数や量の等しい関係を表した式
> 左辺　…　等式で、等号 ＝ の左側の式
> 右辺　…　等式で、等号 ＝ の右側の式
> 両辺　…　左辺と右辺をあわせた呼び方

　例えば、等式 $3x+7=16$ で、左辺、右辺、両辺は、次のようになります。

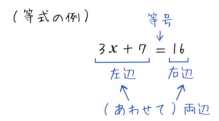

5つの言葉の意味を確認したところで、本題に戻りましょう。

「方程式の意味は何か？」を明らかにするのでしたね。等式$3x + 7 = 16$を例に説明します。

この等式$3x + 7 = 16$について、xに数を代入していきます。

まず、左辺の$3x + 7$のxに1を代入しましょう。$3 \times 1 + 7 = 10$となり、右辺の16と一致しません。

次に、左辺の$3x + 7$のxに2を代入しましょう。$3 \times 2 + 7 = 13$となり、右辺の16と一致しません。

そして、左辺の$3x + 7$のxに3を代入しましょう。$3 \times 3 + 7 = 16$となり、右辺の16と一致して、等式は成り立ちます。

「$3x + 7 = 16$」のように、「文字に代入する値によって、成り立ったり成り立たなかったりする等式」を、方程式といいます。さまざまな表現のしかたはありますが、これが、方程式の意味です。「方程式」という言葉の由来については、第4章の p.134 からはじまる項目で解説しています。

また、方程式を成り立たせる値を、その方程式の解といいます。そして、解を求めることを、「方程式を解く」といいます。上の例にあげた方程式$3x + 7 = 16$の解は、3です。

ところで、方程式で値がわかっていない数のことを、未知数といいます。先ほどの「$3x + 7 = 16$」で、未知数はxです。

方程式では、未知数にxの文字を使うことが多いです（第4章で習う連立方程式では、yやzも使います）。方程式の未知数に（x、y、z）を使うことを最初に決めたのは、第1章と第2章にも登場した、デカルト（1596～1650）です。

「xが未知数」であることと関連する話があります。それは、レントゲンで使う「X線」についてです。X線を発見したのは、ドイツのヴィルヘルム・

099

レントゲン博士（1845〜1923）です。レントゲン博士は、人の手に当てたら骨が写る謎の光線を発見しました。そして、「未知の光線」ということで「X線」と名づけたのです。

　話がそれてしまいましたが、この項目では、主に「方程式の意味」についてお話ししてきました。方程式の意味を、この機会にしっかりおさえておきましょう。

等式にはどんな性質があるのか？

中1

　ここからは、方程式の解き方について、みていきましょう。
　方程式を解くために、等式の性質を知っておくことが必要です。そのため、まず「等式の5つの性質」についてお話しします。

> **等式の性質【その1】**
> $A = B$ ならば、$A + C = B + C$ は成り立つ。
> （等式の両辺に、同じ数を加えても、等式は成り立つ）

　等式の性質は、天秤を例にして考えると、理解しやすいです。等式の1つめの性質は、「$A = B$ ならば、$A + C = B + C$ は成り立つ」というものです。2種類の同じ重さのおもり A と B があるとすると、「$A = B$」の状態は、次のように表すことができます。

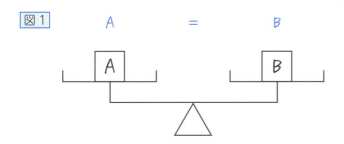

　「$A = B$」ということは、A と B のそれぞれの重さが等しいということなので、図1のように、左右はつりあっています。
　この図1の左右にそれぞれ、同じおもり C をのせても、次の図2のように、左右はつりあいます。

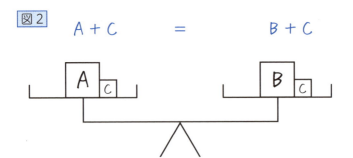

この 図2 の状態を式で表すと、「$A+C=B+C$」となります。つまり、「$A=B$ ならば、$A+C=B+C$ は成り立つ」ということです。言いかえると、**等式の両辺に、同じ数を加えても、等式は成り立ちます。**

> **等式の性質【その2】**
> $A=B$ ならば、$A-C=B-C$ は成り立つ。
> （等式の両辺から、同じ数を引いても、等式は成り立つ）

等式の2つめの性質も、同じように、天秤の例を使って説明できます。図1 でつりあっている、おもり A とおもり B から、それぞれ同じ量（C）をけずりとっても、次の 図3 のように、左右はつりあいます。

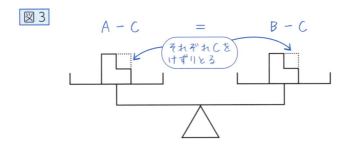

この 図3 の状態を式で表すと、「$A-C=B-C$」となります。つまり、「$A=B$ ならば、$A-C=B-C$ は成り立つ」ということです。言いかえると、**等式の両辺から、同じ数を引いても、等式は成り立ちます。**

> **等式の性質【その3】**
>
> $A = B$ ならば、$A \times C = B \times C$ は成り立つ。
> (等式の両辺に、同じ数をかけても、等式は成り立つ)

図1 でつりあっている、おもり A とおもり B を、それぞれ 2 個ずつにしても（2 倍しても）、次の 図4 のように、左右はつりあいます。

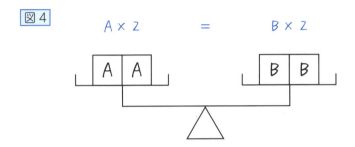

図4 の例では、左右を 2 倍ずつにしましたが、左右を何倍ずつにしても、天秤はつりあいます。つまり、「$A = B$ ならば、$A \times C = B \times C$ は成り立つ」ということです。言いかえると、**等式の両辺に、同じ数をかけても、等式は成り立ちます。**

> **等式の性質【その4】**
>
> $A = B$ ならば、$\dfrac{A}{C} = \dfrac{B}{C}$ は成り立つ（ただし、C は 0 ではない）。
> (等式の両辺を、同じ数で割っても、等式は成り立つ)

図1 でつりあっている、おもり A とおもり B を、それぞれ 2 で割っても（半分にしても）、次の 図5 のように、左右はつりあいます。

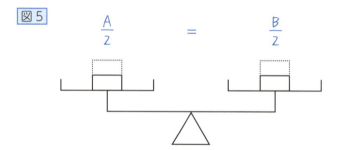

　図5 の例では、左右を 2 で割りましたが、左右を同じどんな数で割っても、天秤はつりあいます。つまり、「A＝B ならば、$\dfrac{A}{C}=\dfrac{B}{C}$ は成り立つ」ということです。言いかえると、**等式の両辺を、同じ数で割っても、等式は成り立ちます**。ただし、数を 0 で割ることはできないので、C は 0 ではありません（「数を 0 で割ることができない理由」については、拙著『小学校 6 年分の算数が教えられるほどよくわかる』（ベレ出版）の第 2 章をご覧ください）。

> **等式の性質【その5】**
> A＝B ならば、B＝A は成り立つ。
> （等式の左辺と右辺を入れかえても、等式は成り立つ）

　図1 のおもり A とおもり B の左右を、次の 図6 のように入れかえても、つりあいます。

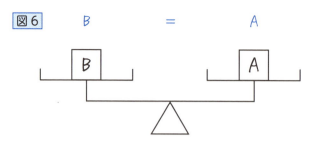

　つまり、「A＝B ならば、B＝A は成り立つ」ということです。言いかえると、**等式の左辺と右辺を入れかえても、等式は成り立ちます**。

ここまで解説した、等式の性質をまとめると、次のようになります。

等式の5つの性質

① $A=B$ ならば、$A+C=B+C$ は成り立つ。

（等式の両辺に、同じ数を加えても、等式は成り立つ）

② $A=B$ ならば、$A-C=B-C$ は成り立つ。

（等式の両辺から、同じ数を引いても、等式は成り立つ）

③ $A=B$ ならば、$A\times C=B\times C$ は成り立つ。

（等式の両辺に、同じ数をかけても、等式は成り立つ）

④ $A=B$ ならば、$\dfrac{A}{C}=\dfrac{B}{C}$ は成り立つ（ただし、C は 0 ではない）。

（等式の両辺を、同じ数で割っても、等式は成り立つ）

⑤ $A=B$ ならば、$B=A$ は成り立つ。

（等式の左辺と右辺を入れかえても、等式は成り立つ）

---

①～④の性質をまとめると、「等式の両辺に同じ数をたしても、引いても、かけても、割っても等式は成り立つ」ということです。⑤の性質もふくめて、方程式を解くために必要となるので、おさえておきましょう。

では、等式の性質を使って、実際に方程式を解いてみましょう。

例 次の方程式を解きましょう。

（1） $x+10=3$ （2） $7x=-21$

（1）から解いていきましょう。（1）の方程式を解くために、「等式の両辺から同じ数を引いても、等式は成り立つ」性質を使います。この性質により、両辺から 10 を引いて、次のように解きます。

$$x+10=3$$
$$x+10-10=3-10 \qquad \text{両辺から 10 を引く}$$
$$x=-7 \qquad \text{両辺を計算}$$

105

第3章 ── 1次方程式の「?」を解決する

（2）の方程式を解くために、「**等式の両辺を同じ数で割っても、等式は成り立つ**」性質を使います。この性質により、両辺を7で割って、次のように解きます。

$$7x = -21$$
$$\frac{7x}{7} = -\frac{21}{7}$$
$$x = -3$$

（両辺を7で割る）
（約分する）

このように、等式の性質を使って方程式を解くことができますが、「移項（いこう）」という考え方を使うと、さらにスムーズに計算できます。次の項目では、その「移項」について、お話ししていきます。

移項を使って、方程式をどう解くか？

中1

前ページの例題（1）は、方程式「$x+10=3$」を解く問題でした。すでに解説した通り、「**等式の両辺から同じ数を引いても、等式は成り立つ**」性質を使って解くのですが、途中式をより細かく書くと、次のようになります。

[第1式]　　　$x + 10 = 3$
[第2式]　　　$x + 10 - 10 = 3 - 10$ 　　両辺から10を引く
[第3式]　　　$x = 3 - 10$ 　　左辺だけを計算（+10−10＝0）
[解]　　　　　$x = -7$

このとき、[第1式]と[第3式]を比べてみましょう。すると、[第1式]の左辺の $+10$ が、符号がかわって -10 となり、[第3式]の右辺に移っていることがわかります。

[第1式]　　　$x \; \fbox{+10} = 3$　　　左辺
　　　　　　　　　　　符号（＋と−）がかわる
[第3式]　　　$x = 3 \; \fbox{-10}$　　右辺

このように、**等式の項は、符号（＋と−）をかえて、左辺から右辺に、または右辺から左辺に移すことができます**。これを**移項**といいます。

移項では、**文字を含む項を左辺**に、**数の項を右辺**に、それぞれ移すとスムーズに解けることが多いです。例えば、「$6x - 10 = 4x$」という方程式なら、次のように解くことができます。

107

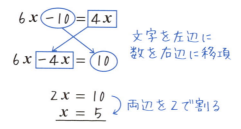

移項の考え方を使って方程式を解くことに慣れるために、次の例題を解きながら解説していきます。

> **例** 次の方程式を解きましょう。
> (1) $-2x-7=-5x-1$ (2) $x-4(2x-3)=-23$
> (3) $0.05x-0.14=0.2x+0.31$

(1) は、左辺の -7 を、符号をかえて右辺に移項します。また、右辺の $-5x$ を、符号をかえて左辺に移項します。

$$-2x \;\boxed{-7} = \boxed{-5x}-1$$
$$-2x\boxed{+5x} = -1\boxed{+7}$$

文字を左辺に
数を右辺に移項

$$3x = 6$$
$$x = 2$$ 両辺を3で割る

(2) のように、**かっこをふくむ方程式は、分配法則を使って、かっこを外してから解きましょう**。

$$\begin{aligned}
x-4(2x-3) &= -23 \\
x-8x+12 &= -23 \\
x-8x &= -23-12 \\
-7x &= -35 \\
x &= 5
\end{aligned}$$

かっこを外す
+12を右辺に移項
両辺を計算
両辺を-7で割る

108 | 移項を使って、方程式をどう解くか？

(3) は、**係数に小数をふくむ方程式**です。このような方程式は、**両辺に 10、100、1000、…をかけて、小数を整数に直して解きましょう**。(3) の場合は、両辺に 100 をかけると、次のように整数に直して解くことができます。

$$0.05x - 0.14 = 0.2x + 0.31$$

　両辺に 100 をかける

$$(0.05x - 0.14) \times 100 = (0.2x + 0.31) \times 100$$

　かっこを外す

$$5x - 14 = 20x + 31$$

　-14 と $20x$ を移項

$$5x - 20x = 31 + 14$$

　両辺を計算

$$-15x = 45$$

　両辺を -15 で割る

$$x = -3$$

　ところで、ここまでに出てきた方程式は、移項して整理すると、「**(1 次式) = 0**」のかたちに変形できます。このような方程式を、**1 次方程式**といいます。
　例えば、**(1)** の「$-2x - 7 = -5x - 1$」を移項すると、次のように整理できます。

$$-2x - 7 = -5x - 1$$

　右辺をすべて左辺に移項

$$-2x - 7 + 5x + 1 = 0$$

　左辺を計算

$$3x - 6 = 0$$

（1 次式）= 0

　このように、「**(1 次式) = 0**」のかたちに変形できたので、「$-2x - 7 = -5x - 1$」は、1 次方程式であるということができます。
　さて、移項を使った方程式の解き方についてみてきましたが、スムーズに解けそうでしょうか。はじめは、途中式を細かく書きながら、自分のペースで解くようにしましょう。慣れてくると、だんだん速く正確に解けるようになってきます。

109

多項式の計算と方程式の違いとは何か?

中1・中2

さっそくですが、次の例題をみてください。

例1 次の方程式を解きましょう。

$$\frac{2}{3}x - \frac{1}{2} = \frac{2}{5}x$$

（例1）は、**係数に分数をふくむ方程式**を解く問題です。このような方程式は、**両辺に分母の最小公倍数をかけて、分数を整数に直して解きましょう。**この場合は、分母（3と2と5）の最小公倍数30を両辺にかけると、整数に直して、次のように解くことができます。このように、係数に分数をふくまない方程式に変形することを、「**分母をはらう**」といいます。

$$\frac{2}{3}x - \frac{1}{2} = \frac{2}{5}x$$

$$\left(\frac{2}{3}x - \frac{1}{2}\right) \times 30 = \frac{2}{5}x \times 30 \quad)\text{両辺に30をかける}$$

$$\frac{2}{3}x \times 30 - \frac{1}{2} \times 30 = \frac{2}{5}x \times 30 \quad)\text{かっこを外す}$$

$$\quad)\text{分母をはらう}$$

$$20x - 15 = 12x \quad)\text{-15と}12x\text{を移項}$$

$$20x - 12x = 15 \quad)\text{左辺を計算}$$

$$8x = 15$$

$$x = \frac{15}{8} \quad)\text{両辺を8で割る}$$

（**例1**）の方程式の解が、$\dfrac{15}{8}$ と求められました。

一方、次の例題をみてください。

例2 次の計算をしましょう。

$$\frac{2}{3}x - \frac{1}{2} - \frac{2}{5}x =$$

「（**例1**）の問題と同じでは？」と思った方もいるかもしれません。でも、次のように、横に並べてみると、その違いがわかります。

（例1） $\dfrac{2}{3}x - \dfrac{1}{2} = \dfrac{2}{5}x$　　　（例2） $\dfrac{2}{3}x - \dfrac{1}{2} - \dfrac{2}{5}x =$

（**例1**）の等号（＝）の左右には左辺と右辺があり、（**例2**）の等号の左には左辺しかありません。**（例1）が「方程式」**で、**（例2）が、第2章でとりあげた「多項式の計算」**なのです。

そのため、（**例1**）と（**例2**）の計算法は違います。（**例1**）の方程式は、先ほど述べたように、分母の最小公倍数の 30 を両辺にかけて、分母をはらって解きました。

一方、（**例2**）の多項式の計算でも、分母の最小公倍数 30 をかけて、次のように計算してしまう生徒がいますが、これは間違いです。

（例2）の間違った解き方

$$\frac{2}{3}x - \frac{1}{2} - \frac{2}{5}x$$

$$= \left(\frac{2}{3}x - \frac{1}{2} - \frac{2}{5}x\right) \times 30$$

（30をかけるのは間違い）

$$= 20x - 15 - 12x$$

$$= \underline{8x - 15}$$ ← 30倍した答えになるので間違い

　多項式の計算で、式を30倍してしまうと、答えも30倍になってしまうので、この解き方は間違いなのです。これはよくあるミスなので、注意しましょう。特に、多項式の計算と方程式をどちらも学んだ生徒がしてしまいがちなミスです。

　（例2）は、次のように、通分して解くのが正しい解き方です。

（例2）の正しい解き方

$$\frac{2}{3}x - \frac{1}{2} - \frac{2}{5}x$$

（xを含む項の係数を通分）

$$= \frac{10}{15}x - \frac{6}{15}x - \frac{1}{2}$$

$$= \underline{\frac{4}{15}x - \frac{1}{2}} \quad \left(\text{または} \quad \underline{\frac{8x-15}{30}}\right)$$

　この項目でとりあげた、方程式と多項式のそれぞれの正しい解き方を再確認しましょう。**方程式は、両辺に同じ数をかけてもよいです。**一方、**多項式の計算では、式全体に数をかけると間違いになるので、**気をつけましょう。

「代数学」と「移項」の歴史上のつながりとは?

中1・発展

　代数学とは、「数の代わりに文字を使う」文字式やその後に習う方程式、さらにそこから発展した数学であることは、すでに述べたとおりです。

　方程式を解くときに欠かせない「移項」と、「代数学」という言葉には、数学の歴史上、深いつながりがあります。

　代数学について書かれた最古の本のひとつが「アルジャブルとアルムカーバラの計算法（Hisab al-jabr wa'l muqabala）」です。この本は9世紀に、アラビアの数学者アル・フワーリズミー（780頃〜850頃）によって書かれたものです。

　この本のタイトルの一部の「アルジャブル」は、「（負の項を）移項すること」を意味します。英語で代数学を表す「algebra」は、この「アルジャブル（al-jabr）」を由来としています。

　また、タイトルの一部の「アルムカーバラ」は、「同類項をまとめる」ことを意味します。

　　　アルジャブル と アルムカーバラの計算法
　　　　　　移項　　　同類項をまとめる

　例えば、「$2x = -3x + 15$」という方程式を解くとき、次のように、アルジャブル（移項）とアルムカーバラ（同類項をまとめる）が使われます。

$$2x = -3x + 15$$ 〉 アルジャブル（$-3x$ を移項する）

$$2x + 3x = 15$$ 〉 アルムカーバラ（同類項 $2x$ と $3x$ をまとめる）

$$5x = 15$$

$$x = 3$$

　ところで、「**アルゴリズム**」という言葉は、問題を解くための計算手順という意味で、コンピュータ用語としても使われます。このアルゴリズム（algorithm）という言葉は、数学者アル・フワーリズミー（al-Khuwarizmi）の名前を由来としています。

　アル・フワーリズミーは、方程式を解く際の「移項」の考え方を本に書いて発表しました。その書名の一部や、自身の名前が「代数学（algebra）」や「アルゴリズム（algorithm）」という言葉の由来になっていることからも、後世に与えた影響がいかに大きかったかを表しているといえるでしょう。

古代エジプトの数学の問題が、1次方程式で解ける？

中1

　この項目では、「1次方程式の文章題」について、数学の歴史の話をまじえながら、お話ししていきます。

　前の項目でみたように、アル・フワーリズミーに代表されるアラビアの数学者によって、「移項」に代表される方程式の解き方が紹介されました。
　しかし、それ以前の数学の世界にも、方程式を使って解ける数学の問題は存在していました。その最古の資料のひとつが、アル・フワーリズミーが活躍する約2000年以上前の、古代エジプトの文書です。

　紀元前3000年頃に始まったといわれる、古代エジプトでは、まだ「紙」は発明されていませんでした。紙の代わりに使われていたものが「パピルス」です。パピルスとは、パピルス草と呼ばれる植物の茎をたてに薄くスライスして、叩いて格子状に並べて乾燥させたもので、当時、紙の代わりに使われていました。ちなみに、パピルス（papyrus）は、紙（英語：paper、仏語：papier）の語源となっています。

　古代エジプトでは、数の計算なども、パピルスに書かれていたのです。その証拠として、古代エジプトの数学を記した「リンド・パピルス」という文書も発見されています。これは、たてが約30 cm、横が約5.5 mの非常に大きなパピルスです。
　この文書の発見者から購入したのが、リンドという名の人だったので、この名前がつきました。リンド・パピルスは、現在、大英博物館に所蔵されています。

リンド・パピルス（Alamy/PPS 通信社）

　リンド・パピルスは、紀元前 1650 年前後に書き写されたものとみられ、その原本は、さらに約 200 年前のものだといわれています。このパピルスには、84 個の問題（加えて断片の 3 個の問題がある）が記されています。これらのなかに「アハの問題」といわれる問題があります。アハとは、「量」や「堆積（たいせき）」を意味します。アハの問題とは、例えば、次のような問題です。

> **（リンド・パピルスの 24 番目の問題）**
> ある量にその $\frac{1}{7}$ を加えると、19 になります。ある量とはいくつですか。

　これは、1 次方程式を使って解ける、簡単な文章題だといえます。1 次方程式のほとんどの文章題は、次の 3 ステップで解くことができます。

> **1 次方程式の文章題を解く 3 ステップ**
> （ステップ 1）求めたいものを x とおく
> （ステップ 2）方程式をつくる
> （ステップ 3）方程式を解く

　アハの問題を、この 3 ステップにしたがって解くと、次のようになります。

> **1 次方程式を使った解き方**

（ステップ1）求めたいものを x とおく

　この問題で求めたいのは「ある量」なので、ある量を x とおきます。

（ステップ2）方程式をつくる

　「ある量にその $\frac{1}{7}$ を加えると、19 になる」を方程式にすると、次のように
になります。

$$x + \frac{1}{7} x = 19$$

ある量 に その$\frac{1}{7}$ を加えると、19 になる

（ステップ3）方程式を解く

　この方程式を解くと、次のようになります。

$$x + \frac{1}{7} x = 19$$

同類項をまとめる

$$\left(1 + \frac{1}{7}\right) x = 19$$

$$\frac{8}{7} x = 19$$

両辺を $\frac{8}{7}$ で割る

$$x = 19 \div \frac{8}{7}$$

$$= 19 \times \frac{7}{8}$$

$$= \frac{133}{8} \qquad 答え \quad \frac{133}{8}$$

これによって、「ある量」は $\frac{133}{8}$ であることがわかりました。

ただし、「リンド・パピルス」が書かれた当時の古代エジプト人は、これとは別の「仮定法」といわれる方法で、この問題を解きました。一体どんな方法で解いたのか、みていきましょう。

> （問題）ある量にその $\frac{1}{7}$ を加えると、19 になります。ある量とはいくつですか。

【古代エジプト人の解き方】

ある量を例えば、7 と仮定します。7 にその $\frac{1}{7}$ を加えると、次のように 8 になります。

$$7 + 7 \times \frac{1}{7} = 7 + 1 = 8$$

$19 \div 8 = \frac{19}{8}$ なので、7 を $\frac{19}{8}$ 倍すると、ある量が求められます。

$$7 \times \frac{19}{8} = \frac{133}{8}$$

答え $\frac{133}{8}$

仮定法では、ある量を仮定して計算してから、その後に正しい値を求めるため、少し遠回りの解き方だといえます。1 次方程式の解き方では、ある量を x とおいて式をつくり、そのまま計算して解くので直接的（直線的）に解けます。一方、仮定法は、いったん仮定して計算するので、間接的な解法であるということもできるでしょう。

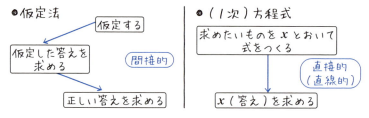

このように、求めたいものを x とおいて、直線的な考え方で答えを求めていけることは、方程式の長所のひとつです。

湯川秀樹博士も中学生の頃に感じていた、方程式の長所とは？

中1

ノーベル物理学賞を受賞した湯川秀樹博士（1907〜1981）の回想録のなかに、自身の中学生の頃をふりかえった、次のような記述があります。

> 「代数も好きであった。小学校の算術に、ツルカメ算などというのがある。まるで手品のような巧妙な工夫をしないと、答えが出ない問題だ。それが代数では、答えを未知数エックスと書くことによって、苦もなく解ける。論理のすじ道を真直ぐにたどって行けばよい。」
>
> （湯川秀樹著『旅人』角川学芸出版、ルビは著者）

つるかめ算とは、例えば、次のような問題です。

例 つるとかめの頭の数があわせて12あります。足の数があわせて34本のとき、つるは何羽、かめは何匹ですか。

これを、方程式を使わず、小学校の算数の範囲で考えると、次のように解けます。

算数での解き方の一例

全部がつる（つるが12羽）だと仮定すると、足の数は2×12＝24本。
34−24＝10より、34本より10本少ない。
つる1羽を減らして、その代わりに、かめ1匹を増やすと、足の数は2本増える。
10÷2＝5だから、かめは5匹とわかる。
つるは、12−5＝7羽。　　　　　　　　答え　つる7羽、かめ5匹

第3章　1次方程式の「？」を解決する

119

この解き方では、はじめに12羽全部をつると仮定しています。その意味で、前の項目の「アハの問題」で紹介した「仮定法」と似た解き方だということもできます。

　全部つるだと仮定したり、つるとかめを交換したりするところを、ややこしいと感じられる方もおられるでしょう。先ほどの湯川博士の引用での「まるで手品のような巧妙な工夫をしないと、答えが出ない問題だ。」というのは、このややこしさを指しているものと考えられます。

　一方、この問題を、**方程式を使って解くと、つるを x 羽とおいて、次のように、スムーズに解くことができます**。前の項目の問題（アハの問題）と同じように、3ステップで解きましょう。

1次方程式を使った解き方の一例

（ステップ1）求めたいものを x とおく

　つるを x 羽とおきます。

　つるとかめの頭の数があわせて12なので、かめは $(12-x)$ 匹となります。

（ステップ2）方程式をつくる

　つる1羽には2本の足があるので、つる x 羽の足の合計は、$2x$ 本です。

　かめ1匹には4本の足があるので、かめ $(12-x)$ 匹の足の合計は、$4(12-x)$ 本です。

　足の数はあわせて34本なので、次のように、方程式をつくることができます。

$$\underset{\substack{\text{つるの足の}\\\text{合計}}}{2x} + \underset{\text{かめの足の合計}}{4(12-x)} = \underset{\substack{\text{つるとかめの}\\\text{足の合計}}}{34}$$

（ステップ3）方程式を解く

この方程式を解くと、次のようになります。

$$2x + 4(12 - x) = 34$$

かっこを外す

$$2x + 48 - 4x = 34$$

＋48を右辺に移項

$$2x - 4x = 34 - 48$$

両辺を計算

$$-2x = -14$$

両辺を－2で割る

$$x = 7 \cdots\cdots（つるは7羽）$$

$$12 - 7 = 5 \cdots\cdots（かめは5匹）$$

答え　つる7羽、かめ5匹

方程式で解くと、仮定をせず、直線的な考え方で解けることがわかります。それが、湯川博士の引用での「それが代数では、答えを未知数エックスと書くことによって、苦もなく解ける。論理のすじ道を真直ぐにたどって行けばよい。」という発言の意味するところでしょう。これが、前項でも述べた通り、方程式の長所のひとつです。

つまり、**算数では仮定しないと解けない問題も、数学では、直線的な考え方で解けることがある**ということです。これは、**算数と数学の違いのひとつ**だともいえます。

121

数学者ディオファントスは、何歳まで生きたのか？

中1

　エジプトに、ディオファントス（250年頃）という数学者がいました。彼のお墓には、「彼が何歳まで生きたか」ということについて、次のような文が刻まれていたそうです。

> 「ディオファントスは、一生の $\frac{1}{6}$ を少年期、$\frac{1}{12}$ を青年期として過ごした。さらに、一生の $\frac{1}{7}$ が経ってから結婚し、その5年後に息子が誕生した。しかし、その息子は、父の一生の半分の年月しか生きられなかった。息子の死後4年経って、ディオファントスはこの世を去った。」

　上の文章より、ディオファントスが、何歳まで生きたかわかるでしょうか。方程式の練習にもなりますので、自力で解けそうな人は解いてみましょう。

　これは、**1次方程式の文章題**として考えると、次のページのように、3ステップで求められます。

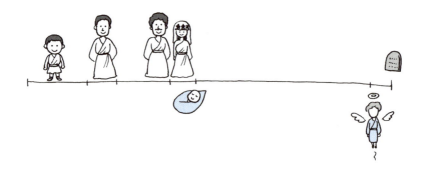

解き方

（ステップ1）求めたいものを x とおく

彼の亡くなった年齢を x 歳とします。

（ステップ2）方程式をつくる

$$\frac{1}{6}x + \frac{1}{12}x + \frac{1}{7}x + 5 + \frac{1}{2}x + 4 = x$$

少年期	青年期	一生の $\frac{1}{7}$ 経って結婚	5年後息子誕生	息子は父の半分の寿命	4年後なくなる	全部足すと寿命になる

x の係数を、分母の最小公倍数の84で通分する

（ステップ3）方程式を解く

$$\frac{14}{84}x + \frac{7}{84}x + \frac{12}{84}x + \frac{42}{84}x + 9 = \frac{84}{84}x$$

左辺の同類項をまとめる

$$\frac{75}{84}x + 9 = \frac{84}{84}x$$

$\frac{75}{84}x$ を左辺に移項

$$9 = \frac{84}{84}x - \frac{75}{84}x$$

右辺を計算して、両辺を入れかえる

$$\frac{9}{84}x = 9$$

両辺を $\frac{9}{84}$ で割る

$$x = 9 \div \frac{9}{84}$$

$$x = 9 \times \frac{84}{9} = 84 \qquad \underline{答え\ 84\ 歳}$$

これにより、彼が84歳まで生きたことがわかりました。

ディオファントスの主な著作に、全13巻（現存しているのは6巻分のみ）の「算術」があります。この「算術」は、後に翻訳されて、ヨーロッパでの代数学の発展に大きく寄与したとされています。

彼自身が、自分のお墓に、先ほどの文章を刻むように誰かに頼んだのか、彼以外の人の意思で書かれたのかはわかっていません。しかし、お墓にまで数学の問題が刻まれていることから、ディオファントスがその一生を、いかに数学にささげたかが伝わってくる気がします。

第4章

連立方程式の「？」を解決する

連立方程式をどうやって解くか？
【その1】加減法

中2

次のように、2つ以上の方程式を組み合わせた式を、**連立方程式**といいます。
$$\begin{cases} 5x+4y=34 \\ 5x+y=16 \end{cases}$$
連立方程式には、2つの解き方（加減法と代入法）があります。ここではまず、加減法について解説します。**加減法**とは、**両辺をたしたり引いたりして、文字を消去して解く方法**です。次の例題をみてください。

例1 次の連立方程式を解きましょう。

(1) $\begin{cases} 5x+4y=34 & \cdots\cdots ① \\ 5x+y=16 & \cdots\cdots ② \end{cases}$
(2) $\begin{cases} -x-2y=-5 & \cdots\cdots ① \\ 5x+2y=-7 & \cdots\cdots ② \end{cases}$

(1) ①と②の x の係数がどちらも 5 であることに注目しましょう。
$$\begin{cases} \boxed{5}x+4y=34 & \cdots\cdots ① \\ \boxed{5}x+y=16 & \cdots\cdots ② \end{cases}$$
　　　　　xの係数がどちらも5

①の $5x$ から、②の $5x$ を引くと 0 になることを利用して解きます。
$$[\,5x-5x=0\,]$$
①の両辺から②の両辺を引くと

$$\begin{array}{r} 5x+4y=34 \quad \cdots\cdots ① \\ -)\ 5x+\ y=16 \quad \cdots\cdots ② \\ \hline \boxed{}\ \ 3y=18 \end{array}$$

$5x-5x=0$ だから消去　　$(+4y)-(+y)$

$$3y=18, \quad y=6$$

126 ｜ 連立方程式をどうやって解くか？【その1】加減法

$y=6$ を②の式$(5x+y=16)$に代入すると

$$5x+6=16, \quad 5x=16-6, \quad 5x=10, \quad x=2$$

答え　$x=2, \ y=6$

ところで、$y=6$ を①の式$(5x+4y=34)$に代入しても解けますが、②の式$(5x+y=16)$に代入したほうが楽に解けます。**どちらの式に代入したほうがスムーズに計算できるかを考えて解きましょう。**

(2) ①と②の y **の係数の絶対値がどちらも 2 で、符号が違う**ことに注目しましょう。

$$\begin{cases} -x \boxed{-2\,y} = -5 & \cdots\cdots① \\ 5x \boxed{+2\,y} = -7 & \cdots\cdots② \end{cases}$$

y の係数の絶対値が 2 で
符号が違う

①の $-2y$ と、②の $+2y$ をたすと 0 になることを利用して解きます。

$$[-2y+(+2y)=0]$$

①の両辺と②の両辺をたすと

$$\begin{array}{r} -x-2y=-5 \quad \cdots\cdots① \\ +)\ \ 5x+2y=-7 \quad \cdots\cdots② \\ \hline 4x\ \boxed{}=-12 \end{array}$$

$-x+5x$　　$(-2y)+(+2y)=0$
　　　　　　だから消去

$$4x=-12, \quad x=-3$$

$x=-3$ を①の式$(-x-2y=-5)$に代入すると

$$3-2y=-5, \quad -2y=-5-3, \quad -2y=-8, \quad y=4$$

答え　$x=-3, \ y=4$

（例1）の**（1）**では、①と②の x **の係数がどちらも 5（絶対値も符号も同じ）**ことに注目して、①から②を**引いて**計算しました。

127

一方、**(2)** では、①と②の *y* の係数の**絶対値がどちらも 2 で、符号が違う**ことに注目して、①と②を**たして**計算しました。

(1)
絶対値も符号も同じだから引く
$$
\begin{array}{r}
5x + 4y = 34 \quad \cdots\cdots ① \\
-\underline{)\ 5x + \ y = 16} \quad \cdots\cdots ② \\
3y = 18
\end{array}
$$

(2)
絶対値が同じで符号が違うからたす
$$
\begin{array}{r}
-x - 2y = -5 \quad \cdots\cdots ① \\
+\underline{)\ 5x + 2y = -7} \quad \cdots\cdots ② \\
4x = -12
\end{array}
$$

これをまとめると、次のようになります。

連立方程式の加減法のしかた

● 文字の係数が、**絶対値も符号も同じとき**は、式から式を**引いて**文字を消去する。

● 文字の係数が、**絶対値が同じで符号が違うとき**は、式と式を**たして**文字を消去する。

では、さらに加減法で解く練習をしましょう。

例2　次の連立方程式を解きましょう。

(1) $\begin{cases} 2x + 9y = 3 & \cdots\cdots ① \\ 6x - 5y = 41 & \cdots\cdots ② \end{cases}$

(2) $\begin{cases} 7x - 3y = -2 & \cdots\cdots ① \\ 5x + 4y = -26 & \cdots\cdots ② \end{cases}$

---

(1) ①の両辺を **3 倍**すると、**どちらの式にも $6x$ ができる**ので、**加減法を使って解けます。**

①の両辺を 3 倍すると、次のようになります。

$$
\begin{array}{ll}
① & \Rightarrow 2x + 9y = 3 \\
& \quad \downarrow 3倍 \quad \downarrow 3倍 \quad \downarrow 3倍 \\
①\times 3 & \Rightarrow 6x + 27y = 9
\end{array}
$$

$(2x + 9y) \times 3 = 3 \times 3$

①の両辺を 3 倍した式から、②の式を引くと

128　連立方程式をどうやって解くか？【その1】加減法

$$6x + 27y = 9 \quad \cdots\cdots ① \times 3$$
$$- \,)\,6x - 5y = 41 \quad \cdots\cdots ②$$

$$\boxed{} \quad 32y = -32$$

$6x - 6x = 0$ だから消去

$(+27y) - (-5y)$

$$32y = -32, \quad y = -1$$

$y = -1$ を①の式に代入すると

$$2x - 9 = 3, \quad 2x = 3 + 9, \quad 2x = 12, \quad x = 6$$

<u>答え　$x = 6,\ y = -1$</u>

(2) ①の両辺を 4 倍して、②の両辺を 3 倍すると、**$-12y$ と $+12y$ ができる**ので、**加減法を使って解けます**（3 と 4 の**最小公倍数**の 12 にそろえるということです）。

①の両辺を 4 倍、②の両辺を 3 倍すると、それぞれ次のようになります。

①　$\Rightarrow$　$7x - 3y = -2$　$\bigg|$　②　$\Rightarrow$　$5x + 4y = -26$

4倍　4倍　4倍　$\bigg|$　3倍　3倍　3倍

$① \times 4 \Rightarrow 28x - 12y = -8$　$\bigg|$　$② \times 3 \Rightarrow 15x + 12y = -78$

①の両辺を 4 倍した式と、②の両辺を 3 倍した式をたすと

$$28x - 12y = -8 \quad \cdots\cdots ① \times 4$$
$$+ \,)\,15x + 12y = -78 \quad \cdots\cdots ② \times 3$$

$$43x \boxed{} = -86$$

$28x + 15x$

$(-12y) + (+12y) = 0$ だから消去

$$43x = -86, \quad x = -2$$

$x = -2$ を①の式に代入すると

$$-14 - 3y = -2, \quad -3y = -2 + 14, \quad -3y = 12, \quad y = -4$$

<u>答え　$x = -2,\ y = -4$</u>

第4章　連立方程式の「？」を解決する

（例2）の（2）では、y の係数の絶対値を 12 にそろえて解きました。

一方、x の係数の絶対値を、7 と 5 の最小公倍数の 35 にそろえて、次のように解くこともできます。

$$
\begin{array}{r}
35x - 15y = -10 \\
-)\ 35x + 28y = -182 \\
\hline
-43y = 172
\end{array}
\quad
\begin{array}{l}
\cdots\cdots ① \times 5 \\
\cdots\cdots ② \times 7
\end{array}
$$

このように、x の係数の絶対値を 35 にそろえても解けます。しかし、数が大きくなって少し解きにくくなります。そのため、**x と y のどちらの係数をそろえたほうが計算しやすいか考えてから解くのがポイント**です。

連立方程式をどうやって解くか？
【その2】代入法

中2

　ひとつ前の項目で、加減法についてお話ししました。この項目では、連立方程式のもうひとつの解き方である、代入法について解説します。**代入法**とは、**一方の式を、もう一方の式に代入することによって、文字を消去して解く方法**です。次の例題をみてください。

> **例**　次の連立方程式を解きましょう。
> (1) $\begin{cases} x + 2y = 5 & \cdots\cdots ① \\ y = 3x - 1 & \cdots\cdots ② \end{cases}$ 　(2) $\begin{cases} 3x = -y + 10 & \cdots\cdots ① \\ 3x + 5y = -10 & \cdots\cdots ② \end{cases}$

（1）②の式を①の式に代入して、y を消去して解きます。代入する②の式は、**かっこをつけて代入**しましょう。

②を①に代入すると、
$x + 2(3x - 1) = 5$
$x + 6x - 2 = 5$

$y = 3x - 1 \quad \cdots\cdots ②$
かっこをつけて代入
$x + 2\,\boxed{y} = 5 \quad \cdots\cdots ①$

かっこを外す

$7x - 2 = 5, \quad 7x = 7, \quad x = 1$
$x = 1$ を②の式に代入すると
$y = 3 \times 1 - 1 = 3 - 1 = 2$

　　　　　　　　　　　　　　　　　答え　$x = 1, \ y = 2$

（2）①の式を②の式に代入して、x を消去して解きましょう。代入する①の式は、**かっこをつけて代入**しましょう（この場合、かっこを外しても、$-y + 10$ の符号はそのままです）。

①を②に代入すると、

$$(-y+10)+5y=-10$$

$$3x=-y+10 \quad \cdots\cdots ①$$

（かっこをつけて）代入

$$\underline{3x}+5y=-10 \quad \cdots\cdots ②$$

かっこを外す

$$-y+10+5y=-10$$

$$-y+5y=-10-10$$

$$4y=-20 , \quad y=-5$$

$y=-5$ を①の式に代入すると

$$3x=-(-5)+10=5+10=15$$

$$x=5$$

答え　$x=5,\ y=-5$

ところで、**(2)** の連立方程式は、加減法を使っても、次のようにかんたんに解くことができます。

(2) の加減法を使った解き方

$$\begin{cases} 3x=-y+10 & \cdots\cdots ① \\ 3x+5y=-10 & \cdots\cdots ② \end{cases}$$

①の式の $-y$ を左辺に移項した式を、次のように③とします。

$$3x=\boxed{-y}+10 \quad \cdots\cdots ①$$

左辺に移項

$$3x\boxed{+y}=10 \qquad \cdots\cdots ③$$

②の両辺から③の両辺を引くと

$$\begin{array}{r} 3x+5y=-10 \quad \cdots\cdots ② \\ -)\ 3x+\ y=\ \ \ 10 \quad \cdots\cdots ③ \\ \hline 4y=-20 \end{array}$$

$$4y=-20 , \quad y=-5$$

$y=-5$ を①の式に代入すると

$$3x=-(-5)+10=5+10=15$$

$$x=5$$

答え　$x=5,\ y=-5$

132 ｜ 連立方程式をどうやって解くか？【その2】代入法

実は、ほとんどの連立方程式は、加減法でも代入法でも解くことができますが、このことを知らない生徒はけっこういます。

 (1) も、次のように、加減法を使って解けます。ただし、代入法で解くときと比べて、少しややこしくなります。

(1) の加減法を使った解き方

$$\begin{cases} x + 2y = 5 & \cdots\cdots ① \\ y = 3x - 1 & \cdots\cdots ② \end{cases}$$

②の式の $3x$ を左辺に移項した式を、次のように③とします。

$$y = \boxed{3x} - 1 \quad \cdots\cdots ②$$

左辺に移項

$$\boxed{-3x} + y = -1 \quad \cdots\cdots ③$$

①の両辺から、③の両辺を 2 倍した式を引くと

$$
\begin{array}{r}
x + 2y = 5 \quad \cdots\cdots ① \\
-)\ -6x + 2y = -2 \quad \cdots\cdots ③ \times 2 \\
\hline
7x = 7
\end{array}
$$

$$7x = 7, \quad x = 1$$

$x = 1$ を②の式に代入すると

$$y = 3 \times 1 - 1 = 3 - 1 = 2$$

答え　$x = 1,\ y = 2$

 (2) の連立方程式は、加減法でも代入法でも、比較的スムーズに解けました。一方、**(1)** の連立方程式は、代入法のほうが楽に解けます。

 ですから、**連立方程式を解くときは、加減法と代入法のどちらのほうが解きやすいか考えて解く必要がある**ことをおさえましょう。

第４章 — 連立方程式の「?」を解決する

133

連立方程式の文章題をどう解くか？
——「方程式」の語源を探りながら

中2

歴史の授業のようになってしまいますが、日本の飛鳥時代の歴史を思い出してみましょう。

飛鳥時代の大きな出来事のひとつに、大化の改新（645年に中大兄皇子と中臣鎌足が中心となっておこなった政治改革）があります。その後、701年に大宝律令（当時の国の基本法典）が制定され、710年には、平城京に都がうつされ、奈良時代に入っていきます。

大宝律令のもとでは、さまざまな学校制度が整備されました。その中で、計算や測量などの技術的能力をもった役人を育成するために、算術や測量などについて学ぶ、算道という教科が新たに加えられました。

算道の授業では、中国から伝わる数学書をテキストとして使用しました。そのテキストのひとつが、第1章のp.19でも触れた「九章算術」です。九章算術は、中国古代の数学書で、そのなかには246問が収録されています。

その九章算術の第8章のタイトルが「方程」で、これが「方程式」の語源になったといわれています。では、九章算術が書かれた当時の「方程」とは、どんな意味で使われていたのでしょうか？

その意味をお話しする前に、次の問題をみてください。九章算術の第8章「方程」の第7問です。

> **九章算術第8章、第7問の現代語訳**
> 牛5頭、羊2頭の代金の合計は10両です。また、牛2頭、羊5頭の代金の合計は8両です。このとき、牛1頭、羊1頭の代金はそれぞれ何両ですか。

「両」というのは、当時のお金の単位です。この問題は、**連立方程式の文章題**だといえます。

ではこの問題を、連立方程式を使って解いてみましょう。ほとんどの連立方程式の文章題は、次の3ステップで解けます。

連立方程式の文章題を解くための3ステップ

（ステップ1）求めたいものをxとyとおく

（ステップ2）連立方程式（2つの方程式）をつくる

（ステップ3）連立方程式を解く

九章算術第8章、第7問の問題を、この3ステップにしたがって解くと、次のようになります。

（ステップ1）求めたいものをxとyとおく

牛1頭の代金をx両、羊1頭の代金をy両とします。

（ステップ2）連立方程式（2つの方程式）をつくる

牛5頭、羊2頭の代金の合計は10両だから

$$5x + 2y = 10 \quad \cdots\cdots ①$$

牛2頭、羊5頭の代金の合計は8両だから

$$2x + 5y = 8 \quad \cdots\cdots ②$$

これにより、次の連立方程式をつくれます。

$$\begin{cases} 5x + 2y = 10 & \cdots\cdots ① \\ 2x + 5y = 8 & \cdots\cdots ② \end{cases}$$

（ステップ3）連立方程式を解く

①の両辺を2倍すると

$$10x + 4y = 20 \quad \cdots\cdots ③$$

135

②の両辺を5倍すると

$$10x + 25y = 40 \quad \cdots\cdots ④$$

④の両辺から③の両辺を引くと

$$
\begin{array}{r}
10x + 25y = 40 \quad \cdots\cdots ④ \\
-)\ 10x + 4y = 20 \quad \cdots\cdots ③ \\
\hline
21y = 20
\end{array}
$$

$$21y = 20 \ , \quad y = \frac{20}{21}$$

$y = \dfrac{20}{21}$ を①に代入すると

$$5x + 2 \times \frac{20}{21} = 10$$

$$5x + \frac{40}{21} = \frac{210}{21}$$

$$5x = \frac{210}{21} - \frac{40}{21} = \frac{170}{21}$$

$$x = \frac{34}{21}$$

答え　牛1頭が$\dfrac{34}{21}$両、羊1頭が$\dfrac{20}{21}$両

このようにして、ほとんどの連立方程式の文章題は、3ステップで解けます。

ただし、九章算術が書かれた当時は、xやyなどの文字は、当然使用されませんでした。では当時、第8章の第7問のような文章題を、どのようにして解いたのでしょうか？

この問題の場合は、次のような**長方形の計算盤の上に、各式の係数（文字をふくむ単項式の数の部分）や定数項（数の項）を並べて計算**されました。

136 ｜ 連立方程式の文章題をどう解くか？──「方程式」の語源を探りながら

　牛 5 頭、羊 2 頭の代金の合計が 10 両であることは、「$5x+2y=10$」という式で表せましたね。この「$5x+2y=10$」の**係数 5、2 と定数項 10 を、次のように、右行にたてに並べます。**

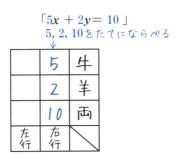

　次に、牛 2 頭、羊 5 頭の代金の合計が 8 両であることは、「$2x+5y=8$」という式で表せましたね。この「$2x+5y=8$」の**係数 2、5 と定数項 8 を、次のように、左行にたてに並べます。**

　これで、長方形の計算盤のマスをうめることができました。このように、計

算盤のマスをうめてから、計算を始めて、牛1頭、羊1頭のそれぞれの代金を求めたのです（具体的な計算方法は省略します）。

　九章算術第8章の「方程」の「方」は、「四角」という意味で、「程」は、「わりあてる」という意味で、それぞれ使われていたそうです。「四角」の計算盤に、各数字を「わりあてて」計算されたので、古代中国で「方程」という言葉が使われました。これが、現代の日本でも使われる「方程式」という言葉の由来になったといわれています。

　中学校で習う数学で、方程式は代表的な単元のひとつです。でも、方程式という言葉に、このような由来があることを知っている方は、多いとはいえないでしょう。数学の長い長い歴史のなかで、「方程式」という用語が現在まで使われ続けてきたことを知って、数学への興味をまた一歩深めていただければ幸いです。

第 5 章

平方根(へいほうこん)の「？」を解決する

平方根とは何か?

中3

「平方根? なんだか難しそう」と思う方もいるかもしれませんが、その意味はいたってシンプルです。

「2乗すると a になる数」を a の<u>平方根</u>といいます。これが、平方根の意味です。次の問題をみてください。

例1 100の平方根を答えましょう。

100の平方根とは、「2乗すると100になる数」のことです。10を2乗すると、$10^2 = 100$ になります。また、-10 を2乗すると、$(-10)^2 = 100$ になります。ですから、<u>100の平方根は、10と -10</u> です。これが、(例1)の答えです。

$$10 と -10 \xleftrightarrow[\text{平方根}]{\text{2乗すると}} 100$$

「100の平方根が、10と -10」であるように、**正の数には、平方根が2つあり、絶対値は等しく、符号（＋と－）が異なります。**

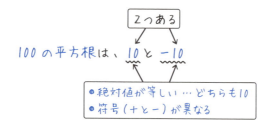

平方根について慣れるために、問題を解いてみましょう。

例2 次の数の平方根を答えましょう。

(1) 49　　　(2) 0.25　　　(3) $\dfrac{4}{81}$　　　(4) 0

---

(1) は、49 の平方根を答える問題です。$7^2 = 49$、$(-7)^2 = 49$ なので、49 の平方根は、7 と −7 です。

(2) は、0.25 の平方根を答える問題です。$0.5^2 = 0.25$、$(-0.5)^2 = 0.25$ なので、0.25 の平方根は、0.5 と −0.5 です。

(3) は、$\dfrac{4}{81}$ の平方根を答える問題です。

$$\left(\frac{2}{9}\right)^2 = \frac{2}{9} \times \frac{2}{9} = \frac{4}{81}$$

$$\left(-\frac{2}{9}\right)^2 = \left(-\frac{2}{9}\right) \times \left(-\frac{2}{9}\right) = \frac{4}{81}$$

これにより、$\dfrac{4}{81}$ の平方根は、$\dfrac{2}{9}$ と $-\dfrac{2}{9}$ です。

(4) は、0 の平方根を答える問題です。$0^2 = 0 \times 0 = 0$、なので、0 の平方根は、0 です。

　正の数には平方根が 2 つあるのに対して、**0 には平方根が 1 つしかない**ことに注意しましょう。

　また、中学数学の範囲では、どんな数を 2 乗しても負の数になることはないので、**負の数に平方根はありません**。

　このことは 12 世紀のインドで既に知られていました。当時の数学者バスカラ（1114 〜 1185）は、次のように述べています。

141

「正数の平方根は二つあって、一つは正、一つは負である。負数の平方根は存在しない。なぜなら、負数は平方数ではないから」

（カジョリ著、小倉金之助補訳『初等数学史』共立出版）

上記引用の「正数」とは「正の数」のことを、「負数」とは「負の数」のことを意味します。また、「平方数」とは「自然数の2乗になっている数」のことです。12世紀当時、正の数に平方根が2つあることは、世界的にみてもほとんど知られておらず、当時のインドの数学がいかに発展していたかを物語っています。

√（根号）はどうやって使うのか？

中3

まずは、次の例題をみてください。

> **例1** 次の数の平方根を答えましょう。必要ならば、根号を使って表しましょう。
>
> (1) 9　　(2) 10　　(3) 2.1　　(4) $\dfrac{5}{11}$

(1) は、9 の平方根を答える問題です。9 の平方根とは、「2 乗すると 9 になる数」のことです。$3^2 = 9$、$(-3)^2 = 9$ なので、9 の平方根は、3 と -3 です。また、3 と -3 をあわせて、±3（読み方は、プラスマイナス 3）と表すこともできます。ですから、±3 を答えにしても OK です。

(2) は、10 の平方根を答える問題です。10 の平方根とは、「2 乗すると 10 になる数」のことです。

「2 乗すると 10 になる数？ そんな数ないよ」と思った方もいるかもしれません。確かに、3 と -3 を 2 乗するとそれぞれ 9 になり、4 と -4 を 2 乗するとそれぞれ 16 になって、10 と一致しません。

小数で探そうとしても、$3.1^2 = 9.61$、$3.2^2 = 10.24$ となって、やはり「2 乗するとぴったり 10 になる数」は、見つかりそうにありません。

こんなときに使うのが、$\sqrt{}$（読み方はルート）という記号です。この $\sqrt{}$ の記号を、根号といいます。

では、この根号をどうやって使うのか？
a を正の数とすると、**a の平方根は、正と負の 2 つ**がありましたね。

143

> a の 2 つの平方根のうち、
>
> 　　　正のほうを　　$\sqrt{a}$（読み方は、**ルート a**）
> 　　　負のほうを　　$-\sqrt{a}$（読み方は、**マイナスルート a**）
>
> と表します。

また、$\sqrt{a}$ と $-\sqrt{a}$ をあわせて、$\pm\sqrt{a}$ と表すこともできます（読み方は、**プラスマイナスルート a**）。

では、これをふまえて、**(2)** の問題に戻りましょう。**(2)** は、10 の平方根を答える問題でしたね。10 の平方根を、根号を使って表しましょう。

> 10 の 2 つの平方根のうち、
>
> 　　　正のほうは　　$\sqrt{10}$（読み方は、ルート 10）
> 　　　負のほうは　　$-\sqrt{10}$（読み方は、マイナスルート 10）
>
> となります。

ですから、答えは、$\underline{\sqrt{10} と -\sqrt{10}（または、\pm\sqrt{10}）}$ です。

(1) と **(2)** の問題をふまえて、ここまでの内容をまとめます。

(1) は、9 の平方根を答える問題でした。$3^2 = 9$、$(-3)^2 = 9$ なので、9 の平方根は、$\underline{3 と -3（または、\pm 3）}$ です。**(1)** のように、$\sqrt{}$ **を使わずに表せるときは、$\sqrt{}$ を使わずに答えにする**ようにしましょう。

言いかえると、**(1) の答えを、$\sqrt{9}$ と $-\sqrt{9}$（または、$\pm\sqrt{9}$）とすると、間違いになる**ということです。

一方、**(2)** は、10 の平方根を答える問題でした。2 乗すると 10 になる数は見つかりませんでした。こういう場合は、根号を使って、答えを $\underline{\sqrt{10} と}$ $\underline{-\sqrt{10}（または、\pm\sqrt{10}）}$ とします。**(1)** と **(2)** のような問題を区別するようにしましょう。

144　｜　$\sqrt{}$（根号）はどうやって使うのか？

例題に戻ります。

（3）は、2.1 の平方根を求める問題です。2 乗して 2.1 になる数は見つからないので、答えは、$\sqrt{2.1}$ と $-\sqrt{2.1}$ （または、$\pm\sqrt{2.1}$ ）です。

（4）は、$\dfrac{5}{11}$ の平方根を求める問題です。2 乗して $\dfrac{5}{11}$ になる数は見つからないので、答えは、$\sqrt{\dfrac{5}{11}}$ と $-\sqrt{\dfrac{5}{11}}$ （または、$\pm\sqrt{\dfrac{5}{11}}$ ）です。

平方根の求め方についてみてきました。**$\sqrt{}$ を使って答える場合と、使わないで答える場合があることを区別**するようにしましょう。

では次の例題に進みます。

例2 次の問いに答えましょう。

（1）49 の平方根を答えましょう。

（2）$\sqrt{49}$ を、根号を使わずに表しましょう。

（3）$-\sqrt{64}$ を、根号を使わずに表しましょう。

（1）は、49 の平方根を答える問題です。49 の平方根とは「**2 乗すると 49 になる数**」のことです。$7^2 = 49$、$(-7)^2 = 49$ なので、49 の平方根は、7 と -7 （または、± 7）です。

（2）は、$\sqrt{49}$ を根号を使わずに表す問題です。（2）でも、（1）と同じように**「± 7」を答えにしてしまう人がいますが、それは間違い**です。

なぜなら、$\sqrt{49}$ は、**49 の平方根の正のほう**を表すからです。だから、

$$\sqrt{49} = \underline{7}$$

が答えです。（1）と（2）の問題を区別できるようにしましょう。

49 の平方根 → 正のほうは　$\sqrt{49} = \sqrt{7^2} = \underline{7}$

→（負のほうは $-\sqrt{49} = -\sqrt{7^2} = -7$ ）

145

(3) は、$-\sqrt{64}$ を根号を使わずに表す問題です。$-\sqrt{64}$ は、**64 の平方根の負のほう**を表します。だから、$-\sqrt{64} = \underline{-8}$ となります。

64 の平方根
(正のほうは $\sqrt{64} = \sqrt{8^2} = 8$)
負のほうは $-\sqrt{64} = -\sqrt{8^2} = \underline{-8}$

さらに、次の例題に進みましょう。

例3 次の数を、根号を使わずに表しましょう。

(1) $\left(\sqrt{11}\right)^2$ (2) $\left(-\sqrt{3}\right)^2$

---

(1) は、$\left(\sqrt{11}\right)^2$ を、根号を使わずに表す問題です。11 の平方根は、$\sqrt{11}$ と $-\sqrt{11}$ です。ですから、$\sqrt{11}$ と $-\sqrt{11}$ はどちらも 2 乗すると、11 になります。だから、$\left(\sqrt{11}\right)^2 = \underline{11}$ です。

(2) は、$\left(-\sqrt{3}\right)^2$ を、根号を使わずに表す問題です。3 の平方根は、$\sqrt{3}$ と $-\sqrt{3}$ です。ですから、$\sqrt{3}$ と $-\sqrt{3}$ はどちらも 2 乗すると、3 になります。だから、$\left(-\sqrt{3}\right)^2 = \underline{3}$ です。

（例3）の 2 問から、次の公式を導くことができます。

$$\left(\sqrt{a}\right)^2 = a \qquad \left(-\sqrt{a}\right)^2 = a$$

$$\sqrt{a} \ \text{と} \ -\sqrt{a} \quad \xrightarrow{\text{2 乗すると}} \quad a$$
$$\xleftarrow{\text{平方根}}$$

　この項目では、根号の使い方や、根号を使わずに表す方法についてみてきました。これからの内容の基礎になるところなので、しっかりおさえてから、次に進みましょう。

146 ｜ $\sqrt{\ }$（根号）はどうやって使うのか？

古代人は$\sqrt{2}$の近似値をどうやって求めたか？

中3・発展

　近似値とは、真の値に近い値のことです。例えば、円周率は、「3.1415926535……」と無限に続く小数ですが、小学校の算数では、ふつう「3.14」を使います（中学校ではπを使う）。この「3.14」は、円周率の真の値ではありませんが、真の値に近いので、近似値です。

　例えば、$\sqrt{2}$の近似値を知りたいとき、あなたならどうしますか？
　ひとつの方法が、「$\sqrt{}$」のボタンがついた電卓を使う方法です。電卓で「2」のボタンを押した後に、「$\sqrt{}$」のボタンを押せば、「1.41421356……」というように、$\sqrt{2}$の近似値が表示されます。

　もうひとつの方法は、語呂合わせで覚える方法です。
　$\sqrt{2}$，$\sqrt{3}$，$\sqrt{5}$，$\sqrt{6}$，$\sqrt{7}$をそれぞれ小数に直すと、無限に続く小数になります。次の語呂合わせによって、それぞれの近似値を覚えておくことをおすすめします。

平方根の近似値を覚えるための語呂合わせ

$\sqrt{2} \fallingdotseq 1.41421356$ 【一夜一夜に人見ごろ】
$\sqrt{3} \fallingdotseq 1.7320508$ 【人なみにおごれや】
$\sqrt{5} \fallingdotseq 2.2360679$ 【富士山麓オウム鳴く】
$\sqrt{6} \fallingdotseq 2.44949$ 【似よ　よくよく】
$\sqrt{7} \fallingdotseq 2.64575$ 【(菜)に虫いない】

※「$\fallingdotseq$」は、ほぼ等しいことを表す記号です（読み方は、「ニアリーイコール」）。

ところで、今から**約 4000 年前のバビロニアの人々は、$\sqrt{2}$ の近似値として小数第五位（1.41421）までを知っていた**といわれています。

西アジアのチグリス川とユーフラテス川が流れる地域を、メソポタミア（大部分が現在のイラク）といいます。そのメソポタミアの南部の地域または、そこに興った王国をバビロニアといいます。

バビロニアで紙の代わりに使われたのが、**粘土板**です。そして、そのいくつかが発掘によって出土し、当時の文明を知る手がかりになっています。

出土した粘土板のひとつ（**YBC 7289** と名づけられている）には、正方形が描かれています。その正方形の対角線にそって、その当時使われていた、楔形文字で「1、24、51、10」と 4 つの数が刻まれています。実は、**この 4 つの数が $\sqrt{2}$ の近似値を表している**のです。それは、一体どういうことでしょうか？

YBC7289
(Yale Babylonian Collection)

p.397 の「三平方の定理」で解説しますが、1 辺の長さが 1 の正方形の対角線の長さは $\sqrt{2}$ になります。

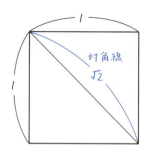

148 | 古代人は $\sqrt{2}$ の近似値をどうやって求めたか？

私たちが現在使っているのは、10進法（10ごとにくり上がる数の記述法）です。一方、当時のバビロニアでは、60進法（60ごとにくり上がる数の記述法）を採用していました。

　粘土板に書かれていた、60進法での「1、24、51、10」を、10進法に直すと、次のように計算できます。

$$1 + \frac{24}{60} + \frac{51}{60^2} + \frac{10}{60^3}$$

$$= 1 + \frac{24}{60} + \frac{51}{3600} + \frac{10}{216000}$$

$$= 1.4142129\cdots\cdots$$

小数第5位
までは正しい

　これにより、当時のバビロニアの人々は、$\sqrt{2}$ の近似値として小数第五位（1.41421）までを知っていたことがわかります。では、彼らはどのようにして、小数第五位までの近似値を求めることができたのでしょうか？

　当時のバビロニアの人々が $\sqrt{2}$ の近似値を求めた手段として考えられているのが次の方法です。

$\sqrt{2}$ の近似値を求める手順

（手順1） $1.4 \times 1.4 = 1.96$、$1.5 \times 1.5 = 2.25$ ですから、$\sqrt{2}$ の近似値としてまず、1.4 が考えられます。この 1.4 を近似値 A とします。

（手順2） 2 を、近似値 A の 1.4 で割ります。すると、

$$2 \div 1.4 \fallingdotseq 1.428571$$

となります（この計算も含めて、この手順では小数第七位を四捨五入して、小数第六位までの数にします）。この 1.428571 を近似値 B とします。

（手順3） $2 \div 1.4 \fallingdotseq 1.428571$ をかけ算に直すと、次のようになります。

第5章　―　平方根の「？」を解決する

149

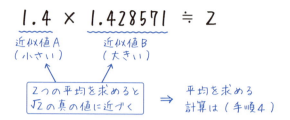

近似値 A（1.4）は、近似値 B（1.428571）より小さいです。

「□ × □ ＝ 2」という式で、□の値が等しくなったときに、その□が $\sqrt{2}$ の真の値といえます。ですから、**近似値 A（1.4）と近似値 B（1.428571）の平均を求めれば、$\sqrt{2}$ の真の値に、より近づく**といえます。

（**手順4**）近似値 A（1.4）と近似値 B（1.428571）の平均は、

$$(1.4 + 1.428571) \div 2 ≒ 1.414286$$

です。この 1.414286 を近似値 C とします。

（**手順5**）ここからは、（**手順2**）〜（**手順4**）でおこなったことを繰り返します。つまり、2 を、近似値 C の 1.414286 で割ります。すると、

$$2 \div 1.414286 ≒ 1.414141$$

となります。この 1.414141 を近似値 D とします。

（**手順6**）近似値 C（1.414286）と近似値 D（1.414141）の平均は、

$$(1.414286 + 1.414141) \div 2 = 1.414214$$

です。この 1.414214 を近似値 E とします。

この近似値 E（1.414214）の時点で、$\sqrt{2}$ の真の値（1.41421356……）の**小数第五位まで一致**しています。このようにして、当時のバビロニアの人々が

$\sqrt{2}$ の近似値を求めたのだと考えられています。

　ところで、$\sqrt{2}$ だけではなく、同じ方法で $\sqrt{3}$ や $\sqrt{5}$ の近似値を求めることもできます。古代ギリシアの数学者アルキメデス（紀元前 287 頃〜前 212 頃）は、$\sqrt{3}$ が「$\dfrac{265}{153}$ と $\dfrac{1351}{780}$ の間」の数であることを突き止めています。$\dfrac{265}{153}$ と $\dfrac{1351}{780}$ をそれぞれ分数に直すと、次のようになります。

$$\frac{265}{153} = 1.7320261\cdots\cdots$$

$$\frac{1351}{780} = 1.7320512\cdots\cdots$$

実際の $\sqrt{3}$ の近似値は、$1.7320508\cdots\cdots$ ですから、アルキメデスは、$\sqrt{3}$ の近似値を小数第四位まではわかっていたということです。アルキメデスがどのようにして $\sqrt{3}$ の近似値を調べたかはわかっていませんが、もしかしたら、この項目で説明した方法で調べたのかもしれません。

中学数学で習う数は、どのように分類されるのか？

中3・発展

この項目では、**中学数学に出てくる数は、どのように分類されるのか**、みていきます。

まず、小数を分類しましょう。小数は、**有限小数**と**無限小数**に分けられます。

有限小数とは、**小数点以下のけたの数が有限である（限りがある）小数**のことです。一方、**無限小数**とは、**小数点以下のけたの数が無限に（限りなく）続く小数**のことです。

また、無限小数のなかで、0.5171717……のように、**ある位以下において、同じ数字の並びが繰り返される小数**を、**循環小数**といいます。無限小数は、循環するもの（循環小数）と、循環しないものに分けられます。

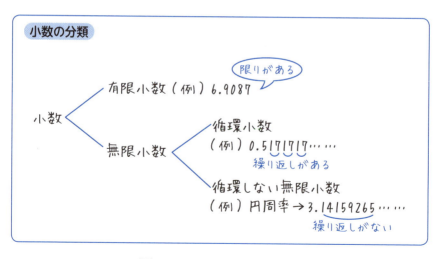

ところで、中学数学で扱う数をまとめて、**実数**といいます。実数は、**有理数**と**無理数**に分けられます。

152 | 中学数学で習う数は、どのように分類されるのか？

a と b を整数とするとき（ただし、$b \neq 0$）、$\dfrac{a}{b}$ という分数の形で表される数を**有理数**といいます。有理数は、次のように 3 つに分けられます。

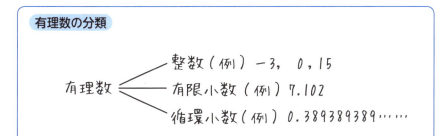

上の分類からもわかるように、「循環しない無限小数」は有理数ではありません（詳しくは後で述べます）。

また、繰り返しになりますが、有理数とは「$\dfrac{a}{b}$ という分数の形で表される数」です。

整数は、$\dfrac{整数}{1}$ のように分数の形に表されるので、有理数です。また、有限小数も、例えば、5.107 なら、$\dfrac{5107}{1000}$ のように分数の形に表されるので、有理数です。では、例えば、2.853853853…… のような**循環小数**は、どうすれば分数の形に表すことができるのでしょうか？

循環小数の 2.853853853…… を例に、分数に直す方法を説明していきます。

まず、$x = 2.853853853……$ とおきます。2.853853853…… は、3 つの数字「853」の並びが繰り返されています。そのため、2.853853853…… を 1000 倍する（$1000x$ を考える）と、2853.853853853…… となり、たてにならべると、

次のように小数点以下の部分がそろいます。

$$1000x = 2853.853853853\cdots\cdots$$
$$x = 2.853853853\cdots\cdots$$

小数点以下の部分がそろう

ここで、$1000x$ から x を引くと、次のように、小数点以下の部分が消去されます。

$$1000x = 2853.853853853\cdots\cdots$$
$$-)\quad x = 2.853853853\cdots\cdots$$
$$999x = 2851$$

小数点以下の部分が消去される

$999x = 2851$ の両辺を 999 で割ると、$x = \dfrac{2851}{999}$ となります（これ以上、約分できません）。つまり、循環小数の $2.853853853\cdots\cdots$ を、$\dfrac{2851}{999}$ という分数の形に直せたということです。試しに電卓で「$2851 \div 999$」の計算をしてみてください。その答えが $2.853853853\cdots\cdots$ になることがおわかりいただけるでしょう。同様の方法で、あらゆる循環小数を分数の形で表すことができます。

さて、ここまでの内容をまとめましょう。**実数は、有理数と無理数**に分けられます。そして、**有理数は、整数、有限小数、循環小数**に分けられました。

実数の分類の最後として、無理数についてみていきましょう。**無理数**とは、**有理数でない実数**のことで、**循環しない無限小数**で表されます。有理数が分数の形で表せたのに対して、**無理数は分数の形で表せません。**

例えば、$\sqrt{2}$ や $\sqrt{3}$ 、**円周率**などは、**無理数**です（$\sqrt{2}$ が無理数であるこ

154 | 中学数学で習う数は、どのように分類されるのか？

との証明は、次の項目でおこないます）。$\sqrt{2}$、$\sqrt{3}$、円周率、それぞれの小数第 30 位までを下記に表しました。数字の並びが循環していないことがおわかりいただけるでしょう。

無理数の例

$\sqrt{2} = 1.41421356237309504880168872\ 4209\cdots\cdots$

$\sqrt{3} = 1.73205080756887729352744634\ 1505\cdots\cdots$

円周率 → $3.14159265358979323846264338\ 3279\cdots\cdots$

$\sqrt{2}$ や $\sqrt{3}$、円周率などが無理数であることはよく知られていますが、面白いところでいえば、「チャンパーノウン定数」という数も無理数です。チャンパーノウン定数とは、0 と小数点の後に、正の整数を小さい順に並べた、次のような数です。

チャンパーノウン定数　→　$0.123456789101112131415\cdots\cdots$

この数も循環しない無限小数なので、無理数です。ちなみに、チャンパーノウンとは、20 世紀のイギリスの経済学者です。

この項目でみてきた、数の分類をまとめると、次のようになります。

数の分類（まとめ）

実数
　有理数
　　整数（例）－5, 0, 12
　　有限小数（例）0.819
　　循環小数（例）0.23232323……
　無理数（循環しない無限小数）
　　（例）$\sqrt{2}$, $\sqrt{3}$, 円周率

第5章 ─ 平方根の「？」を解決する

155

最後に、有理数と無理数についての豆知識をお話ししましょう。有理数は、英語で、rational number（直訳すると、「合理的な数」）といいます。一方、無理数は、irrational number（直訳すると、「非合理的な数」）といいます。

rational の由来は、ラテン語の ratio（比）だといわれており、これにしたがうと、「有理数」よりも「有比数」という漢字をあてたほうがよいのではないかという考え方もあるようです。

有理数とは「分数の形で表せる数」です。小学算数の「比」の項目で、「比の値」について習います。2つの数 A と B の比が $A : B$ のとき、$\dfrac{A}{B}$ を「比の値」というのです。この意味において、「分数は比そのもの」ともいえるでしょう。ですから、「有理数の代わりに有比数とするべきだ」という意見は、さらに説得力を増します。ただし、有理数と無理数という用語が定着してしまっているのが現状だといえるでしょう。

$\sqrt{2}$ が無理数であることは、どうやって証明できるか?

中3・発展

ひとつ前の項目で、$\sqrt{2}$ が無理数であることを述べました。つまり、$\sqrt{2}$ は、分数の形で表せないということです。$\sqrt{2}$ が無理数であることは、どうやって証明できるのでしょうか。

そのために、「$\sqrt{2}$ が無理数ではない」つまり「$\sqrt{2}$ が有理数である」と仮定して、その矛盾を見つける証明法を使います。このような方法を、背理法といいます。$\sqrt{2}$ は実際は無理数ですが、あえて「有理数である（→分数の形で表せる）」と仮定して考え、その矛盾を導くのです。

$\sqrt{2}$ が無理数であることの証明

$\sqrt{2} = 1.4142\cdots\cdots$ なので、$\sqrt{2}$ は整数ではない有理数であると仮定します。

この仮定により、a、b を整数とすると（ただし、$b \neq 0$）、

$$\sqrt{2} = \frac{a}{b}$$

という分数の形に表すことができます。

ここで、$\frac{a}{b}$ は、これ以上約分できない分数とします。

$\sqrt{2} = \frac{a}{b}$ の両辺を2乗すると、次のようになります。

$$(\sqrt{2})^2 = \left(\frac{a}{b}\right)^2$$

$$2 = \frac{a}{b} \times \frac{a}{b}$$

$\frac{a}{b}$ は、これ以上約分できない分数でした。

だから、$\dfrac{a}{b} \times \dfrac{a}{b}$ も、これ以上約分できない**分数**です。

そのため、**分数**である $\dfrac{a}{b} \times \dfrac{a}{b}$ が、**整数**の 2 と等しくなることはありません。

すなわち、「$2 = \dfrac{a}{b} \times \dfrac{a}{b}$」の式は成り立ちません。

$$2 = \dfrac{a}{b} \times \dfrac{a}{b}$$

（これ以上約分できない）

整数 ⟺ 分数

矛盾 ⟶ この式は成り立たない

　このように、起こるはずのないことが起こったのは、「$\sqrt{2}$ が有理数である」と仮定したことが原因です。

　したがって、「$\sqrt{2}$ は有理数ではない」つまり「$\sqrt{2}$ は無理数である」ことが証明されました。

　以上が、$\sqrt{2}$ が無理数であることの証明です。独特の証明法を使ったので、ややこしく感じた方もおられるかもしれません。難しく感じた方は、もう一度、じっくりと証明の流れを確認してみてください。

　ところで、「三平方の定理（p.380）」で有名な古代ギリシアの**ピタゴラス**（紀元前 580 頃〜前 500 頃）は、「万物の根源は数である」と主張していました。その言葉は「すべての数は有理数で表される」ということを意味しています。

　一方、皮肉なことに、無理数の存在を発見したのも、ピタゴラス学派（ピタゴラスとその弟子の集まり）だといわれています。「すべての数は有理数で表される」と考えたピタゴラスは、無理数の存在を秘密にすること弟子たちに徹底しました。しかし、そのルールを破って、無理数の存在を口外してしまった弟子を、船から突き落として溺死させたという言い伝えさえ残っています。

「$\sqrt{a} \times \sqrt{b} = \sqrt{ab}$」が成り立つ理由とは?

中3

平方根のかけ算と割り算では、それぞれ次の公式が成り立ちます。

平方根のかけ算の公式
$$\sqrt{a} \times \sqrt{b} = \sqrt{ab}$$

平方根の割り算の公式
$$\sqrt{a} \div \sqrt{b} = \frac{\sqrt{a}}{\sqrt{b}} = \sqrt{\frac{a}{b}}$$

それぞれの公式が成り立つ理由について、$a=5$、$b=7$ の場合を例に解説していきます。

まず、平方根のかけ算の公式について、みていきます。
$\sqrt{5}$ も $\sqrt{7}$ も正の数なので、$\sqrt{5} \times \sqrt{7}$ も正の数です。
$\sqrt{5} \times \sqrt{7}$ を2乗すると、

$$
\begin{aligned}
&(\sqrt{5} \times \sqrt{7})^2 \\
&= (\sqrt{5} \times \sqrt{7}) \times (\sqrt{5} \times \sqrt{7}) \quad （\sqrt{5} \times \sqrt{7}）を2回かける \\
&= \sqrt{5} \times \sqrt{7} \times \sqrt{5} \times \sqrt{7} \quad かっこを外す \\
&= \sqrt{5} \times \sqrt{5} \times \sqrt{7} \times \sqrt{7} \quad ならべかえる（交換法則、p.46）\\
&= (\sqrt{5} \times \sqrt{5}) \times (\sqrt{7} \times \sqrt{7}) \quad かっこをつける（結合法則、p.46）\\
&= 5 \times 7
\end{aligned}
$$

第5章 平方根の「?」を解決する

$\sqrt{5} \times \sqrt{7}$ を2乗すると、5×7 になることがわかりました。

「2乗すると□になる数」を「□の平方根」というので、

$\sqrt{5} \times \sqrt{7}$ は、5×7 の平方根の正のほうです。

また、5×7 の平方根は、

正のほうが $\sqrt{5 \times 7}$

負のほうが $-\sqrt{5 \times 7}$

です。

$\sqrt{5} \times \sqrt{7}$ も、$\sqrt{5 \times 7}$ も、5×7 の平方根の正のほうなので、

$$\sqrt{5} \times \sqrt{7} = \sqrt{5 \times 7}$$

が成り立ちます。

わかりやすくするために、「$\sqrt{5} \times \sqrt{7} = \sqrt{5 \times 7}$」を例に解説しましたが、$5$ を a、7 を b とそれぞれおきかえれば、「$\sqrt{a} \times \sqrt{b} = \sqrt{ab}$」であることがわかります（ただし、$a > 0$、$b > 0$）。

次に、平方根の割り算の公式について、みていきます。

$\bullet \div \blacksquare = \dfrac{\bullet}{\blacksquare}$ なので、$\sqrt{5} \div \sqrt{7} = \dfrac{\sqrt{5}}{\sqrt{7}}$ が成り立ちます。

$\sqrt{5}$ も $\sqrt{7}$ も正の数なので、$\dfrac{\sqrt{5}}{\sqrt{7}}$ も正の数です。

$\dfrac{\sqrt{5}}{\sqrt{7}}$ を2乗すると、

$$
\begin{aligned}
&\left(\frac{\sqrt{5}}{\sqrt{7}}\right)^2 \\
&= \frac{\sqrt{5}}{\sqrt{7}} \times \frac{\sqrt{5}}{\sqrt{7}} \\
&= \frac{\sqrt{5} \times \sqrt{5}}{\sqrt{7} \times \sqrt{7}} \\
&= \frac{5}{7}
\end{aligned}
$$

$\dfrac{\sqrt{5}}{\sqrt{7}}$ を2回かける

分母どうし、分子どうしをかける

$\dfrac{\sqrt{5}}{\sqrt{7}}$ を 2 乗すると、$\dfrac{5}{7}$ になることがわかりました。

「2 乗すると□になる数」を「□の平方根」というので、

$\dfrac{\sqrt{5}}{\sqrt{7}}$ は、$\dfrac{5}{7}$ の平方根の正のほうです。

また、$\dfrac{5}{7}$ の平方根は、

正のほうが $\sqrt{\dfrac{5}{7}}$

負のほうが $-\sqrt{\dfrac{5}{7}}$

です。

$\dfrac{\sqrt{5}}{\sqrt{7}}$ も、$\sqrt{\dfrac{5}{7}}$ も、$\dfrac{5}{7}$ の平方根の正のほうなので、

$$\dfrac{\sqrt{5}}{\sqrt{7}} = \sqrt{\dfrac{5}{7}}$$

が成り立ちます。5 を a、7 を b とそれぞれおきかえれば、

$$\sqrt{a} \div \sqrt{b} = \dfrac{\sqrt{a}}{\sqrt{b}} = \sqrt{\dfrac{a}{b}}$$

であることがわかります（ただし、$a > 0,\ b > 0$）。

$\sqrt{a} \times \sqrt{b} = \sqrt{ab}$ と $\sqrt{a} \div \sqrt{b} = \dfrac{\sqrt{a}}{\sqrt{b}} = \sqrt{\dfrac{a}{b}}$ が成り立つ理由について、そ

れぞれみてきました。では、平方根のかけ算と割り算の公式を使って、次の例
題を解いてみましょう。

例 次の計算をしましょう。

(1) $\sqrt{11} \times \sqrt{2}$ （2） $\sqrt{5} \times \left(-\sqrt{20}\right)$

(3) $\sqrt{30} \div \sqrt{5}$ （4） $-\sqrt{18} \div \sqrt{2}$

それぞれ次のように計算しましょう。

第 5 章 　平方根の「？」を解決する

161

(1)

$$\sqrt{11} \times \sqrt{2}$$
$$= \sqrt{11 \times 2} \quad\rangle \sqrt{a} \times \sqrt{b} = \sqrt{ab}$$
$$= \underline{\sqrt{22}}$$

(2)

$$\sqrt{5} \times \left(-\sqrt{20}\right)$$
$$= -\sqrt{5 \times 20} \quad\rangle \sqrt{a} \times \left(-\sqrt{b}\right) = -\sqrt{ab}$$
$$= -\sqrt{100}$$
$$\quad\rangle \ 100 = 10^2 \ なので整数にする$$
$$= \underline{-10}$$

(3)

$$\sqrt{30} \div \sqrt{5} = \frac{\sqrt{30}}{\sqrt{5}} = \sqrt{\frac{30}{5}} = \underline{\sqrt{6}}$$

$$\frac{\sqrt{a}}{\sqrt{b}} = \sqrt{\frac{a}{b}}$$

(4)

$$-\sqrt{18} \div \sqrt{2} = -\frac{\sqrt{18}}{\sqrt{2}} = -\sqrt{\frac{18}{2}} = -\sqrt{9} = \underline{-3}$$

$$-\frac{\sqrt{a}}{\sqrt{b}} = -\sqrt{\frac{a}{b}}$$

$$9 = 3^2 \ なので$$
$$整数にする$$

　この項目では、平方根のかけ算と割り算の公式の成立理由や使い方についてみてきました。それぞれ平方根の計算の基本ですので、しっかりおさえましょう。

素因数分解とは何か？

中3

自然数（1以上の整数）は、「素数」と「素数ではない数」に分けられます。**素数**とは、**1とその数自身しか約数がない自然数**のことです。

例えば、3の約数は「1、3」です。だから、3は素数です。一方、4の約数は「1、2、4」です。1とその数自身以外に約数（2）があるので、4は素数ではありません。**約数が2個だけの自然数**が、素数であるということもできます。

3の約数 → 1、3
　　　　　↑　↑
　　　　　1と「その数自身」→ 3は素数

4の約数 → 1、2、4
　　　　　↑　↑　↑
　　　　　1と2と「その数自身」→ 4は素数ではない

※数学では、約数は負の数も含みますが、この本での「約数」は、正の約数のみを指すものとします。

また、**自然数を素数の積に分解すること**を、**素因数分解**といいます。
例えば、21を素因数分解すると、$21 = 3 \times 7$となります。21を、素数（3と7）の積に分解したということです。

21を素因数分解すると…
$$21 = 3 \times 7$$
　　　　↑　↑
　　　素数 × 素数（素数の積に分解する）

21なら、「3×7」の1通りだけ素因数分解することができます。これを「**素因数分解の一意性**」といいます。この素因数分解の一意性のもとに、数学

163

の世界は成り立っています。

ところで、**1は素数ではありません**。もし、1が素数だと仮定すると、21を素因数分解するときに、

「$21 = 1 \times 3 \times 7$」、「$21 = 1 \times 1 \times 3 \times 7$」、「$21 = 1 \times 1 \times 1 \times 3 \times 7$」、……

など、何通りにも分解できてしまいます。先ほどの言葉でいうと、「素因数分解の一意性」が成り立たなくなり、これは数学の世界にとって都合が悪いことなのです。これが、1が素数ではない理由です。

それでは、ここまでの内容をふまえて、素数や素因数分解についての例題を解いてみましょう。

例1　1から20までの自然数のなかで、素数はいくつありますか。

1から20まで、数をひとつずつ調べながら、素数（→約数が2つだけの自然数）をすべて書きだすと「2、3、5、7、11、13、17、19」の8つがあります。

答え　8つ

例2　150を素因数分解しましょう。

先ほど例にあげた21のような数なら、「$21 = 3 \times 7$」であることを、頭の中で考えて素因数分解することもできるでしょう。でも、150のような数を、頭の中で素因数分解していくのは、簡単ではありません。このような場合、次の手順で素因数分解していきましょう。

150 を素因数分解する手順 1〜4

(手順1) 150 を割り切ることができる素数を探します。150 は、**素数の 2**で割り切ることができるので、次のように 150 を 2 で割りましょう。

$$2\,\overline{\smash{)}\,150}$$
$$\,75 \quad \leftarrow 150\div2\text{の答え}$$

(手順2) 75 を割り切ることができる素数を探します。75 は、**素数の 3** で割り切ることができるので、次のように 75 を 3 で割りましょう。

$$2\,\overline{\smash{)}\,150}$$
$$3\,\overline{\smash{)}\,75}$$
$$\,25 \quad \leftarrow 75\div3\text{の答え}$$

(手順3) 25 を割り切ることができる素数を探します。25 は、**素数の 5** で割り切ることができるので、次のように 25 を 5 で割ります。

商(割り算の答え)の 5 は素数なので、ここで割るのをストップしましょう。このように、**商に素数が出てきたら割るのをやめます**。

$$2\,\overline{\smash{)}\,150}$$
$$3\,\overline{\smash{)}\,75}$$
$$5\,\overline{\smash{)}\,25}$$
$$\,5 \quad \leftarrow 25\div5=⑤$$

↑
商に素数が出てきたら割るのをやめる

(手順4) これで、もとの数 150 を、**L 字型に並んだ素数の積に分解**できました。つまり、**150 を素因数分解することができた**ということです。

L 字型に
素数が
ならぶ

$$2\,\overline{\smash{)}\,150}$$
$$3\,\overline{\smash{)}\,75}$$
$$5\,\overline{\smash{)}\,25}$$
$$\,5$$

$$150 = \boxed{2 \times 3 \times 5 \times 5} = \underline{2 \times 3 \times 5^2}$$
答え

第 5 章 ― 平方根の「?」を解決する

165

今回の解説では、150 を素因数分解するのに、2、3、5 と小さい素数から順に割っていきました。一方、次のように、違う順で割っても答えは同じになります。

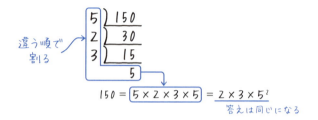

つまり、**どんな順で割っても同じ答えになる**ということです。

　最後にひとつ注意事項ですが、この項目で習った「**素因数分解**」と、第 6 章で習う「**因数分解**」は別のものなので、混同しないように気をつけましょう。

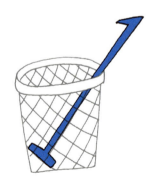

$a\sqrt{b}$ についての計算をどう解くか？

中3

平方根の計算では、$a\sqrt{b}$ のように、$\sqrt{}$ の左に数がついた形がよく出てきます。$a\sqrt{b}$ は、a と $\sqrt{b}$ の間に ×（かける）が省略されていて、次のように変形できます。ただし、以下では、a、b ともに正の数とします。

$$\begin{aligned}&a\sqrt{b}\\=&a\times\sqrt{b} \quad \text{×をかく}\\=&\sqrt{a^2}\times\sqrt{b} \quad \text{aを$\sqrt{a^2}$に変形}\\=&\sqrt{a^2b}\end{aligned}$$

まとめると、次の公式が成り立ちます。

$$a\sqrt{b}=\sqrt{a^2b}$$

a を2乗して $\sqrt{}$ の中に入れる

これをもとに、次の例題を解いてみましょう。

例1　$5\sqrt{2}$ を $\sqrt{a}$ の形に表しましょう。

（例1）は、「$a\sqrt{b}=\sqrt{a^2b}$」であることを使って、次のように解くことができます。

$$\begin{aligned}&5\sqrt{2}\\=&\sqrt{5^2\times 2} \quad a\sqrt{b}=\sqrt{a^2b}\\=&\sqrt{25\times 2}=\underline{\sqrt{50}}\end{aligned}$$

第5章　平方根の「？」を解決する

「$a\sqrt{b} = \sqrt{a^2 b}$」は、等号（＝）で結ばれている等式です。等式には、「**左辺と右辺を入れかえても、等式は成り立つ**」という性質がありました（**p.104**の等式の性質【**その5**】参照）。

この性質により、$a\sqrt{b} = \sqrt{a^2 b}$ の左辺と右辺を入れかえた、次の式も成り立ちます。

$$\sqrt{a^2 b} = a\sqrt{b}$$

2乗を外して
$\sqrt{}$ の外に出す

つまり、「**$\sqrt{}$ 内の2乗の数は、2乗をはずして$\sqrt{}$の外に出せる**」ということです。この式を使って、次の例題を解いてみましょう。

例2 次の数を $a\sqrt{b}$ の形に表しましょう。

(1) $\sqrt{18}$　　　　　　　(2) $\sqrt{300}$

それぞれ、前の項目で習った**素因数分解**を使って、次のように解くことができます。

(1)

$$\sqrt{18}$$
$$= \sqrt{3^2 \times 2}$$　18を素因数分解する
$$= \underline{3\sqrt{2}}$$　$\sqrt{a^2 b} = a\sqrt{b}$

(2)

$$\sqrt{300}$$
$$= \sqrt{2 \times 2 \times 3 \times 5 \times 5}$$　300を素因数分解する
$$= \sqrt{(2 \times 5) \times (2 \times 5) \times 3}$$　ならべかえて、かっこをつける（交換法則と結合法則、p.46）
$$= \sqrt{10^2 \times 3}$$
$$= \underline{10\sqrt{3}}$$　$\sqrt{a^2 b} = a\sqrt{b}$

次に、答えが $a\sqrt{b}$ になるかけ算について、例題を解きながら解説していきます。

> **例3** 次の計算をしましょう。
>
> (1) $\sqrt{27} \times \sqrt{8}$　　(2) $\sqrt{15} \times \sqrt{35}$　　(3) $2\sqrt{21} \times 5\sqrt{14}$

(1)～(3) はそれぞれ、**かける前に素因数分解するのがポイント**です。

(1)
$$\sqrt{27} \times \sqrt{8}$$
$$= \sqrt{3^2 \times 3} \times \sqrt{2^2 \times 2}$$
$$= 3\sqrt{3} \times 2\sqrt{2}$$
$$= 3 \times 2 \times \sqrt{3} \times \sqrt{2}$$
$$= \underline{6\sqrt{6}}$$

27 と 8 をそれぞれ素因数分解する

$\sqrt{a^2 b} = a\sqrt{b}$

ならべかえる（交換法則）

√の外どうし、中どうしをそれぞれかける

(1) は、$\sqrt{27} \times \sqrt{8} = \sqrt{27 \times 8} = \sqrt{216} = \sqrt{6^2 \times 6} = \underline{6\sqrt{6}}$ のように、先に「$27 \times 8 = 216$」を計算しても求めることはできます。しかしこの方法では、$\sqrt{216}$ から $6\sqrt{6}$ の変形が大変で、時間がかかり、ミスもしやすくなります。ですから、**かける前に素因数分解するほうが計算が楽になります。**

(2)(3) も、先にかけてしまうと計算がややこしくなるので、**かける前に素因数分解する**ようにしましょう。

(2)
$$\sqrt{15} \times \sqrt{35}$$
$$= \sqrt{3 \times 5} \times \sqrt{5 \times 7}$$
$$= \sqrt{3 \times 5 \times 5 \times 7}$$
$$= \sqrt{5^2 \times 21}$$
$$= \underline{5\sqrt{21}}$$

15 と 35 をそれぞれ素因数分解する

ならべかえる（交換法則）

$\sqrt{a^2 b} = a\sqrt{b}$

(3)
$$2\sqrt{21} \times 5\sqrt{14}$$
$$= 2\sqrt{3 \times 7} \times 5\sqrt{2 \times 7}$$
$$= 2 \times 5 \times \sqrt{3 \times 7 \times 2 \times 7}$$
$$= 10 \times \sqrt{7^2 \times 6}$$
$$= 10 \times 7\sqrt{6}$$
$$= \underline{70\sqrt{6}}$$

21と14をそれぞれ素因数分解する

$\sqrt{a^2 b} = a\sqrt{b}$

なぜ、分母を有理化する必要があるのか？

中3

「分母は有理化して答えにしないとバツになるよ」

そう学んで、理由がわからないまま、分母を有理化して答えにしていた方は多いのではないでしょうか。

分母の**有理化**とは、**分母を根号（$\sqrt{}$）がないかたちに変形すること**です。

分母が $\sqrt{a}$ や $k\sqrt{a}$ のとき、**分母と分子に $\sqrt{a}$ をかける**と、分母を有理化できます。

では、なぜ、分母を有理化して答えにする必要があるのか。次の例題を解きながら、解説していきます。

例1　$\dfrac{1}{\sqrt{2}}$ の分母を有理化しましょう。

（例1）は、$\dfrac{1}{\sqrt{2}}$ の分母を有理化する問題です。分数には「**分母と分子に同じ数をかけても、その大きさは変わらない**」という性質があります。これにより、$\dfrac{1}{\sqrt{2}}$ の分母と分子に $\sqrt{2}$ をかけると、次のようになります。

$$\dfrac{1}{\sqrt{2}} = \dfrac{1 \times \sqrt{2}}{\sqrt{2} \times \sqrt{2}} = \underset{\text{答え}}{\dfrac{\sqrt{2}}{2}}$$

↑ 分母と分子に $\sqrt{2}$ をかける

$\dfrac{1}{\sqrt{2}}$ を変形して、$\dfrac{\sqrt{2}}{2}$ にすることができました。このように、「**分母を根**

号（$\sqrt{}$）がないかたちに変形すること」が、分母の有理化です。また、**分母が無理数の $\sqrt{2}$ から、有理数の 2 に変わっている**ことがわかります。これが「**有理化**」といわれる由来です。

$$\frac{1}{\sqrt{2}} \longrightarrow \frac{\sqrt{2}}{2}$$

無理数　　分母の有理化　　有理化

　繰り返しになりますが、「分母が $\sqrt{a}$ のとき、**分母と分子に $\sqrt{a}$ をかける**と、分母を有理化できる」ということをおさえましょう。

　ところで、（**例1**）の問題を通して、「**分母を有理化しなければならない理由**」のひとつを説明することができます。

ここで、「$\dfrac{1}{\sqrt{2}}$ の数の大きさ」を考えてみましょう。数の大きさを知るためには、「**小数に直すこと**」が有効です。

　「$\sqrt{2} = 1.4142\cdots$」ですから、$\dfrac{1}{\sqrt{2}}$ を小数に直すには、次の計算が必要になります。

$$\frac{1}{\sqrt{2}} = \frac{1}{1.4142\cdots} = 1 \div 1.4142\cdots \quad \leftarrow \quad \text{計算がややこしい！}$$

　「$1 \div 1.4142\cdots$」の計算を筆算でしようとすると、ややこしくなりそうですね。

　一方、分母を有理化した $\dfrac{\sqrt{2}}{2}$ を小数に直すには、次のように楽に計算できます。

$$\frac{\sqrt{2}}{2} = \frac{1.4142\cdots}{2} = 1.4142\cdots \div 2 = 0.7071\cdots \quad \leftarrow \quad \text{数の大体の大きさが楽にわかる}$$

これにより、数の大きさが「約 0.7071」であることがわかります。

まとめると、$\dfrac{1}{\sqrt{2}}$ に比べて、分母を有理化した $\dfrac{\sqrt{2}}{2}$ のほうが、**数の大きさを把握しやすい**ということです。これが、分母を有理化するひとつの理由です。

分母を有理化する方法やその理由について述べてきましたが、それをふまえて、次の例題をみてください。

> **例2** 次の計算をしましょう。
>
> $1 \div \sqrt{2}$

（例2）は、次のように、**分母を有理化して答えにする必要**があります。分母を√をふくんだままの形にすると、中学数学では間違いになるので気をつけましょう。

$$1 \div \sqrt{2} = \frac{1}{\sqrt{2}} = \frac{1 \times \sqrt{2}}{\sqrt{2} \times \sqrt{2}} = \frac{\sqrt{2}}{2}$$

これを答えに
すると ×

分母を
有理化した答えが ○

では続けて、分母を有理化する練習をしてみましょう。

> **例3** 次の数の分母を有理化しましょう。
>
> (1) $\dfrac{3}{5\sqrt{3}}$　　　　　　(2) $\dfrac{14}{\sqrt{90}}$

では、(1) の $\dfrac{3}{5\sqrt{3}}$ の分母を有理化しましょう。$\dfrac{3}{5\sqrt{3}}$ の分母は $5\sqrt{3}$（$k\sqrt{a}$ の形）です。分母が $k\sqrt{a}$ のとき、**分母と分子に $\sqrt{a}$ をかける**と、分母を有理化できます。ですから、$\dfrac{3}{5\sqrt{3}}$ の分母と分子に、次のように $\sqrt{3}$ をかけて分母を有理化しましょう。

173

$$\frac{3}{5\sqrt{3}} = \frac{3 \times \sqrt{3}}{5\sqrt{3} \times \sqrt{3}} = \frac{\overset{1}{3} \times \sqrt{3}}{5 \times \underset{1}{3}} = \frac{\sqrt{3}}{5}$$

分母と分子に $\sqrt{3}$ をかける　約分する　答え

(2) は、$\dfrac{14}{\sqrt{90}}$ の分母を有理化する問題です。$\dfrac{14}{\sqrt{90}}$ の分母 $\sqrt{90}$ は、次のように $3\sqrt{10}$ の形に変形することができます。

$$\sqrt{90} = \sqrt{3^2 \times 2 \times 5} = 3\sqrt{10}$$

90を素因数分解　$\sqrt{a^2 b} = a\sqrt{b}$

$\dfrac{14}{\sqrt{90}}$ が $\dfrac{14}{3\sqrt{10}}$ に変形できるということです。ですから、$\dfrac{14}{3\sqrt{10}}$ の分母と分子に、次のように $\sqrt{10}$ をかけて分母を有理化しましょう。

$$\frac{14}{\sqrt{90}} = \frac{14}{3\sqrt{10}} = \frac{14 \times \sqrt{10}}{3\sqrt{10} \times \sqrt{10}} = \frac{\overset{7}{14}\sqrt{10}}{3 \times \underset{5}{10}} = \frac{7\sqrt{10}}{15}$$

$k\sqrt{a}$ の形にする　分母と分子に $\sqrt{10}$ をかける　約分する　答え

　分母の $\sqrt{90}$ を $3\sqrt{10}$（$k\sqrt{a}$ の形）にしてから、分母と分子に $\sqrt{10}$ をかけて有理化しました。

　一方、次のように、いきなり分母と分子に $\sqrt{90}$ をかけて有理化することもできます。

$$\frac{14}{\sqrt{90}} = \frac{14 \times \sqrt{90}}{\sqrt{90} \times \sqrt{90}} = \frac{14 \times \sqrt{3^2 \times 10}}{90} = \frac{\overset{7}{14} \times \overset{1}{3}\sqrt{10}}{\underset{15}{90}} = \frac{7\sqrt{10}}{15}$$

分母と分子に $\sqrt{90}$ をかける　約分する　答え

174 ┃ なぜ、分母を有理化する必要があるのか？

ただしこの場合、途中式に出てくる数が大きくなり、計算がややこしくなってしまいます。ですから、**分母を $a\sqrt{b}$ の形にしてから有理化する**ようにしましょう。

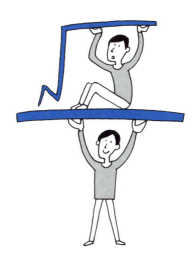

平方根のたし算と引き算は、どうやって計算するのか？

中3

平方根のたし算と引き算は、**√を文字におきかえると、文字式と同じように計算できます。**

> **例1** 次の計算をしましょう。
> (1) $4\sqrt{5} + 2\sqrt{5}$
> (2) $-\sqrt{2} + 5\sqrt{3} + 2\sqrt{2} - 4\sqrt{3}$

(1) の $4\sqrt{5} + 2\sqrt{5}$ は、**$\sqrt{5}$ を x におきかえる**と、$4x + 2x = 6x$ となります。

これと同じように計算すると、$4\sqrt{5} + 2\sqrt{5} = \underline{6\sqrt{5}}$

(2) の $-\sqrt{2} + 5\sqrt{3} + 2\sqrt{2} - 4\sqrt{3}$ は、**$\sqrt{2}$ を x に、$\sqrt{3}$ を y にそれぞれおきかえる**と

$$-x + 5y + 2x - 4y = x + y$$

となります。
これと同じように計算すると

$$-\sqrt{2} + 5\sqrt{3} + 2\sqrt{2} - 4\sqrt{3} = \underline{\sqrt{2} + \sqrt{3}}$$

※ $\sqrt{2} + \sqrt{3}$ は、これ以上かんたんな形にはならないので、これが答えです。

「$\sqrt{2} = 1.414\cdots$」、「$\sqrt{3} = 1.732\cdots$」なので、「$\sqrt{2} + \sqrt{3}$」は、
「$1.414\cdots + 1.732\cdots = 3.146\cdots\cdots$」ぐらいの大きさの数になります。

一方、$\sqrt{2}+\sqrt{3}=\sqrt{2+3}=\sqrt{5}$ と計算するのは間違いです。

$\sqrt{5}=2.236\cdots$ であり、$\sqrt{2}+\sqrt{3}$ の大きさ（約 3.146）と一致しないことがわかります。

では、次の例題にいきましょう。

例2 次の計算をしましょう。
$$-5\sqrt{8}+3\sqrt{32}-3\sqrt{18}$$

（例2）のように、**√の中の数が異なるときでも、$a\sqrt{b}$ の形に変形することによって、√の中の数が同じになり、計算できる**ことがあります。

$$-5\sqrt{8}+3\sqrt{32}-3\sqrt{18}$$
$$=-5\sqrt{2^2\times2}+3\sqrt{4^2\times2}-3\sqrt{3^2\times2}$$ 　素因数分解する
$$=-10\sqrt{2}+12\sqrt{2}-9\sqrt{2}$$ 　$\sqrt{a^2b}=a\sqrt{b}$
$$=-7\sqrt{2}$$

では、次の例題にすすみましょう。

例3 次の計算をしましょう。
$$\frac{3}{\sqrt{5}}-\sqrt{20}+\frac{\sqrt{30}}{\sqrt{6}}$$

（例3）のように、分母に√がある場合、**分母を有理化してから計算**しましょう。ただし、$\dfrac{\sqrt{30}}{\sqrt{6}}$ は、分母を有理化するより、$\dfrac{\sqrt{a}}{\sqrt{b}}=\sqrt{\dfrac{a}{b}}$ の公式を使ったほうが早く計算できます。

177

$$\frac{3}{\sqrt{5}} - \sqrt{20} + \frac{\sqrt{30}}{\sqrt{6}} \qquad \frac{\sqrt{a}}{\sqrt{b}} = \sqrt{\frac{a}{b}}$$

分母の有理化　素因数分解

$$= \frac{3 \times \sqrt{5}}{\sqrt{5} \times \sqrt{5}} - \sqrt{2^2 \times 5} + \sqrt{\frac{30}{6}}$$

$$= \frac{3\sqrt{5}}{5} - 2\sqrt{5} + \sqrt{5}$$

$$= \left(\frac{3}{5} - \frac{10}{5} + \frac{5}{5} \right) \sqrt{5}$$

$$= -\frac{2\sqrt{5}}{5}$$

　以上、平方根のたし算と引き算の計算の仕方についてみてきました。今まで習ってきたことをふまえて、少しずつ練習していけば、着実に上達していくでしょう。

第6章

乗法公式と因数分解の「?」を解決する

「$(a+b)(c+d)=ac+ad+bc+bd$」は、なぜ成り立つか？

中3

まず、p.74 で習った分配法則について復習しましょう。分配法則とは、次のような法則です。

分配法則

a (b + c) = a b + a c
bとcを分けて、それぞれにaをかける

(b + c) a = a b + a c
bとcを分けて、それぞれにaをかける

この分配法則をふまえたうえで、話を進めます。

多項式 $a+b$ と多項式 $c+d$ をかけるとき、それぞれかっこをつけて、$(a+b)(c+d)$ という形で表します。$(a+b)×(c+d)$ の「×（かける）」が省かれた形です。

$(a+b)(c+d)$ の計算は、**$c+d$ を文字 N におきかえる**と、次のように分配法則を使って計算できます。

$(a+b)(c+d)$
$=(a+b)N$ ……$(c+d)$ を N におきかえる
$=aN+bN$ ……分配法則を使う
$=a(c+d)+b(c+d)$ ……N を $(c+d)$ にもどす
$=ac+ad+bc+bd$ ……分配法則を使う

このように、**単項式や多項式のかけ算の式を、かっこを外して単項式のたし算の形に表すこと**を、はじめの式を**展開する**といいます。

先ほどの式の変形によって、次の公式が成り立ちます。この本では、この公式を、 基本の公式 と呼ぶことにします。

基本の公式 ①～④の順に計算する

$$(a+b)(c+d) = ac + ad + bc + bd$$

それでは、 基本の公式 を使って、次の例題を解いてみましょう。

例 次の式を展開しましょう。

(1) $(x-2)(y+7)$　　　　(2) $(4a-3b)(2a-5b)$

(1)(2) ともにそれぞれ、 基本の公式 の①～④の順に計算しましょう。

(1)

$$(x-2)(y+7) = xy + 7x - 2y - 14$$

(2)

$$(4a-3b)(2a-5b) = 8a^2 - 20ab - 6ab + 15b^2$$

同類項をまとめる

$$= 8a^2 - 26ab + 15b^2$$

第6章 ── 乗法公式と因数分解の「?」を解決する

181

4つの乗法公式は、なぜ成り立つか？

中3

乗法公式とは、**式を展開するときの代表的な公式**のことです。この本では、4つの乗法公式を紹介します。4つの乗法公式は、それぞれ前の項目で出てきた 基本の公式 $(a+b)(c+d) = ac+ad+bc+bd$ を使って、導くことができます。

乗法公式【その1】

$$(x+a)(x+b) = x^2 + \underbrace{(a+b)}_{a と b の和} x + \underbrace{ab}_{a と b の積}$$

この公式が成り立つ理由は、次の通りです。

$$(x+a)(x+b) = x^2 + bx + ax + ab$$
$$= x^2 + \underline{ax + bx} + ab$$
$$\quad \downarrow 同類項をまとめる$$
$$= x^2 + (a+b)x + ab$$

では、乗法公式【その1】を使って、例題を解いてみましょう。

例1 次の式を展開しましょう。
　(1) $(x+9)(x+3)$　　　(2) $(y-8)(y+7)$

(1)(2)ともにそれぞれ、乗法公式【その1】を使って、次のように展開できます。

(1) $(x+9)(x+3) = x^2 + \underline{(9+3)}x + \underline{9 \times 3}$

　　　　　　　　　　　9と3の和　　9と3の積

　　　　　　　　$= x^2 + 12x + 27$

(2) $(y-8)(y+7) = y^2 + \underline{(-8+7)}y + \underline{(-8) \times 7}$

　　　　　　　　　　　　-8と7の和　　-8と7の積

　　　　　　　　$= y^2 - y - 56$

乗法公式【その2】

+になる

$$(x+a)^2 = x^2 + \underset{a の2倍}{2ax} + \underset{a の2乗}{a^2}$$

この公式が成り立つ理由は、次の通りです。

$$(x+a)^2$$
$$= (x+a)(x+a)$$　　　$x+a$ を2回かける
$$= x^2 + ax + ax + a^2$$　　基本の公式 で展開する
$$= x^2 + 2ax + a^2$$　　　同類項をまとめる

乗法公式【その3】

-になる

$$(x-a)^2 = x^2 - \underset{a の2倍}{2ax} + \underset{a の2乗}{a^2}$$

この公式が成り立つ理由は、次の通りです。

$$(x-a)^2$$
$$= (x-a)(x-a)$$　　　$x-a$ を2回かける
$$= x^2 - ax - ax + a^2$$　　基本の公式 で展開する
$$= x^2 - 2ax + a^2$$　　　同類項をまとめる

第6章 ── 乗法公式と因数分解の「？」を解決する

では、乗法公式【その2】【その3】を使って、例題を解いてみましょう。

> **例2** 次の式を展開しましょう。
> (1) $(x+7)^2$　　　　　　　(2) $(a-6)^2$

(1) は、乗法公式【その2】を使って、次のように展開できます。

$$(x+7)^2 = x^2 + \underset{7の2倍}{2 \times 7 \times x} + \underset{7の2乗}{7^2}$$
$$= x^2 + 14x + 49$$

（＋になる）

(2) は、乗法公式【その3】を使って、次のように展開できます。

$$(a-6)^2 = a^2 - \underset{6の2倍}{2 \times 6 \times a} + \underset{6の2乗}{6^2}$$
$$= a^2 - 12a + 36$$

（−になる）

乗法公式【その4】

$$(x+a)(x-a) = \underset{\substack{xの \\ 2乗}}{x^2} - \underset{\substack{aの \\ 2乗}}{a^2}$$

※かけ算は並べかえても成り立つ（交換法則）ので、次の公式も成り立ちます。

$$(x-a)(x+a) = x^2 - a^2$$

この公式が成り立つ理由は、次の通りです。

$$(x+a)(x-a)$$
$$= x^2 - ax + ax - a^2$$
$$= x^2 - a^2$$

基本の公式 で展開する

「$-ax+ax=0$」で消去

184 ｜ 4つの乗法公式は、なぜ成り立つか？

では、乗法公式【その4】を使って、例題を解いてみましょう。

例3 次の式を展開しましょう。

(1) $(a+8)(a-8)$　　　　　(2) $(3x-5)(3x+5)$

---

(1)(2) ともにそれぞれ、乗法公式【その4】を使って、次のように展開できます。

(1)　$(a+8)(a-8) = \underset{\substack{a の \\ 2 乗}}{a^2} - \underset{\substack{8 の \\ 2 乗}}{8^2} = \underline{a^2 - 64}$

(2)　$(3x-5)(3x+5) = \underset{\substack{3x の \\ 2 乗}}{(3x)^2} - \underset{\substack{5 の \\ 2 乗}}{5^2} = \underline{9x^2 - 25}$

最後に、4つの乗法公式について、まとめておきます。

乗法公式

$\boxed{1}$　$(x+a)(x+b) = x^2 + \underset{a と b の和}{(a+b)}x + \underset{a と b の積}{ab}$

$\boxed{2}$　$(x+a)^2 = x^2 + \underset{a の2倍}{2ax} + \underset{a の2乗}{a^2}$　（+になる）

$\boxed{3}$　$(x-a)^2 = x^2 - \underset{a の2倍}{2ax} + \underset{a の2乗}{a^2}$　（−になる）

$\boxed{4}$　$(x+a)(x-a) = \underset{\substack{x の \\ 2乗}}{x^2} - \underset{\substack{a の \\ 2乗}}{a^2}$

第6章　乗法公式と因数分解の「？」を解決する

それぞれの乗法公式は、式を展開するときの基本となります。また、次に習う因数分解を理解するためにも必要になりますので、この機会におさえるようにしましょう。

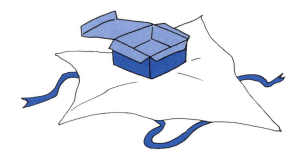

乗法公式の1つは、2300年以上前に考え出されていた？

中3・発展

乗法公式の1つに、次の式がありましたね。
$$(x+a)^2 = x^2 + 2ax + a^2$$

この公式は、ギリシアのユークリッド（紀元前300年頃）によって考え出されていました。ユークリッドは、『原論』という数学書のなかで、この公式が成り立つことを、平面図形を使って証明しました。

『原論』は、ユークリッドが生きていた当時の数学を集大成としてまとめたものです。古代に書かれた本であるにもかかわらず、20世紀の初めまで数学の教科書のひとつとして読まれ続けてきたため、聖書に次ぐベストセラーであるともいわれています。

先ほどの乗法公式について述べられているのは、『原論』の「第2巻の命題4」で、内容は次の通りです。

> 「線分が2つに分けられるとき、全体の線分上の正方形は、『2つの部分の正方形』と『2つの部分で囲まれた長方形の2倍』との和に等しい」

この文だけ読んでも「？」となってしまいますね。この文がどういう意味か説明するために、次の正方形ABCDをみてください。

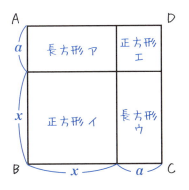

187

前ページの図のように、正方形 ABCD は 4 つの部分（長方形ア、正方形イ、長方形ウ、正方形エ）に分けられます。ア、イ、ウ、エの面積はそれぞれ、次のように表されます。

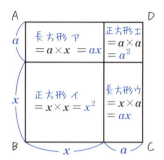

つまり、正方形 ABCD の面積は、次のように表されるということです。

正方形 ABCD の面積
$= \underbrace{ax}_{長方形ア} + \underbrace{x^2}_{正方形イ} + \underbrace{ax}_{長方形ウ} + \underbrace{a^2}_{正方形エ}$
$= x^2 + 2ax + a^2$

これにより、正方形 ABCD の面積は「$x^2 + 2ax + a^2$」と表されました。

一方、正方形 ABCD の 1 辺は、$(x+a)$ と表されます。これにより、正方形 ABCD の面積は

$$(x+a) \times (x+a) = (x+a)^2$$

と表せます。

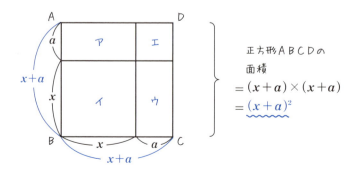

ここまでをまとめると、正方形ABCDの面積を「$(x+a)^2$」と「$x^2+2ax+a^2$」の2通りで表すことができたということです。つまり、この2通りを次のように等号（＝）で結ぶことができます。

$$(x+a)^2 = x^2+2ax+a^2$$

　これによって、**乗法公式　$(x+a)^2 = x^2+2ax+a^2$ が成り立つ**ことがわかります。ここで、ユークリッド『原論』第2巻の命題4をもう一度みてみましょう。

　　「線分が2つに分けられるとき、全体の線分上の正方形は、『2つの部分の
　　正方形』と『2つの部分で囲まれた長方形の2倍』との和に等しい」

　1回目に読んだときと比べて、なんとなく意味がわかるような気がしませんか？　第2巻の命題4の文は、「**正方形 ABCD の面積**」が、「**正方形イの面積と正方形エの面積**」と「**長方形（アもしくはウ）の面積の2倍**」の和であることを表しています。

$$\underset{\substack{正方形ＡＢＣＤ\\の面積}}{(x+a)^2} = \underset{\substack{正方形イ\\の面積}}{x^2} + \underset{\substack{長方形の\\面積の2倍}}{2ax} + \underset{\substack{正方形エ\\の面積}}{a^2}$$

　この命題が成り立つことを、ユークリッドは、現在から約2300年前に証明していたのです。乗法公式のひとつである、$(x+a)^2 = x^2+2ax+a^2$には、こんなに長い歴史があるということですね。

第6章　乗法公式と因数分解の「？」を解決する

189

因数分解とは何か？【その1】
共通因数でくくる

中3

前の項目で習った乗法公式の、$(x+a)(x+b)=x^2+(a+b)x+ab$ を使うと、例えば、$(x+1)(x+6)$ は、次のように展開できます。

$$(x+1)(x+6)=x^2+7x+6$$

等式は、左辺と右辺を入れても成り立ちます。ですから、次の式も成り立ちます。

$$x^2+7x+6=(x+1)(x+6)$$

この式は、x^2+7x+6 が、$x+1$ と $x+6$ の積（かけ算の答え）であることを表しています。この $x+1$ と $x+6$ のように、積をつくっているひとつひとつの式を、因数といいます。そして、多項式をいくつかの因数の積の形に表すことを、因数分解といいます。

$$x^2+\ 7x\ +6$$
展開 ↑ ↓因数分解
$$\underline{(x+1)}\ \underline{(x+6)}$$
　　因数　　因数

因数分解には、主に次の2つの解き方があります。

- 共通因数でくくる因数分解
- 公式を使う因数分解

この項目では、まず「共通因数でくくる因数分解」の方法についてみてい

きます。

すべての項に共通な因数（共通因数<ruby>きょうつういんすう</ruby>）をふくむ多項式では、**共通因数をかっこの外にくくり出す**ことによって、次のように因数分解ができます。

$$ab \; + \; ac \; + \; ad \; = a\,(b+c+d)$$

共通因数

かっこの外に
くくり出す

これは、分配法則の公式のひとつということもできます。

この公式を使って、「共通因数でくくる因数分解」の練習をしてみましょう。

例　　次の式を因数分解しましょう。

（1）$3ab + 2bc$　　　　　　（2）$24x^2y - 16xy^2 + 32xyz$

（1）は、共通因数の b をかっこの外にくくり出しましょう。

共通因数

$$3ab \; + \; 2bc \; = \underline{b\,(3a + 2c)}$$

（2）の係数部分の共通因数は、**24 と 16 と 32 の最小公倍数の 8** です。また、文字部分の共通因数は、xy です。ですから、共通因数の $8xy$ をかっこの外にくくり出しましょう。

$$24x^2y - 16xy^2 + 32xyz$$
$$= 8xy \times 3x - 8xy \times 2y + 8xy \times 4z$$
$$= \underline{8xy(3x - 2y + 4z)}$$

各項を $8xy \times \square$
に変形

共通因数 $(8xy)$
をくくり出す

（2）のように、各項に数の係数がある場合、**それぞれの数の最小公倍数を共通因数としましょう。**

ところで、（2）で次のように、文字部分の共通因数の xy だけを、かっこの外にくくり出して因数分解したとします。

第6章 ― 乗法公式と因数分解の「？」を解決する

191

$$24x^2y - 16xy^2 + 32xyz$$

$$= xy(24x - 16y + 32z) \quad \leftarrow 正解ではない$$

テストなどの因数分解の問題で、このまま答えてしまうと、中学数学では正解にはなりません。$8xy(3x - 2y + 4z)$ のように、**かっこの外にできるだけ共通因数をくくり出すのが正しい答え方**です。次のように、さらに因数分解して答えにしましょう。

$$24x^2y - 16xy^2 + 32xyz$$

$$= xy(24x - 16y + 32z)$$

$$= \underline{8xy(3x - 2y + 4z)}$$

$$\uparrow$$

正解（できるだけ共通因数をくくり出す）

192 | 因数分解とは何か？【その1】共通因数でくくる

因数分解とは何か？【その2】
公式を使う因数分解

中3

この章の前半に、次の4つの乗法公式を紹介しました。

乗法公式
- $(x+a)(x+b) = x^2+(a+b)x+ab$
- $(x+a)^2 = x^2+2ax+a^2$
- $(x-a)^2 = x^2-2ax+a^2$
- $(x+a)(x-a) = x^2-a^2$

等式は、左辺と右辺を入れても成り立ちます。ですから、これらの4つの乗法公式の両辺を入れかえると、次のようになります。

乗法公式の両辺を入れかえた式（因数分解の公式）
① $x^2+(a+b)x+ab = (x+a)(x+b)$
② $x^2+2ax+a^2 = (x+a)^2$
③ $x^2-2ax+a^2 = (x-a)^2$
④ $x^2-a^2 = (x+a)(x-a)$

この①～④の公式を使って、因数分解をすることができます。①から順にみていきましょう。

① $x^2+(a+b)x+ab = (x+a)(x+b)$　を使う因数分解

この公式の左辺には、「aとbの和」と「aとbの積」がふくまれています。

$$x^2 + \underline{(a+b)} + \underline{ab} = (x+a)(x+b)$$

a と b の
和　　　　a と b の
積

「a と b の和」と「a と b の積」がふくまれていることを利用して因数分解ができます。次の例題をみてください。

例1　次の式を因数分解しましょう。

(1) $x^2 + 7x + 10$　　　　　　　(2) $y^2 - y - 12$

---

(1) の $x^2 + 7x + 10$ を因数分解するために、**たして 7、かけて 10 になる 2 つの整数**を探しましょう。

$$x^2 + (\,a+b\,)\,x + ab = (x+a)(x+b)$$

和　　　　　積

$$x^2 + \quad 7 \quad x + 10$$

たして 7　　　かけて 10

「たして 7 になる 2 つの整数」は無数にあるので、**「かけて 10 になる 2 つの整数」から探しましょう。**「かけて 10 になる 2 つの整数」を探すと、次の 4 組が見つかります。

● **かけて 10 になる 2 つの整数（4 組）**

$(+1) \times (+10) = 10$

$(-1) \times (-10) = 10$

$(+2) \times (+5) = 10$

$(-2) \times (-5) = 10$

この 4 組のなかで、「たして 7 になる 2 つの整数」は、$+2$ と $+5$ だけです。

$(+2) + (+5) = 7$　　←たして 7

$(+2) \times (+5) = 10$　　←かけて 10

194　｜　因数分解とは何か？【その 2】公式を使う因数分解

これにより、次のように因数分解できます。

$$x^2 + 7x + 10 = \underline{(x+2)(x+5)}$$

(2) に進みます。$y^2 - y - 12$ を因数分解するために、**たして -1、かけて -12 になる 2 つの整数**を探しましょう。

$$y^2 - y - 12 = y^2 - 1y - 12$$

（手書き）1 が省略されている

（手書き）たして -1　　かけて -12

「たして -1 になる 2 つの整数」は無数にあるので、**「かけて -12 になる 2 つの整数」から探しましょう**。「かけて -12 になる 2 つの整数」を探すと、次の 6 組が見つかります。

●**かけて -12 になる 2 つの整数（6 組）**

$$(+1) \times (-12) = -12 \qquad (-1) \times (+12) = -12$$
$$(+2) \times (-6) = -12 \qquad (-2) \times (+6) = -12$$
$$(+3) \times (-4) = -12 \qquad (-3) \times (+4) = -12$$

この 6 組のなかで、「たして -1 になる 2 つの整数」は、$+3$ と -4 だけです。

$$(+3) + (-4) = -1 \qquad \leftarrow たして \ -1$$
$$(+3) \times (-4) = -12 \qquad \leftarrow かけて \ -12$$

これにより、次のように因数分解できます。

$$y^2 - y - 12 = \underline{(y+3)(y-4)}$$

195

②と③　$x^2+2ax+a^2=(x+a)^2$、$x^2-2ax+a^2=(x-a)^2$ を使う
因数分解

この2つの公式の左辺には、「a の2倍」と「a の2乗」がふくまれています。

$$x^2 + \underset{\substack{a\,の \\ 2倍}}{2ax} + \underset{\substack{a\,の \\ 2乗}}{a^2} = (x \overset{+\,になる}{+} a)^2$$

$$x^2 - \underset{\substack{a\,の \\ 2倍}}{2ax} + \underset{\substack{a\,の \\ 2乗}}{a^2} = (x \overset{-\,になる}{-} a)^2$$

「a の2倍」と「a の2乗」がふくまれていることを利用して、因数分解します。次の例題をみてください。

例2　次の式を因数分解しましょう。
　(1)　$x^2+12x+36$　　　　　(2)　$a^2-20a+100$

(1) の $x^2+12x+36$ を因数分解するために、「2倍して 12、2乗して 36 になる1つの整数」を探しましょう。

$$x^2 + \underset{\substack{2倍して \\ 12}}{12x} + \underset{\substack{2乗して \\ 36}}{36}$$

「2倍して 12、2乗して 36 になる1つの整数」を探すと、6 が見つかります。

$$6 \times 2 = 12 \qquad ←2倍すると 12$$
$$6^2 = 36 \qquad ←2乗すると 36$$

196　｜　因数分解とは何か？【その2】公式を使う因数分解

これにより、次のように因数分解できます。

$$x^2 + 12x + 36 = (x + 6)^2$$

（＋になる／6の2倍／6の2乗）

(2) の $a^2 - 20a + 100$ を因数分解するために、「2 倍して 20、2 乗して 100 になる 1 つの整数」を探しましょう。

$$a^2 - 20a + 100$$

（2倍して20／2乗して100）

「2 倍して 20、2 乗して 100 になる 1 つの整数」を探すと、10 が見つかります。

$$10 \times 2 = 20 \quad \leftarrow 2 \text{ 倍すると } 20$$

$$10^2 = 100 \quad \leftarrow 2 \text{ 乗すると } 100$$

これにより、次のように因数分解できます。

$$a^2 - 20a + 100 = (a - 10)^2$$

（－になる／10の2倍／10の2乗）

④ $x^2 - a^2 = (x + a)(x - a)$ を使う因数分解

この公式の左辺には、「x の 2 乗」と「a の 2 乗」がふくまれています。

$$x^2 - a^2 = (x + a)(x - a)$$

（xの2倍／aの2乗／たす／引く）

「x の 2 乗」と「a の 2 乗」がふくまれていることを利用して、因数分解し

ます。次の例題をみてください。

例3 次の式を因数分解しましょう。
(1) $x^2 - 81$　　　　(2) $49a^2 - 25b^2$

---

(1) の $x^2 - 81$ は、「x^2 が x の2乗」「81 が 9 の2乗」であることに注目して、次のように因数分解します。

$$\underset{\substack{\uparrow\qquad\uparrow\\ x\text{の}\quad 9\text{の}\\ 2乗\quad 2乗}}{x^2 - 81} = x^2 - 9^2 = \overset{\substack{\text{たす}\qquad\text{引く}\\ \downarrow\qquad\downarrow}}{(x+9)(x-9)}$$

(2) の $49a^2 - 25b^2$ は、「$49a^2$ が $7a$ の2乗」「$25b^2$ が $5b$ の2乗」であることに注目して、次のように因数分解します。

$$\underset{\substack{\uparrow\qquad\quad\uparrow\\ 7a\text{の}\quad 5b\text{の}\\ 2倍\quad\ 2乗}}{49a^2 - 25b^2} = (7a)^2 - (5b)^2 = \overset{\substack{\text{たす}\qquad\text{引く}\\ \downarrow\qquad\downarrow}}{(7a+5b)(7a-5b)}$$

ここまで、公式を使って因数分解する方法についてみてきました。それぞれの公式の特徴をおさえ、スムーズに因数分解できるように練習していきましょう。

第 7 章

2次方程式の「?」を解決する

2次方程式をどうやって解くか？
【その1】 因数分解を使う

中3

例えば、$x^2 = 5x - 6$ という式の右辺の各項を、左辺に移項すると、

$$x^2 - 5x + 6 = 0$$

という式になります。

このように移項して整理すると、「(2次式) = 0」の形になる方程式を、2次方程式といいます。

2次方程式を苦手にしている方がいますが、その理由のひとつは「2次方程式は解き方がいろいろあってややこしい」からということでしょう。

実際、2次方程式にはさまざまな解き方があり、それぞれの2次方程式に適した方法で解くことが必要になってきます。このように言うと構えてしまうかもしれませんが、ひとつひとつの方法を、じっくり解説していきますので、ご安心ください。

この本では、次の5つの解き方を順番に紹介していきます。

> **2次方程式の解き方**
> ① 因数分解を使う解き方
> ② 平方根の考えを使う解き方
> ③ 平方完成の考えを使う解き方
> ④ 解の公式を使う解き方
> ⑤ 解の公式（b が偶数の場合）を使う解き方

この項目では、①の因数分解を使う解き方についてみていきます。

因数分解を使って2次方程式を解くとき、次の考え方を利用します。

2つの式を **A** と **B** とするとき、
$\mathrm{AB}=0$ ならば $\mathrm{A}=0$ または $\mathrm{B}=0$

どういうことか説明しましょう。例えば、$(x+3)(x-5)=0$という2次方程式なら、次のように解けるということです。

$$(x+3)(x-5)=0$$

どちらかが0になる

$$x+3=0 \quad または \quad x-5=0$$

それぞれを解くと、$x=-3$ または $x=5$

$$x=-3,\ x=5$$

第6章で、「**共通因数でくくる方法**（p.190 〜 p.192）」「**因数分解の公式を使う方法**（p.193 〜 p.198）」という因数分解の2つの方法について学びました。2次方程式を解くときに、これらの方法が役に立ちます。

まずは、**共通因数でくくる方法**を使って2次方程式を解く、次の例題をみてください。

例1　次の方程式を解きましょう。
$$x^2=6x$$

（例1）の方程式は、次のように**共通因数 x でくくる**と、解くことができます。

$$x^2=6x$$

$6x$ を左辺に移項

$$x^2-6x=0$$

共通因数の x をかっこの
外にくくり出して因数分解

$$x(x-6)=0$$

$$x=0 \quad または \quad x-6=0$$

$$x=0,\ x=6$$

201

このように、中学数学の範囲では、2次方程式の解は2つであることが多いです。解が1つの場合もありますが、それは次の（例2）で出てきます。

ちなみに、（例1）の方程式を次のように解いてしまう人がいますが、これは間違った解き方です。

（例1）の間違った解き方

$$x^2 = 6x$$

$$x^2 \div x = 6x \div x \quad \text{両辺を } x \text{ で割る}$$

$$\underline{x = 6} \leftarrow \text{間違い}$$

この解き方は、どこが間違っているかわかるでしょうか？　$x^2 = 6x$ の「両辺を x で割って」$x = 6$ としている部分が間違っているのです。

なぜ両辺を x で割ってはいけないのでしょうか？
x は未知数（方程式で値がわかっていない数）なので、もしかすると、x は 0 かもしれません。**数や式を 0 で割ってはいけないので、両辺を、（0 かもしれない）x で割ってはいけない**のです。

$$x^2 = 6x$$

$x = 0$ かもしれないので、両辺を x で割ってはならない

言いかえると、**明らかにその文字が 0 でないとわかっているときだけ、その文字で割ってもいい**、ということです。
ちなみに、「数を 0 で割ることができない理由」については、拙著『小学校6年分の算数が教えられるほどよくわかる』（ベレ出版）の第2章をご覧ください

では次に、**因数分解の公式を使った2次方程式の解き方**を解説します。「因数分解の公式」について、再度確認しておきましょう。

> **因数分解の公式**
>
> ① $x^2 + (a+b)x + ab = (x+a)(x+b)$
>
> ② $x^2 + 2ax + a^2 = (x+a)^2$
>
> ③ $x^2 - 2ax + a^2 = (x-a)^2$
>
> ④ $x^2 - a^2 = (x+a)(x-a)$

公式が確認できたら、次の例題をみてください。

> **例2** 次の方程式を解きましょう。
>
> (1) $x^2 + 5x - 14 = 0$　　(2) $x^2 - 45x = 250$
>
> (3) $x^2 + 8x + 16 = 0$　　(4) $x^2 - 14x + 49 = 0$
>
> (5) $x^2 - 1 = 0$

(1) の $x^2 + 5x - 14 = 0$ の左辺を

$$x^2 + (a+b)x + ab = (x+a)(x+b)$$

の公式を使って因数分解すると、次のようになります。

$$(x+7)(x-2) = 0$$

$$x + 7 = 0 \quad \text{または} \quad x - 2 = 0$$

$$\underline{x = -7, \ x = 2}$$

(2) に進みます。$x^2 - 45x = 250$ の 250 を左辺に移項すると

$$x^2 - 45x - 250 = 0$$

となります。この式の左辺を

$$x^2 + (a+b)x + ab = (x+a)(x+b)$$

の公式を使って因数分解すると、次のようになります。

$$(x+5)(x-50)=0$$
$$x+5=0 \quad または \quad x-50=0$$
$$x=-5, \; x=50$$

(2) の「$x^2-45x=250$」という方程式は、平方根の項目（p.141）でも登場した、インドの数学者バスカラ（1114～1185）の著作に出てくる式です。これについて、『初等数学史』（カジョリ著）という本の中に、次のような記述があります。

> 「たとえば、バスカラは、2次方程式 $x^2-45x=250$ の根として、$x=50$ と -5 を与えている。「しかし、第二の値はこの場合採用しない、なぜといえば、世人は負根を是認しないから、不適当である」と彼は述べている」
> （カジョリ著、小倉金之助補訳『初等数学史』共立出版、ルビは著者）

根というのは、「解」のことです。バスカラは、$x^2-45x=250$ の解として、$x=-5, \; x=50$ を求めたが、負の解（-5）のほうは、人々が認めてくれないだろうから、解に入れない、と言っているのです。

当時のインドでは、負の数の存在は知られていました。ですから、バスカラが言いたいのは、負の数の存在を認めないということではなく、「2次方程式を解くとき、負の数を解に入れるのは不適当だ」ということだろうと推測されます（$x^2-45x=250$ の正しい解は、$x=-5, \; x=50$ です）。

ただし、「2次方程式には、2つの解がある（場合がある）」ことを明らかにしたという点において、バスカラは、世界の数学史に大きな一歩をもたらしたといえるでしょう。

では、(3) に進みます。$x^2+8x+16=0$ の左辺を

$$x^2+2ax+a^2=(x+a)^2$$

の公式を使って因数分解すると、次のようになります。

$$(x+4)^2 = 0$$
$$x+4 = 0$$
$$\underline{x = -4}$$

　先述したように、中学数学の範囲では、「2次方程式の解は2つ」であることが多いです。一方、この **(2)** のように、**解が1つの場合もある**ことをおさえましょう。

(4) の $x^2 - 14x + 49 = 0$ の左辺を

$$x^2 - 2ax + a^2 = (x-a)^2$$

の公式を使って因数分解すると、次のようになります。

$$(x-7)^2 = 0$$
$$x-7 = 0$$
$$\underline{x = 7}$$

(5) の $x^2 - 1 = 0$ の左辺を

$$x^2 - a^2 = (x+a)(x-a)$$

の公式を使って因数分解すると、次のようになります。

$$(x+1)(x-1) = 0$$
$$x+1 = 0 \quad \text{または} \quad x-1 = 0$$
$$\underline{x = \pm 1}$$

　以上、因数分解を利用して2次方程式を解く方法についてみてきました。すらすら解けるようになるまで、反復練習することをおすすめします。

205

2次方程式をどうやって解くか？ 【その2】 平方根を使う

中3

　この項目では、**平方根の考え方を使った、2次方程式の解き方**についてみていきます。
　まずは、次の（**例1**）をみてください。

例1　次の方程式を解きましょう。
　（1） $x^2 = 16$　　（2） $3x^2 = 24$　　（3） $81x^2 - 5 = 0$

　（**例1**）は、どれも「$ax^2 = b$」（a と b には数が入る）の形をしています。(3)の「$81x^2 - 5 = 0$」も、-5を右辺に移項すると、$81x^2 = 5$となるので、「$ax^2 = b$」の形だといえます。
　このように、「$ax^2 = b$」の形の2次方程式は、**平方根の考え方を使って解く**ことができます。

　（1）からみていきましょう。$x^2 = 16$ という式から、**x は 16 の平方根**であることがわかります。$4^2 = 16$、$(-4)^2 = 16$ なので、$\underline{x = \pm 4}$ です。

　ところで、（1）は因数分解の公式 $x^2 - a^2 = (x+a)(x-a)$ を使って、次のように解くこともできます。

（1）の別解（因数分解を使う方法）

　$x^2 = 16$ の 16 を左辺に移項すると

　　　$x^2 - 16 = 0$

　ここで、$x^2 - a^2 = (x+a)(x-a)$ の公式を使って因数分解すると、次のようになります。

$$(x+4)(x-4) = 0$$

$$x+4 = 0 \quad \text{または} \quad x-4 = 0$$

$$\underline{x = \pm 4}$$

このように、**平方根の考え方でも、因数分解でも解ける場合がある**ことを
おさえましょう。

(2) は次のように解きましょう。

$$3x^2 = 24$$

$\qquad\qquad$ *両辺を3で割る*

$$x^2 = 8$$

$\qquad\qquad$ *xは8の平方根*

$$x = \pm\sqrt{8}$$

$\qquad\qquad$ *$a\sqrt{b}$ の形にする*

$$\underline{x = \pm 2\sqrt{2}}$$

(3) は次のように解きましょう。

$$81x^2 - 5 = 0$$

$\qquad\qquad$ *－5を右辺に移項*

$$81x^2 = 5$$

$\qquad\qquad$ *両辺を 81 で割る*

$$x^2 = \frac{5}{81}$$

$\qquad\qquad$ *xは $\dfrac{5}{81}$ の平方根*

$$x = \pm\sqrt{\frac{5}{81}}$$

$\qquad\qquad$ *$\sqrt{\dfrac{a}{b}} = \dfrac{\sqrt{a}}{\sqrt{b}}$*

$$x = \pm\frac{\sqrt{5}}{\sqrt{81}}$$

$\qquad\qquad$ *$\sqrt{81} = 9$*

$$\underline{x = \pm\frac{\sqrt{5}}{9}}$$

では、次の例題に進みましょう。

> **例2** 次の方程式を解きましょう。
>
> (1) $(x-3)^2=64$　　　　　(2) $(x+8)^2-20=0$

（例2）のような、「$(x-a)^2=b$（または、$(x-a)^2-b=0$）」という形も平方根の考え方を使って解くことができます。

(1) 「$(x-3)^2=64$」を解いていきましょう。

　　$x-3$ は 64 の平方根です。$8^2=64$、$(-8)^2=64$ だから、

　　　　$x-3=\pm 8$

　これは、$x-3$ が、$+8$ または -8 であることを表しています。

　　　　$x-3=+8$ のとき、$x=8+3=11$

　　　　$x-3=-8$ のとき、$x=-8+3=-5$

　　　　　　　　　　　　　　　　　　$\underline{x=11,\ x=-5}$

(2) 「$(x+8)^2-20=0$」を解いていきましょう。

　左辺の -20 を右辺に移項すると

　　　　$(x+8)^2=20$

$x+8$ は 20 の平方根なので

　　　$x+8=\pm\sqrt{20}$

　　　$x+8=\pm 2\sqrt{5}$　　$a\sqrt{b}$ の形にする

　　　　　　　　　　$+8$ を右辺に移項

　　　$\underline{x=-8\pm 2\sqrt{5}}$

(2) のような答えの形に見慣れない方がいるかもしれません。

「$x=-8\pm 2\sqrt{5}$」とは、「$x=-8+2\sqrt{5}$ または、$x=-8-2\sqrt{5}$」をまとめて表したものです。

2次方程式をどうやって解くか？
【その3】平方完成を使う

中3

次の例題をみてください。

例1 次の方程式を解きましょう。
$x^2 + 8x - 1 = 0$

この方程式は、前の2つの項目でみた、平方根の考えでも、因数分解でも解くことができません。こんなとき、<u>平方完成</u>という方法を使えば解くことができます。

<u>平方とは「2乗」のことです。</u>ですから、**平方完成**とは、簡単にいえば、<u>「2乗の形を完成させる」</u>ということです。では、**(例1)** の方程式を、どうやって平方完成して解くか、みていきましょう。

まず、$x^2 + 8x - 1 = 0$ の左辺の「-1」を右辺に移項して $x^2 + 8x = 1$ の形をつくります。

次に、「$x^2 + 8x = 1$」の左辺の「$x^2 + 8x$」に注目しましょう。この「$x^2 + 8x$」にどんな数をたせば、「$(x + \Box)^2$」の形に**因数分解**できるかを考えるのです。

$$x^2 + 8x + ? = (x + \Box)^2$$
↑
どんな数をたせば、
$(x+\Box)^2$の形にできるか？

ここで因数分解の公式「$x^2 + 2ax + a^2 = (x + a)^2$」を思い出しましょう。「$x^2 + 8x = 1$」の左辺の「$x^2 + 8x$」は、この公式でいえば、「$x^2 + 2ax$」の

209

部分にあたります。

「x^2+2ax」に何をたせば、「$(x+a)^2$」に因数分解できるでしょうか？
「$x^2+2ax+a^2=(x+a)^2$」という公式から、それは明らかです。つまり、
「x^2+2ax」にa^2をたせば、「$x^2+2ax+a^2=(x+a)^2$」のように平方完成で
きます。

$$x^2+2ax$$

a^2 をたすと

$$x^2+2ax+a^2 \ = \ \underbrace{(x+a)^2}_{平方完成できる}$$

平方完成するためには、「x^2+2ax」の x の係数の $2a$ の半分の a を 2 乗し
た a^2 をたす必要があるということです。

$$x^2 \ + \ 2ax \ + \ a^2 = \ (\ x+a\ )^2$$

半分にする　$2a \div 2 = a$ 　　a^2 をたす

2乗する　$a \times a = a^2$

同じように、「x^2+8x」では、x の係数の 8 の半分の 4 を 2 乗した 16 をた
す必要があります。

x^2+2ax の場合

半分　$2a \div 2 = a$

2乗　$a \times a = a^2$ を加える

$$x^2+2ax+a^2$$
$$=(x+a)^2$$

平方完成

x^2+8x の場合

半分　$8 \div 2 = 4$

2乗　$4 \times 4 = 16$ を加える

$$x^2+8x+16$$
$$=(x+4)^2$$

平方完成

これにより、$x^2+8x+16=(x+4)^2$ のように平方完成できます。

ここまでをふまえて、**（例 1）**の方程式 $x^2+8x-1=0$ は、次のように解く
ことができます。

210 ｜ 2次方程式をどうやって解くか？【その3】平方完成を使う

$$x^2 + 8x - 1 = 0$$

$$x^2 + 8x = 1 \quad \text{（-1 を右辺に移項）}$$

$$x^2 + 8x + 16 = 1 + 16 \quad \begin{array}{l} 8 \div 2 = 4 \\ 4^2 = 16 \text{ を両辺に加える} \end{array}$$

$$(x+4)^2 = 17 \quad \begin{array}{l} x^2 + 2ax + a^2 = (x+a)^2 \\ \text{より左辺を因数分解} \end{array}$$

$$x + 4 = \pm\sqrt{17} \quad \text{（平方根を求める）}$$

$$x = -4 \pm \sqrt{17} \quad \text{（$+4$ を右辺に移項）}$$

　平方完成の流れに慣れるために、もう一問解いてみましょう。自力で解けそうなら解いてみてください。

> **例2**　次の方程式を解きましょう。
> $$x^2 - 5x + 1 = 0$$

次のように解きましょう。

$$x^2 - 5x + 1 = 0$$

$$x^2 - 5x = -1 \quad \text{（$+1$ を右辺に移項）}$$

$$x^2 - 5x + \left(\frac{5}{2}\right)^2 = -1 + \left(\frac{5}{2}\right)^2 \quad \begin{array}{l} 5 \div 2 = \dfrac{5}{2} \\ \left(\dfrac{5}{2}\right)^2 \text{を両辺に加える} \end{array}$$

$$\left(x - \frac{5}{2}\right)^2 = -1 + \frac{25}{4} \quad \begin{array}{l} x^2 - 2ax + a^2 = (x-a)^2 \\ \text{より左辺を因数分解} \end{array}$$

$$\left(x - \frac{5}{2}\right)^2 = \frac{21}{4} \quad \text{（右辺を計算）}$$

$$x - \frac{5}{2} = \pm\sqrt{\frac{21}{4}} \quad \text{（平方根を求める）}$$

$$x - \frac{5}{2} = \pm\frac{\sqrt{21}}{2} \quad \left(\sqrt{\frac{21}{4}} = \frac{\sqrt{21}}{\sqrt{4}} = \frac{\sqrt{21}}{2}\right)$$

$$x = \frac{5}{2} \pm \frac{\sqrt{21}}{2} \qquad x = \frac{5 \pm \sqrt{21}}{2}$$

2問の例題を解きましたが、けっこう複雑な計算法に感じた方もいるかもしれません。しかし、この平方完成は、高校数学の2次関数でもたくさん出てきますので、今のうちにこの変形に慣れておきましょう。

　ところで、2次方程式を、平方完成を使って解く考え方は、アラビアの数学者アル・フワーリズミー（780頃〜850頃）もおこなっていました。ただし、当時のアラビアでは、負の解はまだ認められていませんでした。

2次方程式をどうやって解くか？
【その4】解の公式を使う

中3

　ひとつ前の項目で、平方完成による2次方程式の解き方について説明しました。平方完成の考え方を使いながら、2次方程式「$ax^2+bx+c=0$」の解を求めるとどうなるか考えていきましょう（ただし、$a \neq 0$ とします）。

　この式の変形は、はっきり言うと簡単ではありません。でも、**式の変形のたくさんの要素をふくんでいる**ので、私が習った数学の先生は、「この変形を何度も反復して練習すれば、計算力が強くなる」とおっしゃっていました。確かにその通りだと思います。では、さっそく「$ax^2+bx+c=0$」を解いていきましょう。

【2次方程式の解の公式の導き方】

$$ax^2 + bx + c = 0$$ 　c を右辺に移項

$$ax^2 + bx = -c$$ 　両辺を a で割る

$$x^2 + \frac{b}{a}x = -\frac{c}{a}$$ 　$\frac{b}{a} \div 2 = \frac{b}{2a}$

$$x^2 + \frac{b}{a}x + \left(\frac{b}{2a}\right)^2 = -\frac{c}{a} + \left(\frac{b}{2a}\right)^2$$ 　$\left(\frac{b}{2a}\right)^2$ を両辺に加える

$$\left(x + \frac{b}{2a}\right)^2 = -\frac{c}{a} + \frac{b^2}{4a^2}$$ 　左辺を因数分解する

$$\left(x + \frac{b}{2a}\right)^2 = \frac{b^2 - 4ac}{4a^2}$$ 　注1

　　　　　　　　　　　　　$b^2-4ac \geq 0$ のとき
　　　　　　　　　　　　　平方根を求める　注2

$$x + \frac{b}{2a} = \pm\sqrt{\frac{b^2-4ac}{4a^2}}$$ 　注3

$$x + \frac{b}{2a} = \pm\frac{\sqrt{b^2-4ac}}{2a}$$ 　$\frac{b}{2a}$ を右辺に移項

$$x = -\frac{b}{2a} \pm \frac{\sqrt{b^2-4ac}}{2a}$$

よって、$ax^2+bx+c=0$ の解は、$x = \dfrac{-b \pm \sqrt{b^2-4ac}}{2a}$

できるだけ細かく、式を変形しましたが、ややこしく感じられた方もいるでしょう。それぞれの式のつながりをじっくり確認していただければと思います。

式の変形での、注1 ～ 注3 の部分について詳しく説明します。

注1 では、次のような変形をしています。
（右辺の式）

$$\rightarrow -\frac{c}{a} + \frac{b^2}{4a^2}$$

（交換法則によって入れ換え）

$$= \frac{b^2}{4a^2} - \frac{c}{a}$$

（$\frac{c}{a}$ の分母と分子に $4a$ をかけて通分）

$$= \frac{b^2}{4a^2} - \frac{c \times 4a}{a \times 4a}$$

$$= \frac{b^2}{4a^2} - \frac{4ac}{4a^2}$$

$$= \frac{b^2 - 4ac}{4a^2}$$

注2 について、中学数学の範囲では、根号（$\sqrt{}$）の中は、0 以上である必要がありますので、「$b^2 - 4ac \geqq 0$ のとき」という条件をつけました。

注3 では、次のような変形をしています。
（右辺の式）

$$\rightarrow \pm\sqrt{\frac{b^2 - 4ac}{4a^2}}$$

（$\sqrt{\frac{a}{b}} = \frac{\sqrt{a}}{\sqrt{b}}$）

$$= \pm\frac{\sqrt{b^2 - 4ac}}{\sqrt{4a^2}}$$

（$4a^2 = (2a)^2$）

$$= \pm\frac{\sqrt{b^2 - 4ac}}{\sqrt{(2a)^2}}$$

（$\sqrt{(2a)^2} = 2a$）

$$= \pm\frac{\sqrt{b^2 - 4ac}}{2a}$$

この結果により、2次方程式 $ax^2 + bx + c = 0$ の解は、

$$x = \frac{-b \pm \sqrt{b^2 - 4ac}}{2a}$$

であることがわかります。これを、**2次方程式の解の公式**といいます。

では、2次方程式の解の公式を使って、問題を解いてみましょう。

例 　　**次の方程式を解きましょう。**

　(1) $5x^2 + 3x - 1 = 0$ 　　　　(2) $4x^2 + x - 3 = 0$

---

(1) から解いていきましょう。

$$\underset{a}{5x^2} + \underset{b}{3x} - \underset{c}{1} = 0$$

解の公式に、$a = 5$、$b = 3$、$c = -1$ を代入すると、

$$x = \frac{-3 \pm \sqrt{3^2 - 4 \times 5 \times (-1)}}{2 \times 5}$$

$$= \frac{-3 \pm \sqrt{9 + 20}}{10}$$

$$= \frac{-3 \pm \sqrt{29}}{10}$$

次に、**(2)** を解きましょう。

$$\underset{a}{4x^2} + \underset{b}{1x} - \underset{c}{3} = 0$$

解の公式に、$a = 4$、$b = 1$、$c = -3$ を代入すると、

215

$$x = \frac{-1 \pm \sqrt{1^2 - 4 \times 4 \times (-3)}}{2 \times 4}$$

$$= \frac{-1 \pm \sqrt{1 + 48}}{8}$$

$$= \frac{-1 \pm \sqrt{49}}{8}$$

$$= \frac{-1 \pm 7}{8} \quad \leftarrow \quad \frac{-1 + 7}{8} \text{ または } \frac{-1 - 7}{8} \text{ という意味}$$

$$x = \frac{-1 + 7}{8} = \frac{6}{8} = \frac{3}{4}$$

$$x = \frac{-1 - 7}{8} = \frac{-8}{8} = -1$$

$$\underline{x = -1, \quad x = \frac{3}{4}}$$

　解の公式を使って解いても、**(2)** のように、解が整数や分数になることもあるので、気をつけましょう。

　ここまで、2次方程式の解の公式について解説しました。解の公式を使えば、平方完成して解くよりすばやく答えを求められます。解の公式の導き方と使い方をおさえましょう。

216 ｜ 2次方程式をどうやって解くか？【その4】解の公式を使う

2次方程式をどうやって解くか？
【その5】 解の公式（bが偶数の場合）を使う

中3

さっそくですが、次の例題を解いてみましょう。

例1 次の方程式を解きましょう。
$3x^2 - 8x + 2 = 0$

この方程式は、平方根の考え方でも因数分解でも解けませんから、解の公式を使って解くと次のようになります。

$$\underset{a}{3x^2} \underset{b}{-8x} + \underset{c}{2} = 0$$

解の公式に、$a = 3$、$b = -8$、$c = 2$ を代入すると、

$$x = \frac{8 \pm \sqrt{8^2 - 4 \times 3 \times 2}}{2 \times 3}$$

$$= \frac{8 \pm \sqrt{64 - 24}}{6}$$

$$= \frac{8 \pm \sqrt{40}}{6}$$

$$= \frac{8 \pm \sqrt{2^2 \times 10}}{6}$$

$$= \frac{\overset{4}{8} \pm \overset{1}{2}\sqrt{10}}{\underset{3}{6}} \quad \leftarrow 約分する（※）$$

$$= \frac{4 \pm \sqrt{10}}{3}$$

このようにして解を求められましたが、（※）の約分のしかたを疑問に思った方もいるかもしれません。（※）の約分では、分母の6と、分子の8と2を

それぞれ 2 で割っていますね。**分子にたし算や引き算があるときは、このように、全部の数を約分する必要がある**のです。かんたんな例で考えてみましょう。

例2 次の分数を約分して、整数に直しましょう。

(1) $\dfrac{4 \times 10}{2}$　　　　　　　　(2) $\dfrac{4 + 10}{2}$

（例2）の問題は、それぞれ約分しなくても、(1) の答えを 20、(2) の答えを 7 と求められる簡単な問題ですが、それぞれの違いをみるために、約分して求めましょう。

(1) の $\dfrac{4 \times 10}{2}$ は、例えば、分母の 2 と、分子の 4 を約分すれば、次のように正しい答えが求められます。

$$\frac{\overset{2}{\cancel{4}} \times 10}{\underset{1}{\cancel{2}}} = \underline{20}$$

一方、(2) の $\dfrac{4 + 10}{2}$ は、分母の 2 と、分子の 4 と 10 をそれぞれ 2 で割らなければ正しい答えは出ません。

$$\frac{\overset{2}{\cancel{4}} + \overset{5}{\cancel{10}}}{\underset{1}{\cancel{2}}} = \underline{7}$$

例えば、片方だけ約分してしまうと、次のように間違った答えが出てしまいます。

（片方だけ約分すると…）

$$\frac{\overset{2}{\cancel{4}} + 10}{\underset{1}{\cancel{2}}} = 12 \leftarrow 間違い$$

(2) の $\dfrac{4 + 10}{2}$ では、なぜ全部を 2 で割る必要があるのでしょうか。なぜな

ら、$\dfrac{4+10}{2}$ という式は **(4 + 10) という式全体を 2 で割る**という意味があるからです。つまり、$\dfrac{4+10}{2}$ は、次のように変形できます。

$$\dfrac{4+10}{2} = (4+10) \div 2$$
$$= (4+10) \times \dfrac{1}{2}$$
$$= 4 \times \dfrac{1}{2} + 10 \times \dfrac{1}{2} \quad \text{分配法則}$$
$$\text{どちらも約分}$$
$$= 2 + 5 = \underline{7}$$

　上記の式の変形によって、$\dfrac{4+10}{2}$ では、**分子の 4 も 10 も、2 で割る必要がある**ことがわかります。

　(1) のように、分子にかけ算がある場合の約分は小学校でもよく習います。一方、**(2)** のように、分子にたし算（引き算）がある形は、小学校ではあまり習いません。ですから、中学生になって初めて、このような分数に直面し、間違った約分をしてしまう場合があるので注意しましょう。

　さて、**（例 1）** の 2 次方程式「$3x^2 - 8x + 2 = 0$」に話をもどしましょう。この方程式は、解の公式を使って解くことができましたね。しかし、$\sqrt{40}$ を $2\sqrt{10}$ に変形したり、慣れていない約分をしたり、楽な計算とはいえませんでした。

　ここで、「$3x^2 - 8x + 2 = 0$」の x の係数 -8 に注目してください。数学では、負の数も偶数（2 で割り切れる数）に入れるので、-8 は偶数です。**x の係数が偶数の場合、楽に解を求められる公式がある**ので、おさえておきましょう。

　2 次方程式 $ax^2 + bx + c = 0$ の、x の係数 b が偶数の場合、$b = 2b'$ とおくことができます（b' は「ビーダッシュ」と読みます）。**偶数の b を 2 で割った数が b'** だということもできます。

$$ax^2 + bx + c = 0$$

$$\downarrow \quad \boxed{b = 2b'}$$

$$ax^2 + 2b'x + c = 0$$

$ax^2 + bx + c = 0$ の解の公式が

$$x = \frac{-b \pm \sqrt{b^2 - 4ac}}{2a}$$

ですから、この解の公式の b に $2b'$ を代入すると

$$x = \frac{-2b' \pm \sqrt{(2b')^2 - 4ac}}{2a}$$

$(2b')^2 = 4b'^2$

$$= \frac{-2b' \pm \sqrt{4b'^2 - 4ac}}{2a}$$

$\sqrt{}$ の中を共通因数の 4 でくくる

$$= \frac{-2b' \pm \sqrt{4(b'^2 - ac)}}{2a}$$

$\sqrt{}$ の中の $4 = 2^2$ なので 2 を $\sqrt{}$ の外に出す

$$= \frac{-2b' \pm 2\sqrt{b'^2 - ac}}{2a}$$

$$= \frac{-\overset{1}{\cancel{2}}b' \pm \overset{1}{\cancel{2}}\sqrt{b'^2 - ac}}{\underset{1}{\cancel{2}}a}$$

←約分する

$$= \frac{-b' \pm \sqrt{b'^2 - ac}}{a}$$

これにより、2 次方程式 $ax^2 + 2b'x + c = 0$ の解は、

$$x = \frac{-b' \pm \sqrt{b'^2 - ac}}{a}$$

であることがわかります。

さて、この解の公式（b が偶数の場合）を使って、**（例1）** の 2 次方程式「$3x^2 - 8x + 2 = 0$」を解いてみましょう。

$b = 2b'$ ですから、$b(-8)$ を 2 で割ったものが b' です。だから、

$b' = -8 \div 2 = -4$ です。

$x = \dfrac{-b' \pm \sqrt{b'^2 - ac}}{a}$ に、$a = 3$、$b' = -4$、$c = 2$ を代入すると

$$x = \dfrac{4 \pm \sqrt{(-4)^2 - 3 \times 2}}{3}$$

$$= \dfrac{4 \pm \sqrt{16 - 6}}{3}$$

$$= \dfrac{4 \pm \sqrt{10}}{3}$$

　ふつうの解の公式を使って解いたときより、ずいぶん楽に解けることがわかります。ですから、解の公式に加えて、「b が偶数の解の公式」もできれば覚えておくようにしましょう。そうすることで、2次方程式の計算がより速く正確になります。

2次方程式の文章題を どうやって解くか？

中3

　1次方程式の文章題の項目（p.122）でも登場した、エジプトのディオファントス（250年頃）が書いた『算術』という数学書があることはすでに述べた通りです。この本の第1巻には、2次方程式を使って解ける文章題がいくつか収録されています。

　そこで、この項目では、ディオファントスの『算術』から1問をとりあげ、2次方程式の文章題の解き方（さらには、ディオファントス独特の解き方）について解説していきます。

　まずは、次の問題をみてください。

（『算術』第1巻第27問）
　和が20、積が96となる2つの数を求めなさい。

　この問題は、2次方程式を使って解くことができます。2次方程式のほとんどの文章題は、次の4ステップで解くことができます。

2次方程式の文章題を解く4ステップ
（ステップ1）求めたいものを x とおく
（ステップ2）方程式をつくる
（ステップ3）方程式を解く
（ステップ4）解が問題に適しているかどうかを確かめる

　この4ステップにしたがって解くと、次のようになります。

2次方程式を使った（通常の）解き方

（ステップ1）求めたいものを x とおく

2つの数のうち、一方の数を x とおきます。

2つの数の和（たし算の答え）は 20 なので、もう一方の数は $(20-x)$ と表せます。

（ステップ2）方程式をつくる

2つの数の積（かけ算の答え）は 96 です。x と $(20-x)$ をかけると 96 になるということなので、次の方程式がつくれます。

$$x(20-x)=96$$

（ステップ3）方程式を解く

この方程式を解くと、次のようになります。

$$x(20-x)=96$$

左辺のかっこを外す

$$20x-x^2=96$$

$20x$ と $-x^2$ を右辺に移項した後、両辺を入れかえる

$$x^2-20+96=0$$

「和が -20、積が 96」になる数を探すと、-8 と -12 が見つかる

$$(x-8)(x-12)=0$$

$$x=8, \qquad x=12$$

（ステップ4）解が問題に適しているかどうかを確かめる

$x=8$ のとき、もう一方の数は、$20-8=12$

$x=12$ のとき、もう一方の数は、$20-12=8$

（どちらの場合も、8 と 12 になりました）

$x=8$ も、$x=12$ も問題に適しています。

答え　<u>8 と 12</u>

以上が、通常の解き方です。中学校のテストなどでは、上記の解き方で解くようにしましょう。

一方、ディオファントスは、解き方に工夫を加えました。具体的には、次のような解法です。

ディオファントスの解き方

　2つの数の和は20です。この**2つの数と10とのそれぞれの差を** x とします。

　すると、一方の数は $(10+x)$ となり、もう一方の数は $(10-x)$ となります。

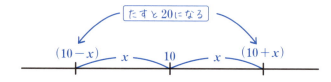

（※仮にたしてみると、$(10+x)+(10-x)=10+x+10-x=20$ になります。）

　2つの数の積（かけ算の答え）は96です。**$(10+x)$ と $(10-x)$ をかけると96になる**ということなので、次の方程式がつくれます。

$$(10+x)(10-x)=96$$

この方程式を解くと、次のようになります。

$$(10+x)(10-x)=96$$

$(x+a)(x-a)=x^2-a^2$ の公式より、左辺を展開

$$100-x^2=96$$

$-x^2$ を右辺に、96を左辺にそれぞれ移項

$$100-96=x^2$$

両辺を入れかえる

$$x^2=4$$

$x^2=4$ より、4の平方根が x だとわかります。

$x=\pm2$ ですが、ディオファントスは負の数を認めなかったので、$x=2$ のみを解としました。

$x = 2$ のとき、一方の数は $10 + x = 10 + 2 = 12$

もう一方の数は、$10 - x = 10 - 2 = 8$

答え　8 と 12

　上記のように、ディオファントスは負の数を認めなかったので、$x = -2$ を解に入れませんでした。これは現代の数学では誤りです。

　$x = -2$ も解に入れた場合、一方の数は

$$10 + x = 10 + (-2) = 8$$

もう一方の数は、

$$10 - x = 10 - (-2) = 10 + 2 = 12$$

となり、結果的には正しい解き方と答えが同じになりました。

　ところで、ディオファントスは「解き方に工夫を加えた」と述べました。どんな工夫を加えたか、わかるでしょうか？
　通常の解き方と、ディオファントスの解き方での方程式をそれぞれ比べてみましょう。

通常の解き方の方程式

$$x(20 - x) = 96$$

整理すると、$x^2 - 20x + 96 = 0$

ディオファントスの解き方の方程式

$$(10 + x)(10 - x) = 96$$

整理すると、$x^2 = 4$

　通常の解き方の場合、「$x^2 - 20x + 96 = 0$」を導いた後、「和が -20、積が 96」の2つの数を見つける必要があります。96 は、正の約数だけでも 12 個ありますから、「和が -20 になる2つの数」を見つけるのは少し大変です。

一方、ディオファントスの解き方の場合、「$x^2 = 4$」を導いた後、「$x = \pm 2$（ディオファントスは正の数の 2 だけ採用）」のように、**すぐに解が求められます**。

この点において、ディオファントスの解き方のほうがスムーズに解ける、ということができるのです。

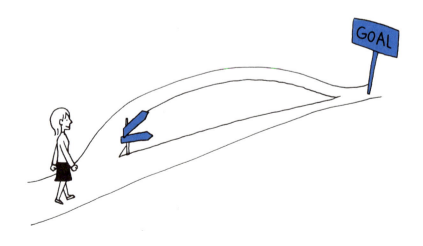

第 8 章

中1で習う図形の「?」を解決する

中学校で習う図形の多くは、二千年以上前の学問って本当？
【平面図形】【空間図形】

中1〜中3

　中学校で習う数学は主に、代数（学）と幾何（学）に分けられることは、すでに述べました（p.59）。幾何（学）とは、図形の性質について研究する数学の分野です。

　第8章〜第10章では、中学3年間で習う幾何学（図形分野）について学年別に解説していきます。

　第8章では、中学1年生で習う図形分野の内容が中心になります。ただし、この項目は、これからの3つの章（第8章〜第10章）のスタートですので、（この項目のみ）**中学3年間で習う図形分野と、数学史の関わり**について、みていきます。

　中学校で習う数学と切っても切り離せない関係にあるのが、第6章のp.187でふれた、**ユークリッド**（紀元前300年頃）と、その偉大な著書『**原論**』です。『原論』は、ユークリッドが生きていた当時の数学を集大成としてまとめたものであり、20世紀の初めまで数学の教科書のひとつとして読まれ続けてきました。そのため、聖書に次ぐベストセラーであるといわれることも、すでに述べたとおりです。

　実は、**中学3年間で習う数学の図形分野の多くは、ユークリッドの『原論』で扱っている**内容なのです。つまり、私たちが中学校で習う数学の図形分野の大部分は、約2300年前にユークリッドによってまとめられた内容なのだということもできます。

　では、実際に中1〜中3の図形分野の各単元と、ユークリッドの『原論』を照らし合わせてみましょう。かっこ（　）内が、『原論』の巻数と番号に対

郵 便 は が き

料金受取人払郵便

牛込局承認

5425

差出有効期間
平成31年10月
4日まで

（切手不要）

1 6 2 - 8 7 9 0

東京都新宿区
岩戸町12レベッカビル

ベレ出版

読者カード係　行

|||ı,ı|||,ıı|||ıı,ı||ıı,ı,|ı|ı,|ı|ı,|ı|ı,|ı|ı,|ı|ı|ı,||ı,ı|

お名前		年齢
ご住所　〒		
電話番号	性別	ご職業
メールアドレス		

個人情報は小社の読者サービス向上のために活用させていただきます。

ご購読ありがとうございました。ご意見、ご感想をお聞かせください。

● ご購入された書籍

● ご意見、ご感想

● 図書目録の送付を　　　　[ ] 希望する　　[ ] 希望しない

ご協力ありがとうございました。
小社の新刊などの情報が届くメールマガジンをご希望される方は、
小社ホームページ（https://www.beret.co.jp/）からご登録くださいませ。

応しています。

中1で習う図形分野

作図

- 直線上にない点からの垂線の作図（第 1 巻　命題 12）
- 直線上の点からの垂線の作図（第 1 巻　命題 11）
- 垂直二等分線の作図（第 1 巻　命題 10）
- 角の二等分線の作図（第 1 巻　命題 9）

空間図形

- 5 種類の正多面体について（第 13 巻　命題 18）
- 三角錐の体積の求め方（第 12 巻　命題 7）
- 円錐の体積の求め方（第 12 巻　命題 10）

中2で習う図形分野

平面図形

- 対頂角は等しい（第 1 巻　命題 15）
- 平行線と同位角（第 1 巻　命題 28）
- 平行線と錯角（第 1 巻　命題 27、29）
- 三角形の合同条件（第 1 巻　命題 4、8、26）
- 二等辺三角形の定義（第 1 巻　定義 20）
- 二等辺三角形と底角（第 1 巻　命題 5、6）
- 平行四辺形の性質（第 1 巻　命題 34）

中3で習う図形分野

相似

- 相似の定義（第 6 巻　定義 1）
- 三角形の相似条件（第 6 巻　命題 4、5、6）

三平方の定理

- 三平方の定理（第 1 巻　命題 47、48）

第 8 章　中 1 で習う図形の「？」を解決する

229

> **円周角の定理**
> ・円周角の定理（第3巻　命題20、21、26、27）
> ・半円の弧に対する円周角は直角（第3巻　命題31）

　上記のように、中学数学で習う多くの図形分野が、ユークリッドの『原論』に記載された内容だとわかります（ただし、本書では、『原論』に載っている内容を、そのまま紹介するわけではありません）。

　中学校の数学で習う「代数」と「幾何」を比べると、「代数（方程式など）」に比べて、**「幾何（図形分野）」のほうが全体的に、古い時代に確立された学問である**こともわかります。

　ところで、**『原論』に書かれた内容のすべてを、ユークリッドが発見したものではない**ことに留意する必要があります。『原論』は、当時のギリシアの数学ですでに発見されていたことや、過去の数学者の業績をもとに、ユークリッドが章や項目の順序を考え、それぞれに証明を加えて、集大成としてまとめた本なのです。

　ユークリッド（紀元前300年頃）より過去のギリシアの数学者には、例えば、**タレス**（紀元前624頃〜前546頃）や、**ピタゴラス**（紀元前580頃〜前500頃）などがいます。彼らの業績も、『原論』にはふくまれています。

　タレスは、古代ギリシアにおいて「最初の哲学者」とも言われる人物で、ギリシア七賢人の一人でもあります。彼は、幾何学にも通じており、次の図形の性質を証明したといわれています。

> **【タレスが証明したといわれる図形の性質】　　太字は習う学年**
> ● 対頂角は等しい　**中2**
> ● 二等辺三角形の底角は等しい　**中2**
> ● 三角形の合同条件の1つ（1組の辺とその両端の角がそれぞれ等しいとき、2つの三角形は合同である）　**中2**
> ● 半円の弧に対する円周角は直角である　**中3**

230 ｜ 中学校で習う図形の多くは、二千年以上前の学問って本当？【平面図形】【空間図形】

これらは、「タレスの定理」と呼ばれ、ユークリッドの『原論』にも収録されています。

　一方、ピタゴラスは、三平方の定理（「ピタゴラスの定理」ともいう）を、初めて証明したといわれています。三平方の定理については、p.380以降で、くわしく解説します。
　また、p.158で述べた通り、無理数を発見したのも、ピタゴラス学派（ピタゴラスとその弟子の集まり）だといわれています。

　ところで、タレスとピタゴラスはどちらも、古代ギリシアのイオニア地方（現在のトルコ西岸）で生まれたそうです。2人とも「万物の根源」についても研究し、タレスが「万物の根源は水」、ピタゴラスは「万物の根源は数」とそれぞれ異なった主張をしたのは興味深い話です。

　また、ユークリッドには、こんなエピソードが残っています。
　当時、アレクサンドリアを支配していたプトレマイオス1世が、ユークリッドに「お前の『原論』よりも、もっと楽な方法で、幾何学を学ぶことはできないのか？」と尋ねました。すると、ユークリッドは「幾何学に近道はありません」と答えたといいます。

　数学に限らず、学問においては、ついつい近道を探したくなってしまうものです。でも、ユークリッドの言葉にならって、この本においても「なぜ？」や「どうして？」に答えながら、じっくりと話を進めていきます。

線や角は、どうやって表すのか？
【平面図形】

中1

　中学校で習う数学では、「線」を、「**直線**」「**線分**」「**半直線**」の3種類に分けて区別する必要があります。それぞれの意味を確認しておきましょう。

　直線とは、**両方にかぎりなくのびたまっすぐな線**のことをいいます。ここで、ある2点を、点A、点Bとします。点Aと点Bの2点を通る直線は、次の図のように、**1本しか引くことができません**。

　直線AB、線分AB、半直線AB、半直線BAのそれぞれの意味は、次の通りです。

直線AB　　…　2点A、Bを通り、両方にかぎりなくのびたまっすぐな線
線分AB　　…　直線ABのうち、2点A、Bを両はしとする部分
半直線AB　…　線分ABをBのほうに、まっすぐかぎりなくのばしたもの
半直線BA　…　線分ABをAのほうに、まっすぐかぎりなくのばしたもの

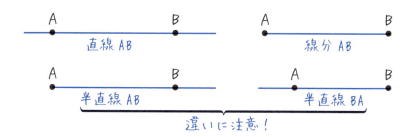

半直線 AB と半直線 BA で、表す部分が違ってきますので注意しましょう。「半直線○△」なら、△のほうにまっすぐかぎりなくのばしたものになります。

次に、「直角」「垂直」「垂線」「平行」の意味について確認していきます。それぞれの意味は、次の通りです。

> 直角 … 90 度の角
> 垂直 … 直線と直線が交わってできる角が直角であるとき、この 2 本の直線は垂直であるという
> 垂線 … ある直線と垂直に交わる直線
> 平行 … 1 本の直線に 2 本の直線が垂直に交わっているとき、この 2 本の直線は平行であるという

図では、次のような記号を使って、直角と平行を表すことがあります。

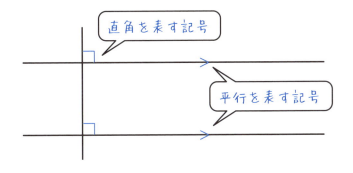

また、直線 ℓ と直線 m が垂直のとき、$\ell \perp m$ と表します（記号 $\perp$ を使う）。
一方、直線 ℓ と直線 m が平行のとき、$\ell \parallel m$ と表します（記号 $\parallel$ を使う）。

最後に、角の表し方について、みていきましょう。ある点 O から出る、半直線 OA と半直線 OB によって、次のように角ができます。

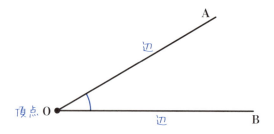

　この角を、記号∠を使って、∠O、または、∠AOB、または、∠BOAと表します。このとき、2つの半直線OA、OBを辺、Oを頂点といいます。

　用語の意味を中心に解説してきましたが、どの用語も、中学数学の図形を学んでいくにあたっての基本中の基本となります。あいまいに把握するのではなく、きちんとその意味をおさえたうえで、先に進んでいきましょう。

さまざまな作図は、どうやってするのか？【平面図形】

中1・一部中2の内容をふくむ

　中学1年生で習う「**さまざまな作図**」について学んでいきましょう。具体的にとりあげるのは、次の作図で、それぞれユークリッドの『原論』にも収録されています。

> **この項目でとりあげる作図**
> ① 正三角形の作図（第1巻　命題1）
> ② 直線上にない点からの垂線の作図（第1巻　命題12）
> ③ 直線上の点からの垂線の作図（第1巻　命題11）
> ④ 垂直二等分線の作図（第1巻　命題10）
> ⑤ 角の二等分線の作図（第1巻　命題9）

※かっこ（　）内が、『原論』の巻数と番号に対応しています。本書では、『原論』に載っている作図法を、そのまま紹介するわけではありません。

　ところで、中学校の数学での「作図」とは、**定規とコンパスだけをつかって図形をかくこと**です。また、**定規は、直線を引く**ためだけに使い、**コンパスは円をかく**ためだけに使います。例えば、定規で長さをはかりながらかくのは、「(中学校の数学での) 作図」には入りません。

① **正三角形の作図**

　まず、正三角形の作図からみていきましょう。これは、ユークリッドの原論の第1巻命題1でとりあげられています。

> **正三角形の作図のしかた**
> ① 定規を使って、線分 AB を引く。
> ② コンパスを使って、線分 AB の長さと等しい円を、2 点 A、B を中心にかく。
> ③ ②でかいた 2 つの円の交点を C とする。定規を使って、AC、CB に線分を引く。
>
>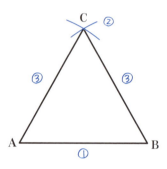

以上が正三角形の作図のしかたです。

ところで、中学 1 年生では、「角の二等分線の作図」などの方法について学びますが、「**どうして、その方法によって、角の二等分線の作図ができるのか**」という証明には触れないことが多いです。

証明のしかたや、さまざまな三角形の性質については、中学 2 年生で習うので、中学 1 年生の段階では「こういう方法で作図できるんだよ」ということのみを学ぶわけです。

ただし、この本では、中 2 で習う内容をすでにマスターした方向けに、「その方法で作図できる証明」も補足して掲載していきます。中 2 の図形分野をまだ習ってない方は読み飛ばしていただいて、習ってから読むことをおすすめします。

【補足】正三角形の作図が正しいことの証明（中2の図形分野を習った方向け）

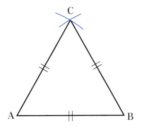

作図より、AB = BC = CA
つまり、△ABCの3辺は等しいので、
△ABCは正三角形である。

上記のように、三角形 ABC を、△ABC と表します（記号△を使う）。

② 直線上にない点からの垂線の作図

直線上にない点からの垂線の作図のしかた
⇒直線 ℓ 上にない点 P から、直線 ℓ に垂線を引く

① コンパスを使って、点 P を中心として、ℓ に交わる円をかき、ℓ との交点を A、B とする。

② コンパスを使って、2 点 A、B を中心として、等しい半径の円をそれぞれかき、その交点を Q とする。

③ 定規を使って、直線 PQ を引く。

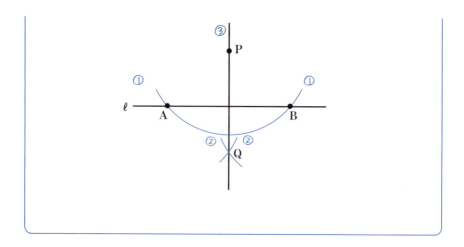

ところで、直線 ℓ 上にない点 P から、直線 ℓ に垂線を引くとき、直線 ℓ との交点を点 S とします。このとき、線分 PS の長さを、**点 P と直線 ℓ との距離**といいます。

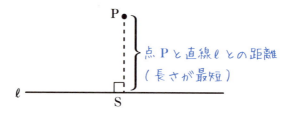

点 P と直線 ℓ との距離は、点 P と直線 ℓ 上の点を結ぶ線分のうち、長さが最も短くなっています。

では、「直線上にない点からの垂線の作図」が正しい方法であることも、証明しておきましょう。

【補足】直線外の点からの垂線の作図が正しいことの証明（中2の図形分野を習った方向け）

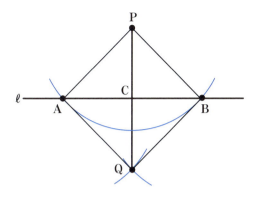

[証明]

点Pと点A、点Pと点B、点Qと点A、点Qと点Bをそれぞれ線分で結ぶ。

また、線分ABと線分PQの交点を、Cとする。

△PAQと△PBQにおいて、

　　　作図より、PA＝PB　　……①
　　　作図より、QA＝QB　　……②
　　　共通だから、PQ＝PQ　　……③

①②③より、3組の辺がそれぞれ等しいので、△PAQ≡△PBQ

　　　合同な図形では、対応する角が等しいから
　　　∠APC＝∠BPC　　……④

△PACと△PBCにおいて、

　　　共通だから、PC＝PC　　……⑤

①④⑤より、2組の辺とその間の角がそれぞれ等しいので、

　　　△PAC≡△PBC

合同な図形では、対応する角が等しいから

∠PCA = ∠PCB
∠PCA + ∠PCB = 180°だから、
∠PCA = ∠PCB = 180°÷ 2 = 90°
よって、線分 PC は、線分 AB の垂線である。
すなわち、線分 PQ は、直線 ℓ の垂線である。

③ 直線上の点からの垂線の作図

②は、「直線上にない」点からの垂線の作図について紹介しました。今回の③では、「直線上の」点からの垂線の作図のしかたを学んでいきます。

【直線上の点からの垂線の作図のしかた】
⇒直線 ℓ 上の点 P から、直線 ℓ に垂線を引く

① コンパスを使って、点 P を中心として、ℓ に交わる円をかき、ℓ との交点を A、B とする。
② コンパスを使って、2 点 A、B を中心として、等しい半径の円をそれぞれかき、その交点を Q とする。
③ 定規を使って、直線 PQ を引く。

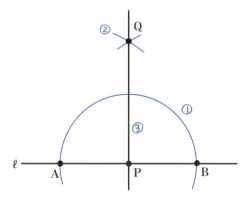

では、この作図が正しいことも、証明しておきましょう。

【補足】直線上の点からの垂線の作図が正しいことの証明（中2の図形分野を習った方向け）

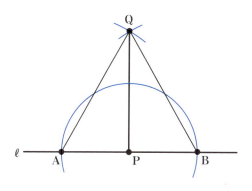

[証明]

点Qと点A、点Qと点Bをそれぞれ線分で結ぶ。

△QAPと△QBPにおいて、
　　　作図より、PA = PB　……①
　　　作図より、QA = QB　……②
　　　共通だから、QP = QP　……③
①②③より、3組の辺がそれぞれ等しいので、△QAP ≡ △QBP
合同な図形では、対応する角が等しいから
　　　∠QPA = ∠QPB
∠QPA + ∠QPB = 180°だから、
　　　∠QPA = ∠QPB = 180°÷ 2 = 90°
よって、線分PQは、線分ABの垂線である。
すなわち、線分PQは、直線ℓの垂線である。

④ **垂直二等分線の作図**

1つの線分上にあって、線分を2等分する点を、その線分の**中点**といいます。また、**線分の中点を通り、その線分に垂直な直線**を、その線分の**垂直二等分線**といいます。

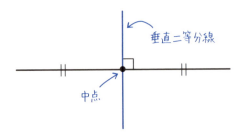

垂直二等分線の作図のしかた

⇒ 線分 AB の垂直二等分線を引く

① コンパスを使って、線分 AB の両はしの点 A と点 B をそれぞれ中心として、等しい半径の円をかく。
② 定規を使って、①でかいた2円の交点を、直線で引く。

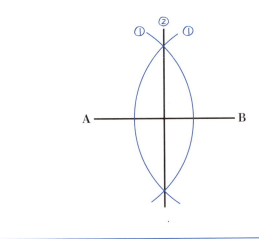

では、この作図が正しいことも、証明しておきましょう。

【補足】垂直二等分線の作図が正しいことの証明（中2の図形分野を習った方向け）

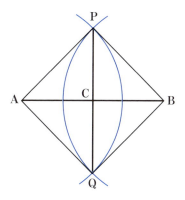

[証明]

2つの円の交点を、点P、点Qとする。

点Pと点A、点Pと点B、点Qと点A、点Qと点Bをそれぞれ線分で結ぶ。

また、線分ABと線分PQの交点を、点Cとする。

△PAQと△PBQにおいて、

　　　作図より、PA = PB　……①
　　　作図より、QA = QB　……②
　　　共通だから、PQ = PQ　……③

①②③より、3組の辺がそれぞれ等しいので、△PAQ ≡ △PBQ
合同な図形では、対応する角が等しいから

　　　∠APC = ∠BPC　……④

△PACと△PBCにおいて、
共通だから、PC = PC　……⑤

①④⑤より、2組の辺とその間の角がそれぞれ等しいので、

　　　△PAC ≡ △PBC

合同な図形では、対応する辺の長さは等しいから
　　　AC = BC
よって、線分 PC は、線分 AB の中点を通る。　……⑥

合同な図形では、対応する角が等しいから
　　　∠PCA = ∠PCB
∠PCA + ∠PCB = 180°だから、
　　　∠PCA = ∠PCB = 180°÷ 2 = 90°
よって、線分 PC は、線分 AB の垂線である。　……⑦

⑥⑦より、線分 PC は、線分 AB の中点を通り、線分 AB の垂線でもある。よって、線分 PQ は、線分 AB の垂直二等分線である。

ところで、次の図の通り、垂直二等分線上に、任意に点 R をとると、RA = RB となります。ですから、**垂直二等分線は、「2 点（次の図では 2 点 A、B）から等しい距離にある点の集まり」**だと考えることができます。

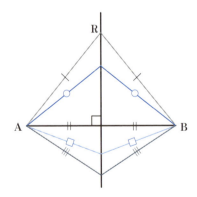

⑤　角の二等分線の作図

1つの角を2等分する半直線を、その**角の二等分線**といいます。

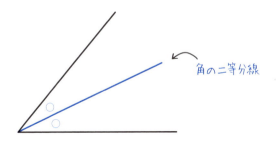

角の二等分線の作図のしかた

⇒∠AOBの二等分線を引く

① コンパスを使って、角の頂点Oを中心とする円をかき、辺OA、辺OBとの交点をそれぞれ点Pと点Qとする。
② コンパスを使って、点Pと点Qを中心として、それぞれ等しい半径の円をかく。その交点を点Rとする。
③ 定規を使って、半直線ORを引く。

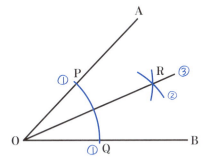

では、この作図が正しいことも、証明しておきましょう。

【補足】角の二等分線の作図が正しいことの証明（中 2 の図形分野を習った方向け）

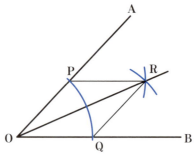

[証明]

点 P と点 R、点 Q と点 R をそれぞれ線分で結ぶ。

△POR と△QOR において、
作図より、OP ＝ OQ 　……①
作図より、PR ＝ QR 　……②
共通だから、OR ＝ OR 　……③
①②③より、3 組の辺がそれぞれ等しいので、△POR ≡ △QOR
合同な図形では、対応する角が等しいから
∠POR ＝ ∠QOR
よって、半直線 OR は、∠AOB の二等分線である。

ところで、次の図のように、**角の二等分線は、「角の 2 辺（次の図では、2 辺 OA、OB）から等しい距離にある点の集まり」** だと考えることもできます。

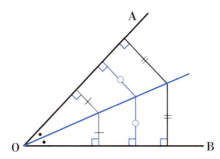

246 ｜ さまざまな作図は、どうやってするのか？【平面図形】

「垂直二等分線」と「角の二等分線」の違いとは?【平面図形】

中1

　「線分 AB の垂直二等分線を作図しなさい」や「∠AOB の二等分線を作図しなさい」といったシンプルな問題なら、楽に解ける人は多いでしょう。

　しかし、「2点 A、B から等しい距離にある線分を作図しなさい」や「2辺 OA、OB から等しい距離にある線分を作図しなさい」といった問題になると、正答率は下がります。

　そのような作図を正確におこなうためにも、垂直二等分線と、角の二等分線の違いをおさえる必要があります。

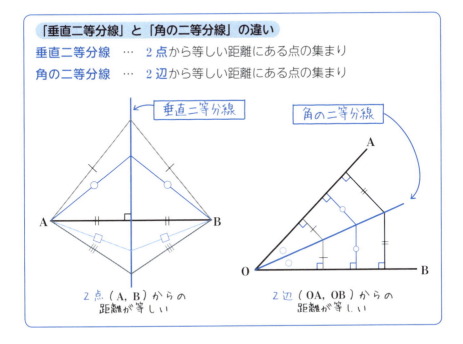

　この違いをおさえたうえで、次の例題を解いてみましょう。

> **例** 次の△ABCで、2点B、Cからの距離が等しく、2辺AB、BCからの距離が等しい点Pを作図しましょう。

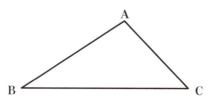

この例題では、「垂直二等分線」や「角の二等分線」という用語は登場しません。**「垂直二等分線」と「角の二等分線」のそれぞれの性質をわかっていないと解けない問題**だということもできるでしょう。

では、さっそく解いていきましょう。点Pを作図するにあたって、1つめの条件は「2点B、Cからの距離が等しい」ということです。

ここで、**垂直二等分線**とは「**2点**から等しい距離にある点の集まり」であることを思い出しましょう。「2点B、Cからの距離が等しい」線分を引くためには、次のように、**線分BCの垂直二等分線を引けばよい**ことがわかります。

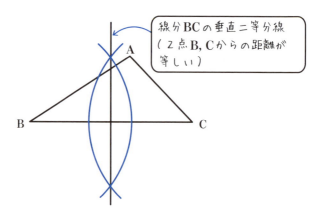

点Pを作図するにあたって、2つめの条件は「2辺AB、BCからの距離が

等しい」ということです。

ここで、**角の二等分線**とは「2辺から等しい距離にある点の集まり」であることを思い出しましょう。「2辺 AB、BC からの距離が等しい」線分を引くためには、次のように、**∠ABC の二等分線を引けばよい**ことがわかります。

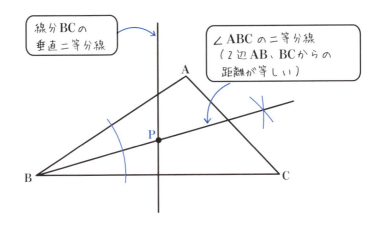

上の図で、「線分 BC の垂直二等分線」と「∠ABC の二等分線」を引くことができました。「線分 BC の垂直二等分線」と「∠ABC の二等分線」の交点 P が、2つの条件を満たす点です。

繰り返しになりますが、垂直二等分線と、角の二等分線の作図法を機械的に覚えるのではなく、それぞれの性質の違いをしっかりおさえて、応用力をつけていきましょう。

円周率とは何か？
【平面図形】

中1

　円の周りのことを**円周**といい、その長さを求めるには「**円周の長さ ＝ 直径 × 円周率**」という公式を使います。円周率は、3.14159265……と無限に続く小数です。循環しない無限小数なので、**円周率は無理数**です。

　円周率として、小学校の算数では、近似値の 3.14 を用いることが多いです。一方、中学以降の数学では、ギリシア文字の π（読み方は、パイ）を使って、円周率を表します。

　例えば、直径が 5cm の円の円周の長さを求めるとき、
　小学校の算数（円周率を 3.14 とする）なら、$5 \times 3.14 = 15.7$ なので、<u>15.7cm</u> が答えになります。
　一方、中学校の数学なら、$5 \times \pi = 5\pi$ なので、<u>5π cm</u> が答えになります。

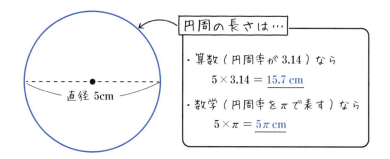

　ところで、「円周の長さ ＝ 直径×円周率」という公式が成り立つ理由については、前作の『小学校6年分の算数が教えられるほどよくわかる』（ベレ出版）の第6章でも扱ったテーマですが、おさらいしておきましょう。

　この公式が成り立つ理由は、「**円周率という言葉がそういう意味だから**」です。

「どういうこと？」と思われたかもしれませんね。円周率の意味は「**円周の長さが、直径の長さの何倍になっているかを表す数**」です。つまり、「**円周率 ＝ 円周の長さ ÷ 直径**」ということです。そして、この式をかけ算に直すと、「**円周の長さ ＝ 直径 × 円周率**」となります。

ですから、「円周の長さはなぜ『直径 × 円周率』で求まるの？」という質問に対して、大人向けに答えるなら「それが円周率の定義（意味）だから」ということになります。そして、子供向けに答えるなら「円周率という言葉がそういう意味だから」となります。

話は変わりますが、円周率がどんな数であるのかということは、古代からずっと研究されてきた問題でした。古代ギリシアのアルキメデス（紀元前287頃〜前212頃）は、円周率の小数第二位までの正しい近似値を求めました。彼は、円周率が「$\frac{223}{71}$ より大きく、$\frac{22}{7}$ より小さい数」であることをつきとめました。それぞれ小数に直すと、「3.14084…＜円周率＜3.14285…」となります。

ところで、πという文字は、なぜ円周率を表すようになったのでしょうか？
それは、「円周、周辺、周り」などを意味するギリシア語「ペリフェレイア（περιφέρεια）」の頭文字に由来します。

イギリスのオートレッド（1574〜1660）は、πを円周率ではなく、円周の長さを表す記号として使用しました。彼は、かけ算の記号 × を使った最初の人でもあります。

円周率を表す記号として、πを最初に使ったのは、イギリスのジョーンズ（1675〜1749）です。その後も、スイスのオイラー（1707〜1783）などの数学者が、円周率を表す記号として、πを積極的に使うことによって、広まっていったと考えられています。

第8章 ── 中1で習う図形の「？」を解決する

251

おうぎ形の弧の長さと面積をどうやって求めるか？【平面図形】

中1・一部中2の内容をふくむ

　ひとつ前の項目では、円周率やその歴史についてみてきました。円周率を使うことによって、円の面積が「**半径 × 半径 × 円周率**」で求められます（この公式の成立理由については、『小学校6年分の算数が教えられるほどよくわかる』（ベレ出版）の第6章をご覧ください）。

　この項目では、主に「**おうぎ形**」について、みていきます。まず、おうぎ形に関する次の用語をおさえましょう。

> **弧** … 円周上の一部分
> **おうぎ形** … 弧と2つの半径によって囲まれた形
> **中心角** … おうぎ形で、2つの半径がつくる角

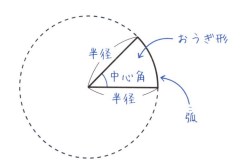

　では、おうぎ形の弧の長さと面積は、それぞれどうやって求められるのでしょうか。次の例題を解きながら、解説していきます。

例 次の図について、後の問いに答えましょう（円周率はπとします）。

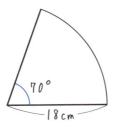

(1) 半径18cmの円の円周の長さを求めましょう。
(2) 半径18cm、中心角70度のおうぎ形の弧の長さを求めましょう。
(3) 半径18cmの円の面積を求めましょう。
(4) 半径18cm、中心角70度のおうぎ形の面積を求めましょう。

では、(1) から解いていきましょう。「円周の長さ ＝ 直径 × 円周率（＝ 半径 ×2× 円周率）」なので、半径18cmの円の周の長さは、次のように求められます。

$$\underbrace{\underbrace{18 \times 2}_{半径 \times 2} \times \underbrace{\pi}_{円周率}}_{直径} = 36\pi \text{(cm)}$$

(1) の答え　36π cm

(2) は、「半径18cm、中心角70度のおうぎ形の弧の長さ」を求める問題です。ここで、まるいケーキを切るときの様子を思い浮かべてみましょう。ケーキを2等分、3等分、4等分すると、次のようになります。

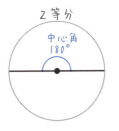

このように考えると、**(2)** で求めたい「半径 18 cm、中心角 70 度のおうぎ形の弧の長さ」は、「半径 18 cm のケーキ（円）を 360 等分したうちの 70 個分（の弧の長さ）」と同じということになります。だから、次のように求められます。

$$18 \times 2 \times \pi \times \frac{70}{360} = \frac{1}{36} \times \pi \times \frac{7}{36} = 7\pi\,(\text{cm})$$

$$\underbrace{\text{半径} \times 2 \times \text{円周率}}_{\text{円周の長さ}} \times \frac{\overset{\text{中心角}}{}}{360}$$

(2) の答え　$7\pi\,\text{cm}$

(2) より、「**おうぎ形の弧の長さ ＝ 円周の長さ× $\dfrac{\text{中心角}}{360}$**」であることがわかります。

(3) は、「半径 18 cm の円の面積」を求める問題です。「円の面積 ＝ 半径 × 半径 × 円周率」なので、次のように求められます。

$$\underbrace{18 \times 18 \times \pi}_{\text{半径} \times \text{半径} \times \text{円周率}} = 324\pi\,(\text{cm}^2)$$

(3) の答え　$324\pi\,\text{cm}^2$

(4) は、「半径 18 cm、中心角 70 度のおうぎ形の面積」を求める問題です。**(2)** と同じように考えると、**(4)** で求めたい「半径 18 cm、中心角 70 度のおうぎ形の面積」は、「半径 18 cm のケーキ（円）を 360 等分したうちの 70 個分（の面積）」と同じということになります。だから、次のように求められます。

$$8 \times 18 \times \pi \times \frac{70}{360} = \frac{1}{18} \times \overset{9}{18} \times \pi \times \frac{7}{36} = 63\pi\,(\text{cm}^2)$$

$$\underbrace{\text{径} \times \text{半径} \times \text{円周率}}_{\text{円の面積}} \times \frac{\overset{\text{中心角}}{}}{360}$$

(4) の答え　$63\pi\,\text{cm}^2$

(4) より、「おうぎ形の面積 ＝ 円の面積×$\frac{中心角}{360}$」であることがわかります。つまり、おうぎ形の**弧の長さ**と**面積**はそれぞれ、**円周の長さと円の面積**に$\frac{中心角}{360}$をかければよいということです。公式としてまとめると、次のようになります。

おうぎ形の弧の長さと面積の求め方

おうぎ形（半径 r、中心角 $a°$）の弧の長さを ℓ、面積を S とすると

$$\ell = 2\pi r \times \frac{a}{360}$$

$$S = \pi r^2 \times \frac{a}{360}$$

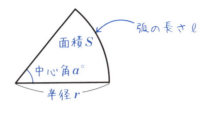

ところで、おうぎ形の面積には、別の求め方があります。例えば、先ほどの例題の「半径 18 cm、中心角 70 度のおうぎ形の弧の長さ」は、(2) より、7π cm でしたね。このおうぎ形を、次のように三角形に変形させても、面積はかわらないのです。

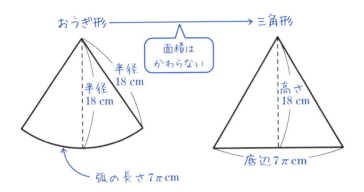

255

つまり、「弧の長さ7πcm、半径18cmのおうぎ形」が「底辺7πcm、高さ18cmの三角形」に変形したということです。この三角形の面積は、「底辺 × 高さ ÷2」より、$7\pi \times 18 \div 2 = \underline{63\pi}$ cm² となります。これは、例題の **(4)** で求めた、おうぎ形の面積に一致しますね。

まとめると、おうぎ形の面積には、次の求め方もあるということです。

おうぎ形の面積の別の求め方

おうぎ形（半径 r、弧の長さを ℓ）の面積を S とすると、

$$S = \frac{1}{2}\ell r$$

弧の長さ ℓ

面積 S

半径 r

では、この公式はなぜ成り立つのでしょうか？　それは、次のように証明できます。

「$S = \dfrac{1}{2}\ell r$」であることの証明（中2で習う文字式の知識を使います）

おうぎ形（半径 r、中心角 $a°$）の弧の長さを ℓ、面積を S とすると

$$\ell = 2\pi r \times \frac{a}{360} \qquad \cdots\cdots ①$$

$$S = \pi r^2 \times \frac{a}{360} \qquad \cdots\cdots ②$$

①の両辺に $\dfrac{1}{2}r$ をかけると

$$\frac{1}{2}\ell r = 2\pi r \times \frac{a}{360} \times \frac{1}{2}r$$

右辺を整理すると

---

256 ｜ おうぎ形の弧の長さと面積をどうやって求めるか？【平面図形】

$$\frac{1}{2}\ell r = \pi r^2 \times \frac{a}{360} \quad \cdots\cdots ③$$

②と③の右辺が同じ形になったので、

$$S = \frac{1}{2}\ell r$$

おうぎ形の面積の求め方について、2つの公式をおさえておきましょう。

柱体の表面積を、どうやって求めるか？【空間図形】

中1

　中学校の数学で扱う立体は主に、(1) **柱体**、(2) **錐体**、(3) **球**、(4) **正多面体**、の4種類に大きく分けることができます。この項目では、**柱体**について学んでいきます。

　次の図のような立体を **柱体** といいます。柱体は、**角柱** と **円柱** に分けられます。

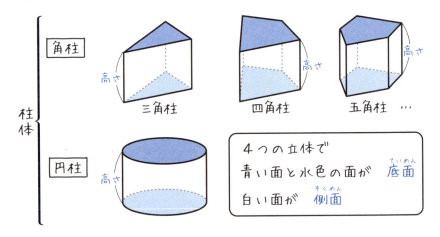

　底面が三角形の柱体を、**三角柱** といいます。底面が四角形の柱体を、**四角柱** といいます。底面が五角形の柱体を、**五角柱** といいます。底面が円の柱体を、**円柱** といいます。このように、柱体は底面の形によって、呼び方がかわります。

柱体に関する用語

底面 … 上下に向かいあった合同（形も大きさも同じ）な2つの面
底面積 … 1つの底面の面積
高さ … 一方の底面上の点と、もう一方の底面との距離

> **側　面** … 角柱の側面は、まわりの長方形（または正方形）。円柱の側面は、まわりの曲面
> **側面積** … 側面全体の面積
> **表面積** … 立体のすべての面の面積をたしたもの

　小学校の算数では、**柱体の体積**の求め方について学びました。**柱体の体積**は「**底面積 × 高さ**」という式で求められます（その理由については、前作の『小学校6年分の算数が教えられるほどよくわかる』（ベレ出版）第7章を参照）。

　一方、中学校の数学では、**柱体の表面積**（立体のすべての面の面積をたしたもの）の求め方についても学びます。次の例題をみてください。

例　次の立体の表面積を求めましょう。
（1）四角柱　　　　（2）円柱

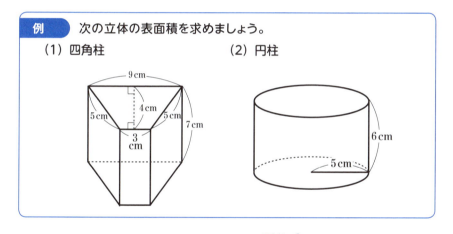

（1）の立体は、四角柱です。この四角柱の**展開図**（立体の表面を、はさみなどで切り開いて平面に広げた図）は、次のようになります。

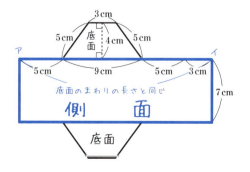

259

立体の表面積とは、立体のすべての面の面積をたしたものです。ですから、その立体の展開図全体の面積を求めればよいのです。

まず、側面積（側面全体の長方形の面積）を求めましょう。

展開図から四角柱を組み立てるときに、側面の長方形の横（図のアイ）は、底面のまわりに、ぴったりくっつきます。だから、側面の長方形の横（図のアイ）の長さと、底面のまわりの長さは同じです。そのため、側面積は、次のように求められます。

$$\underset{底面のまわりの長さ}{\underline{(5+9+5+3)}} \times \underset{高さ}{\underline{7}} = 22 \times 7 = 154 \,(\text{cm}^2)$$

「側面の長方形の横の長さと、底面のまわりの長さは同じ」というのは、他の角柱や円柱の表面積を求めるときにも使えますので、ポイントとしておさえておきましょう。

次に、底面積（1つの底面の面積）を求めましょう。この四角柱の底面は、台形です。だから、次のように、底面積（台形の面積）を求められます。

$$(\underset{(上底+下底)}{\underline{3+9}}) \times \underset{高さ}{\underline{4}} \div 2 = 24 \,(\text{cm}^2)$$

柱体には、合同な底面（この場合は、台形）が2枚あります。ですから、側面積に、底面積2つぶんをたすと、次のように表面積が求められます。

$$\underset{側面積}{\underline{154}} + \underset{底面積}{\underline{24}} \times 2 = 202 \,(\text{cm}^2)$$

<u>(1) の答え　202 cm²</u>

(2) に進みましょう。(2) の立体は、円柱です。この円柱の展開図は、次のようになります。

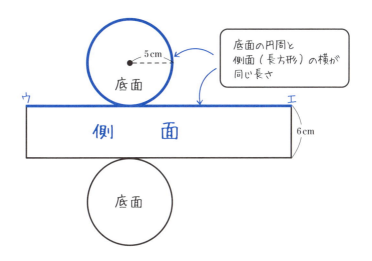

まず、側面積（側面全体の長方形の面積）を求めましょう。

側面の長方形をぐるっと巻いて、底面の円にぴったりくっつけると円柱ができます。だから、**側面の長方形の横（図のウエ）の長さと、底面の円周の長さは同じ**です。そのため、側面積は、次のように求められます。

$$\underset{\substack{底面の円周の長さ \\ (半径 \times 2 \times 円周率)}}{\underline{(5 \times 2 \times \pi)}} \times \underset{高さ}{\underline{6}} = 60\pi \,(\text{cm}^2)$$

次に、底面積（1つの底面の面積）を求めましょう。円柱の底面は、円です。だから、次のように、底面積（円の面積）を求められます。

$$\underset{半径 \times 半径 \times 円周率}{\underline{5 \times 5 \times \pi}} = 25\pi \,(\text{cm}^2)$$

柱体には、合同な底面（この場合は、円）が2枚あります。ですから、**側面積に、底面積2つぶんをたす**と、次のように表面積が求められます。

$$\underset{側面積 \,+\, 底面積 \times 2}{\underline{60\pi} \,+\, \underline{25\pi \times 2}} = 110\pi \,(\text{cm}^2)$$

(2) の答え　$\underline{110\pi \,\text{cm}^2}$

錐体の体積を、どうやって求めるか？
【空間図形】

中1

次の図のような立体を錐体といいます。錐体は、角錐と円錐に分けられます。

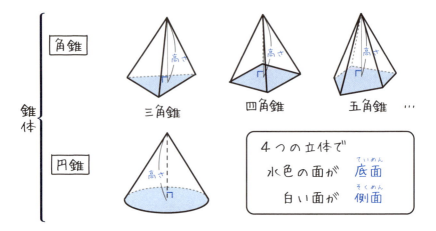

錐体は、底面と側面からできています。錐体の底面は1面です。角錐の側面は三角形で、円錐の側面は曲面です。

底面が三角形の錐体を、三角錐といいます。底面が四角形の錐体を、四角錐といいます。底面が五角形の錐体を、五角錐といいます。底面が円の錐体を、円錐といいます。このように、錐体は底面の形によって、呼び方がかわります。

角錐と円錐の体積は、どちらも「底面積 × 高さ × $\frac{1}{3}$」で求められます。つまり、錐体の体積は、底面積と高さが等しい柱体の体積の$\frac{1}{3}$であるということです。

「どうして $\frac{1}{3}$ をかけるのか」ということについて証明するためには、高校数学で習う積分を使って証明する必要があります。そのため、中学校の数学の教科書などでは、次のように説明されることが多いです。

錐体の体積が $\frac{1}{3}$ になることの説明

- 底面積と高さの等しい円柱と円錐の容器を用意する
  ↓
- 円柱の容器には、円錐の容器の何倍ぶんの水が入るか試してみる
  ↓
- 円錐の容器の **3倍ぶん** の水を入れると、円柱の容器がいっぱいになる
  ↓
- だから、**円錐の体積は、円柱の体積の $\frac{1}{3}$ である**ことがわかる
  ↓
- 角柱・角錐の容器で試しても同じ結果になる。つまり、「**錐体の体積 ＝ 底面積×高さ×$\frac{1}{3}$**」である

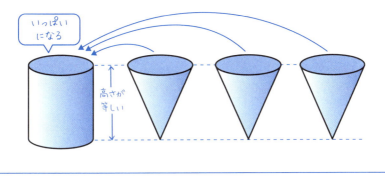

では、錐体の体積を求める練習をしてみましょう。

例 次の立体の体積を求めましょう。

(1) 底面は1辺6cmの正方形　　(2)

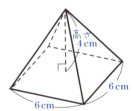
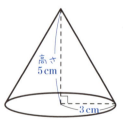

(1) は、四角錐（底面は1辺6cmの正方形）です。底面積（6cm×6cm）に高さ（4cm）をかけて、さらに$\frac{1}{3}$をかけて、次のように求めます。

$$\underline{\underline{6 \times 6}} \times \underline{4} \times \frac{1}{3} = 48\,(\text{cm}^3)$$
底面積　×　高さ×$\frac{1}{3}$

(1) の答え　48 cm³

(2) は、円錐（底面は半径が3cmの円）です。底面積（3cm×3cm×π）に高さ（5cm）をかけて、さらに$\frac{1}{3}$をかけて、次のように求めます。

$$\underline{\underline{3 \times 3 \times \pi}} \times \underline{5} \times \frac{1}{3} = 15\pi\,(\text{cm}^3)$$
底面積　　　×高さ×$\frac{1}{3}$

(2) の答え　15π cm³

錐体の表面積を、どうやって求めるか？【空間図形】

中1

柱体（角柱と円柱）には、合同な底面が2枚ありました。ですから、柱体の表面積は、「側面積 + 底面積 ×2」という式で求められました。

一方、錐体（角錐と円錐）には、底面が1枚しかありません。ですから、錐体の表面積は、「側面積 + 底面積」という式で求められます。まずは、角錐の表面積を求める例題を解いてみましょう。

例1 次の立体は、底面が1辺3cmの正方形で、側面の4つの三角形は合同な、四角錐です。この立体の表面積を求めましょう。

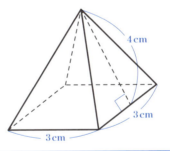

（例1）の四角錐の側面は、4つの合同な三角形（底辺は3cm、高さは4cm）です。また、この四角錐の底面は、1辺3cmの正方形です。これらの面積をたしあわせると、表面積が次のように求められます。

$$\underbrace{\underbrace{3 \times 4 \div 2}_{側面1枚の面積} \times \underbrace{4}_{4枚} + \underbrace{3 \times 3}_{底面積}}_{側面積} = 33 (\text{cm}^2)$$

答え　33 cm²

では次に、円錐の表面積を求める例題に進みますが、その前に、円錐に関する用語を1つおさえましょう。円錐の次の部分を、**母線**といいます。

例2　次の円錐の表面積を求めましょう。

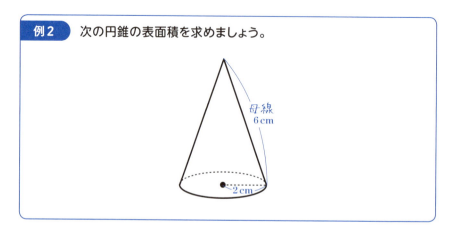

（例2）の円錐の展開図を考えると、次のようになります。

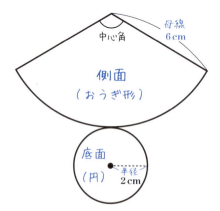

このように、円錐の展開図は、側面がおうぎ形で、底面が円になります。

この円錐の底面は、半径 2cm の円ですから、底面積は求められます。
一方、この円錐の側面は、半径（母線）は 6cm だとわかっていますが、中心角が何度か、わかっていません。

「おうぎ形の面積 ＝ 半径 × 半径 × π × $\dfrac{中心角}{360}$」という公式を使って、面積を求めようとしても、中心角が何度かわからないので、このままでは求められません。

一方、おうぎ形には、別の面積の求め方があったのを覚えているでしょうか？
「おうぎ形の面積 ＝ $\dfrac{1}{2}$ × 弧の長さ × 半径」という公式です（p.256 参照）。この公式であれば、弧の長さ（と半径）がわかれば、おうぎ形の面積が求められます。

ここで、もう一度、展開図に戻りましょう。側面のおうぎ形をぐるっと巻いて、底面の円にくっつけると、円錐ができます。ですから、側面のおうぎ形の弧の長さと、底面の円周の長さは同じです。

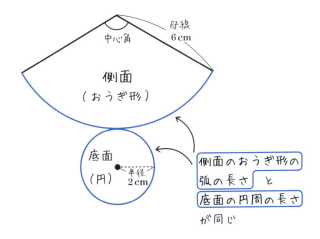

底面の円の半径は $2\,\mathrm{cm}$ ですから、底面の円周は、$2\times2\times\pi=4\pi\ (\mathrm{cm})$ です。つまり、**側面のおうぎ形の弧の長さも $4\pi\ (\mathrm{cm})$** ということです。

　ここで、「おうぎ形の面積 $=\dfrac{1}{2}\times$ 弧の長さ $\times$ 半径」という公式より、**（例2）** の円錐の側面積（側面のおうぎ形の面積）は、次のように求められます。

$$\text{円錐の側面積（側面のおうぎ形の面積）} = \frac{1}{2}\times\text{弧の長さ}\times\text{半径}$$
$$= \frac{1}{2}\times4\pi\times6 = 12\pi\ (\mathrm{cm}^2)$$

　これで、**（例2）** の円錐の側面積が $12\pi\ \mathrm{cm}^2$ と求められました。あとは、この側面積に、底面積（半径 $2\,\mathrm{cm}$ の円の面積）をたせば、次のように表面積が求められます。

$$\underbrace{12\pi}_{\text{側面積}} + \underbrace{2\times2\times\pi}_{\text{底面積}} = 12\pi+4\pi = 16\pi\ (\mathrm{cm}^2)$$

答え　$16\pi\ \mathrm{cm}^2$

　ところで、**（例2）** の円錐の側面積を求めるとき、「おうぎ形の面積 $=\dfrac{1}{2}\times$ 弧の長さ $\times$ 半径」という公式を使いましたね。そして、おうぎ形の弧の長さが、底面の円周の長さに等しいことを利用して解きました。この流れを式に表すと、次のようになります。

$$\begin{aligned}
\text{おうぎ形の面積（円錐の側面積）} &= \frac{1}{2}\times\text{弧の長さ}\times\text{母線（おうぎ形の半径）}\\[4pt]
&\qquad\qquad\qquad \downarrow \text{底面の円周に等しい}\\[2pt]
&= \frac{1}{2}\times\boxed{\text{底面の半径}\times2\times\pi}\times\text{母線}\\[4pt]
&= \frac{1}{\underset{1}{2}}\times\text{底面の半径}\times\overset{1}{2}\times\pi\times\text{母線}\\[4pt]
&= \text{底面の半径}\times\pi\times\text{母線}\\[4pt]
&\qquad\qquad\qquad \searrow \text{交換法則}\\[2pt]
&= \underline{\text{母線}\times\text{底面の半径}\times\pi}
\end{aligned}$$

268　｜　錐体の表面積を、どうやって求めるか？【空間図形】

つまり、「**円錐の側面積 ＝ 母線 × （底面の）半径 × π**」という公式が成り立つのです。この公式が成り立つ理由をおさえたうえで、次のように「ハハハンパイ」という語呂合わせでおさえることをおすすめします。

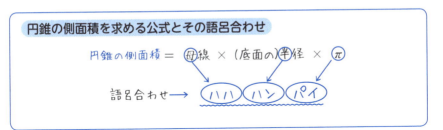

　この「ハハハンパイ」の公式を使えば、**（例2）**は、次のようにスムーズに解くことができます。

$$\text{円錐の表面積} = \underbrace{\underbrace{6}_{\substack{母線\\(ハハ)}} \times \underbrace{2}_{\substack{半径\\(ハン)}} \times \underbrace{\pi}_{パイ}}_{側面積} + \underbrace{2 \times 2 \times \pi}_{底面積} = 12\pi + 4\pi = 16\pi \,(\text{cm}^2)$$

答え　16π cm²

　（例2）の円錐の表面積を求めるプロセスを、難しく感じた方もいるかもしれません。解き方を、順を追って確認して、自力で解けるように練習しましょう。

球の体積と表面積を、どうやって求めるか？【空間図形】

中1

次の図のように、**空間のある1点から一定の距離にある点の集まりを、球**といいます。

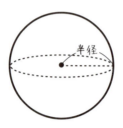

錐体の体積を求める公式（$\frac{1}{3}$をかける理由）を導くには、高校数学の積分の知識が必要であることは、すでにお話ししました。球の体積を求める公式と、球の表面積を求める公式を導くにも、高校数学の積分を使った証明が必要になります。

中学数学の範囲をこえてしまいますので、この本では積分での証明には触れないことにします。そのかわり、円の体積と表面積を求める公式には、それぞれおもしろい性質がありますので、それを問題形式で紹介します。

> **例1** 次の図で、半径 r cm の球が、円柱の容器にぴったり入っています。これについて、後の問いに答えましょう。
>
>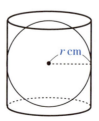

(1)「球の体積は、その球がぴったり入る円柱の体積の $\frac{2}{3}$ に等しい」
という性質があります。この球の体積を $V\mathrm{cm}^3$ とするとき、Vを、r を使った式で表しましょう。

(2)「球の表面積は、その球がぴったり入る円柱の側面積に等しい」
という性質があります。この球の表面積を $S\mathrm{cm}^3$ とするとき、Sを、r を使った式で表しましょう。

(1) から求めていきましょう。問題文の通り、「**球の体積は、その球がぴったり入る円柱の体積の $\frac{2}{3}$ に等しい**」という性質があります。ですから、「円柱の体積の $\frac{2}{3}$」を求めればいいことがわかります。

円柱の底面の半径は、球の半径と同じ長さですから、$r\mathrm{cm}$ です。また円柱の高さは、球の直径と同じ長さですから、$r \times 2 = 2r(\mathrm{cm})$ です。

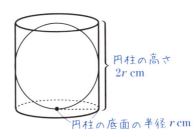

これにより、「円柱の体積の $\frac{2}{3}$」は、次のように求められます。

$$\underline{r \times r \times \pi} \times \underline{2r} \times \frac{2}{3} = \frac{4}{3}\pi r^3 \,(\mathrm{cm}^3)$$

底面積 × 高さ × $\frac{2}{3}$

「球の体積」と「円柱の体積の $\frac{2}{3}$」は等しいです。ですから、半径 $r\mathrm{cm}$ の球の体積 V は、「$V = \frac{4}{3}\pi r^3$」で求められるということです。

(1) の答え　$\underline{V = \frac{4}{3}\pi r^3}$

(2) に進みます。問題文の通り、「**球の表面積は、その球がぴったり入る円柱の側面積に等しい**」という性質があります。ですから、「円柱の側面積」を求めればいいことがわかります。

円柱の側面積は、底面の円周（$r \times 2 \times \pi$）に、円柱の高さ（$2r$）をかければ、次のように、求められます（円柱の側面積の求め方について、くわしくは**p.261**をみてください）。

$$\underset{\text{底面の円周}}{\underline{r \times 2 \times \pi}} \times \underset{\text{高さ}}{\underline{2r}} = 4\pi r^2$$

「球の表面積」と「円柱の側面積」は等しいです。ですから、半径 $r\mathrm{cm}$ の球の表面積 S は、「$S = 4\pi r^2$」で求められるということです。

<u>（2）の答え　$S = 4\pi r^2$</u>

球の体積と表面積を求める公式は、それぞれ次の語呂合わせでおさえることもできます。

球の体積と表面積を求める公式とその語呂合わせ

［球の半径を r とすると］

球の体積　$V = \dfrac{4}{3}\pi r^3$

（ 身 の 上 に 心 配 あ る 参 上 ）
　　3　　　　4 π　　r　　3乗

球の表面積　$S = 4\pi r^2$

（ 心 配 あ る 事 情 ）
　4　π　　r　　2乗

この、球の体積と表面積を求める公式を発見したのは、古代ギリシアのアルキメデス（紀元前 287 頃～前 212 頃）だといわれています。アルキメデスは、$\sqrt{3}$ の近似値（**p.151**）や円周率の近似値（**p.251**）の項目にも出てきましたね。

ところで、アルキメデスが発見したなかで一番有名なのは「**アルキメデスの原理**」でしょう。すなわち、水中の物体は、その物体が押しのける水の重さ

のぶんだけ浮力をうけるという原理です。この発見により、アルキメデスは、物理学者というイメージでとらえられることもありますが、数学者、発明家、天文学者としても偉大な業績を残しています。

それでは、球の体積と表面積を、実際に求めてみましょう。

例2 次の球の体積と表面積をそれぞれ求めましょう。

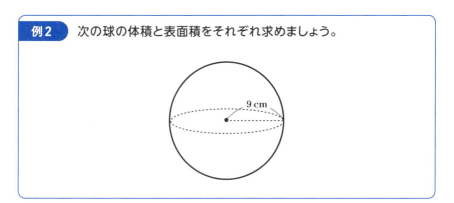

この球の半径は 9 cm です。半径 r cm の球の体積 V は、「$V = \dfrac{4}{3}\pi r^3$」で求められるので、

$$V = \dfrac{4}{3}\pi \times 9^3 = \dfrac{4}{3}\pi \times 9 \times 9 \times 9 = 972\pi \ (\text{cm}^3)$$

一方、半径 r cm の球の表面積 S は、「$S = 4\pi r^2$」で求められるので、

$$S = 4\pi \times 9^2 = 4\pi \times 81 = 324\pi \ (\text{cm}^2)$$

答え　体積…972π cm³、　表面積…324π cm²

この項目の最後に、円錐と球と円柱の体積のおもしろい関係を紹介しましょう。次の例題を解いてみてください。

例3 次の円錐と球と円柱のそれぞれの体積の比を求め、最もかんたんな比にしましょう。

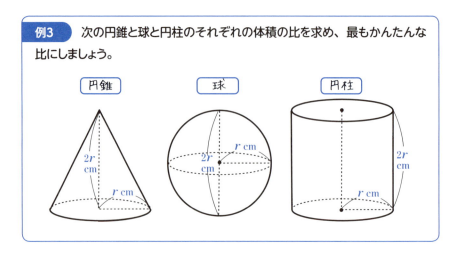

まず、円錐の体積を求めましょう。「錐体の体積 ＝ 底面積 × 高さ × $\frac{1}{3}$」なので、

$$円錐の体積 = r \times r \times \pi \times 2r \times \frac{1}{3} = \frac{2}{3}\pi r^3 \text{ (cm}^3\text{)}$$

次に、球の体積は、公式より、$\frac{4}{3}\pi r^3$ (cm³) です。

最後に、円柱の体積を求めましょう。「柱体の体積 ＝ 底面積 × 高さ」なので、

$$円柱の体積 = r \times r \times \pi \times 2r = 2\pi r^3 \text{ (cm}^3\text{)}$$

ですから、円錐の体積：球の体積：円柱の体積は、次のようになります。

$$\frac{2}{3}\pi r^3 : \frac{4}{3}\pi r^3 : 2\pi r^3$$
$$= \frac{2}{3} : \frac{4}{3} : 2 \quad \text{すべての項を}\pi r^3\text{で割る}$$
$$= 2 : 4 : 6 \quad \text{すべての項に3をかける}$$
$$= 1 : 2 : 3 \quad \text{すべての項を2で割る}$$

答え　**1：2：3**

それぞれ形の違う立体の体積比が、**1：2：3**という綺麗な整数比になるのは、神秘的な結果だといえるかもしれません。

多面体では、なぜ「頂点の数 − 辺の数 ＋ 面の数 ＝ 2」が成り立つのか?【空間図形】

中1・発展

　平面だけで囲まれた立体を、**多面体**といいます。今まで習った立体でいうと、角柱、角錐は、みな平面だけで囲まれているので、どちらも多面体です。一方、円柱と円錐は、どちらも側面が曲面なので、多面体ではありません。

　また、どの面もすべて合同な正多角形（正三角形、正方形、正五角形、…など）であり、どの頂点にも同じ数の面が集まっている、へこみのない多面体を、**正多面体**といいます。正多面体には、次の5種類があります。

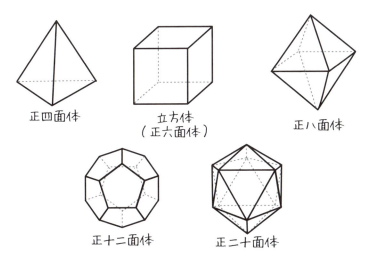

正四面体　　立方体（正六面体）　　正八面体

正十二面体　　正二十面体

　ところで、**(穴があいていない) 多面体は「頂点の数 − 辺の数 ＋ 面の数」の値が必ず2になる**という性質があります。これを発見した、オイラー（1707〜1783）の名を借りて、この性質を「**オイラーの多面体定理**」といいます。

　実際に、正多面体で計算してみると、次のように成り立つことがわかります。

図形の名前	頂点の数	辺の数	面の数	頂点 − 辺 + 面
正四面体	4	6	4	2
正六面体	8	12	6	2
正八面体	6	12	8	2
正十二面体	20	30	12	2
正二十面体	12	30	20	2

正多面体以外の多面体で試しても、次のように成り立ちます。

図形の名前	頂点の数	辺の数	面の数	頂点 − 辺 + 面
三角柱	6	9	5	2
四角錐	5	8	5	2

　まず、オイラーの多面体定理の覚え方ですが、「**辺（の数）を引くと2になる**」とおさえましょう。引くのは辺の数だけで、答えが2になるので、この覚え方が役に立ちます。

　ところで、オイラーの多面体定理を、一見不思議な性質に感じる方もいるでしょう。どうして、（穴の開いていない）あらゆる多面体において、「オイラーの多面体定理」は、成り立つのでしょうか？

　その理由を説明していきましょう。ここでは、多面体の例として、の立方体 ABCD − EFGH を例に解説していきます。

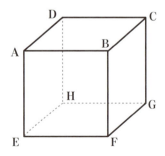

まず、次の 図2 のように、この立方体から、上の面 ABCD（青いかげをつけた面）を取りはずします。

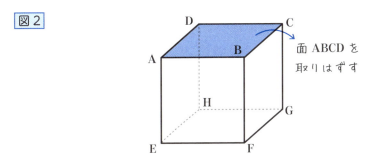

これにより、面の数が1つ減るので、この立体において**「頂点の数 − 辺の数 ＋ 面の数 ＝1」**になることを証明すればよいということになります。

ここで、この立体が、薄いゴムのような伸び縮みする素材で、できているとしましょう。図2 の立体を、べしゃっと上から、平面に押しつぶすようなイメージで考えると、次の右図 図3 のような平面図形になります。

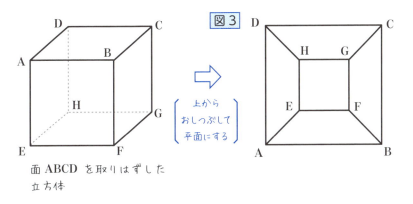

つまり、**立体図形を平面図形に変形して考える**ということです。（上の面を取りのぞいた）立体図形も、（それを押しつぶした）平面図形も、頂点の数、辺の数、面の数は、それぞれ 8、12、5 で同じです。

ここで、図3 の平面図形上の5つの面（四角形）すべてに、対角線を1本

ずつ引きます。すると、5つの面（四角形）は、図4のように10個の面（三角形）に分かれます。

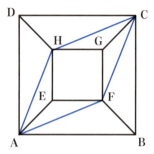

図4

対角線を1本引くごとに、頂点の数は変わりませんが、辺の数と面の数は1つずつ増えるので、

$$頂点の数 - (辺の数 + 1) + (面の数 + 1)$$
$$= 頂点の数 - 辺の数 - 1 + 面の数 + 1$$
$$= 頂点の数 - 辺の数 + 面の数$$

となり、結果的に「頂点の数 − 辺の数 + 面の数」の値はかわりません。そのため、図4のように、5本の対角線を引いても「頂点の数 − 辺の数 + 面の数」の値は、図3のときと変わらないということです。ですから、図4の図形において、「頂点の数 − 辺の数 + 面の数 ＝ 1」であることを示せばよいのです。

次に、図4の10個の三角形を外側から1つずつ取りのぞく作業に入ります。この作業には、2つのパターンがあります。

【作業1】 まず、△CFB（青いかげをつけた三角形）を取りはずしてみましょう（下の2つの図参照）。

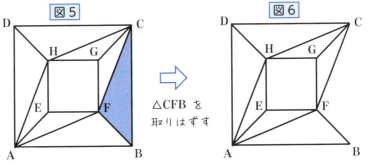

この作業によって、頂点の数は変わりませんが、辺の数と面の数が1つずつ減るので、

　　頂点の数 −（辺の数 − 1）+（面の数 − 1）
　= 頂点の数 − 辺の数 + 1 + 面の数 − 1
　= 頂点の数 − 辺の数 + 面の数

となり、結果的に「**頂点の数 − 辺の数 + 面の数**」の値はかわりません。

【作業2】 次に、図6の図形から、△FAB（青いかげをつけた三角形）を取りはずしてみましょう（下の2つの図参照）。

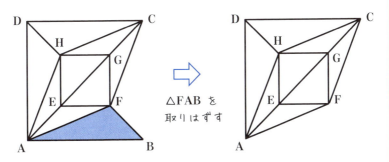

この作業によって、頂点の数と面の数が1つずつ減り、辺の数が2つ減るので、

$$（頂点の数 - 1）-（辺の数 - 2）+（面の数 - 1）$$

$$= 頂点の数 - 1 - 辺の数 + 2 + 面の数 - 1$$

$$= 頂点の数 - 辺の数 + 面の数$$

となり、結果的に「**頂点の数 − 辺の数 ＋ 面の数**」の値は変わりません。

　つまり、【作業1】と【作業2】のどちらをおこなって、三角形を取りのぞいても、「頂点の数 − 辺の数 ＋ 面の数」の値は変わらないということです。

　この【作業1】と【作業2】のどちらかを使いながら、三角形を1つずつ取りのぞいていくと、最終的に三角形は1つだけのこります。

　1つの三角形の頂点の数は3、辺の数は3、面の数は1なので、

$$頂点の数 - 辺の数 + 面の数 = 3 - 3 + 1 = 1$$

となり、「**頂点の数 − 辺の数 ＋ 面の数 ＝1**」が成り立ちます。

　つまり、 図1 のように、上の面を取りはずしていない立方体においては、「**頂点の数 − 辺の数 ＋ 面の数 ＝2**」が成立します。

　今回は、立方体を使って説明しましたが、（穴のあいていない）どんな多面体においても、同様の手順で平面図形にして、三角形に分割し、三角形を1つずつ取りのぞいていけば、1つの三角形が残ります。

　つまり、（穴のあいていない）あらゆる多面体において、オイラーの多面体定理（**頂点の数 − 辺の数 ＋ 面の数 ＝2**）が成り立つことがわかります。

正多面体が、5種類しかない理由とは？【空間図形】

中1・発展

先に述べたように、正多面体には、次の5種類しかありません。

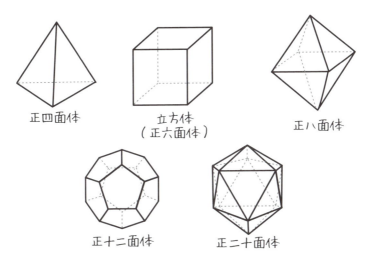

ここで、正多面体とは、次の3つの条件を満たした多面体です。

　　【条件1】どの面もすべて合同な正多角形である
　　【条件2】どの頂点にも同じ数の面が集まっている
　　【条件3】へこみがない

そして、**正多面体の1つの頂点に集まる角の数は3個以上である必要**があります。例えば、2枚の正三角形の紙で試してみると、次の 図1 のように、どうしてもスキマができてしまいます。一方、3枚の正三角形の紙で試してみると、 図2 のように、1つの頂点を包みこむことができます（ 図2 は、3枚の正三角形を使って立体的な角をつくったものを真上からみた図です）。

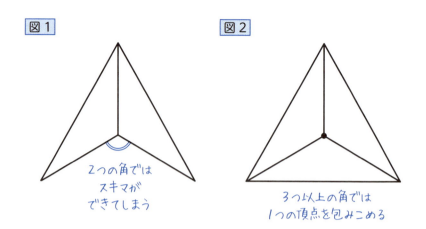

　また、**正多面体では、1つの頂点に集まる角度の和は、360度より小さくなる必要**があります。1つの頂点に集まる角度の和が360度なら、それは平面になるので、正多面体はつくれません。また、1つの頂点に集まる角度の和が360度より大きければ、へこみができてしまい、上記の**【条件3】**の「**へこみがない**」を満たすことができません。

　まとめると、次の2つのことがわかります。
①**正多面体の1つの頂点に集まる角の数は3個以上である**
②**正多面体では、1つの頂点に集まる角度の和は、360度より小さくなる**

　360÷3＝120ですから、①と②より、**正多面体をつくる正多角形の1つの内角（内部の角）は、120度より小さくならなければなりません。**

　ここで、1つの内角が120度より小さい正多角形は、**正三角形**（1つの内角が60度）、**正方形**（1つの内角が90度）、**正五角形**（1つの内角が108度）の3種類だけです。正六角形は、1つの内角が120度ちょうどなので、あてはまりません。

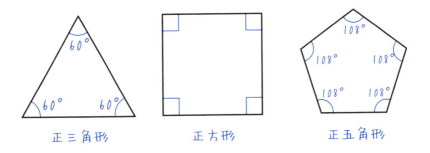

つまり、正多面体をつくることができるのは、正三角形、正方形、正五角形の3種類のみだということです。

> まず、**面の形が正三角形の多面体**から、調べていきましょう。
>
> 1つの頂点に集まる三角形が3個の場合、60×3 = 180度となり、360度より小さいので、正多面体をつくれます（この場合、**正四面体**になります）。
>
>
>
> 1つの頂点に集まる三角形が4個の場合、60×4 = 240度となり、360度より小さいので、正多面体をつくれます（この場合、**正八面体**になります）。
>
>

1つの頂点に集まる三角形が5個の場合、60×5＝300度となり、360度より小さいので、正多面体をつくれます（この場合、正二十面体になります）。

　1つの頂点に集まる三角形が6個の場合、60×6＝360度で、平面になるので、正多面体をつくれません。

　次に、面の形が正方形の多面体について、調べていきましょう。
　1つの頂点に集まる正方形が3個の場合、90×3＝270度となり、360度より小さいので、正多面体をつくれます（この場合、立方体（正六面体）になります）。

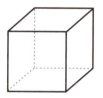

　1つの頂点に集まる三角形が4個の場合、90×4＝360度で、平面になるので、正多面体をつくれません。

　最後に、面の形が正五角形の多面体について、調べていきましょう。
　1つの頂点に集まる正五角形が3個の場合、108×3＝324度となり、360度より小さいので、正多面体をつくれます（この場合、正十二面体になります）。

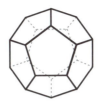

　1つの頂点に集まる正五角形が4個の場合、$108 \times 4 = 432$ 度となり、360度より大きいので、へこみができてしまいます。ですから、正多面体をつくれません。

　以上により、**正多面体は、正四面体、立方体（正六面体）、正八面体、正十二面体、正二十面体の5種類だけである**とわかります。

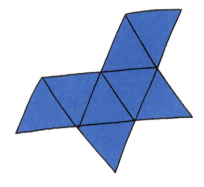

第9章

中2で習う図形の「?」を解決する

対頂角、同位角、錯角とは何か？
【平面図形】

中2

この項目では、直線が交わったときにできる角について、お話ししていきます。

次の図で、∠aと∠cは向かい合っています。このように、**2つの直線が交わるときにできる向かい合った角**を、**対頂角**といいます。

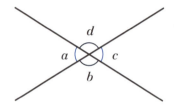

∠bと∠dも向かい合っているので、対頂角です。

「**対頂角は等しい**」という性質があります。この理由は、次のように説明できます。

対頂角が等しいことの説明

∠a＋∠b＝180°だから、
　　∠a＝180°－∠b　……①
∠b＋∠c＝180°だから、
　　∠c＝180°－∠b　……②
①、②より、∠aも、∠cも、180°－∠bに等しいから、
　　∠a＝∠c

∠b＝∠dであることも、同じようにして説明できます。

ちなみに、この「**対頂角は等しい**」という性質は、ギリシア七賢人の一人であるタレス（紀元前 624 頃～前 546 頃）が証明したといわれています。

では次に、**同位角**と**錯角**について、解説していきます。

まず、次のように、2 直線 ℓ と m を引きます。

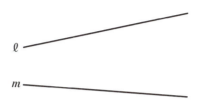

そして、2 直線 ℓ と m に交わる直線 n を引くと、次のように∠ア～∠クの 8 つの角ができます。

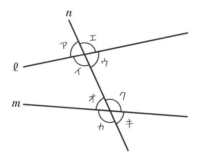

このとき、∠アと∠オ、∠イと∠カ、∠ウと∠キ、∠エと∠クのような位置にある角を、**同位角**といいます。次の図の、同じ印どうしが同位角です。

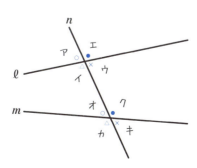

また、∠イと∠ク、∠ウと∠オのような位置にある角を、錯角（さっかく）といいます。

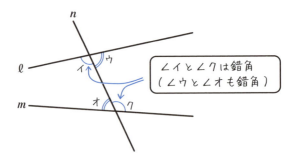

ところで、「2直線 l と m が平行のときのみ、同位角と錯角という角が存在する」と理解している生徒がいますが、それは間違いです。

上の図のように、2直線 l と m が、平行でないときも、同位角や錯角は存在するということをおさえておきましょう。

同位角、錯角と平行線との関係とは？
【平面図形】

中2

1組の三角定規を使うと、次のように、平行線（平行な線）が引けます。

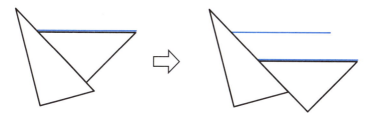

同じ三角定規をスライドさせて、2本の線を引いているので、次の図の、∠aと∠bの大きさが等しいことは明らかです。

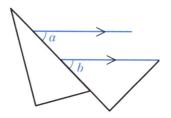

これにより、次の2つが成り立ちます。

- ∠a = ∠bのとき、$\ell \parallel m$
- $\ell \parallel m$のとき、∠a = ∠b

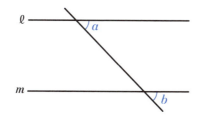

まとめると、同位角と平行線には、次のような関係があります。

> **同位角と平行線の関係**
> ● 2直線に他の直線が交わるとき、同位角が等しければ、その2直線は平行である。
> ● 平行な2直線に他の直線が交わるとき、同位角は等しい。

次に、平行線と錯角の関係についてみていきましょう。

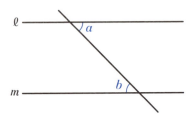

上の図で、次の2つが成り立ちます。

- ∠a = ∠b のとき、ℓ ∥ m
- ℓ ∥ m のとき、∠a = ∠b

つまり、錯角と平行線には、次のような関係があります。

> **錯角と平行線の関係**
> ● 2直線に他の直線が交わるとき、錯角が等しければ、その2直線は平行である。
> ● 平行な2直線に他の直線が交わるとき、錯角は等しい。

錯角と平行線の関係において、それぞれが成り立つ理由は、次のように説明できます。

「∠a = ∠b（錯角が等しい）のとき、ℓ ∥ m」になる理由

次の図で、錯角が等しい、すなわち、∠a = ∠bとします。 ……①

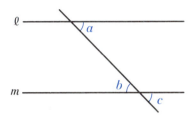

対頂角は等しいので、

　　　∠b = ∠c　　……②

①、②より、∠a = ∠c

2直線に他の直線が交わるとき、**同位角が等しければ、その2直線は平行**であるから、ℓ ∥ m

上記の証明によって、「**錯角が等しければ、その2直線は平行である**」ことが明らかになりました。

「∠a = ∠b のとき、ℓ ∥ m（錯角が等しい）」になる理由

次の図で、2直線ℓ、m、は平行、すなわちℓ ∥ mであるとします。

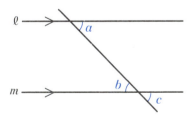

上の図で、平行な2直線に他の直線が交わるとき、同位角は等しいので

　　　∠a = ∠c　　……①

対頂角は等しいので、
$$\angle b = \angle c \quad \cdots\cdots ②$$
①、②より、$\angle a = \angle b$

この証明によって、「平行な 2 直線に他の直線が交わるとき、錯角は等しい」ことが明らかになりました。

同位角、錯角と平行線の関係は、これから出てくる証明問題のなかでも、よく使われます。それぞれの性質が成り立つ理由もふくめて、おさえましょう。

三角形の内角の和は、なぜ180度になるのか？【平面図形】

中2

　内角とは、**内部の角**のことです。また、**多角形の1つの辺と、となりの辺の延長とがつくる角**を、**外角**といいます。なお、多角形とは、三角形、四角形、五角形などのように、直線で囲まれた形のことです。

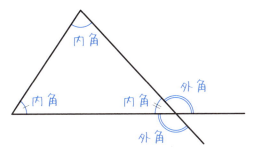

　上の図のように、多角形では、1つの頂点について、2つの外角があります。2つの外角は対頂角なので、大きさは等しくなります。
　この項目では、三角形の内角と外角の性質について調べていきます。
　まず、「三角形の内角の和が180度になる」理由について考えていきましょう。
　小学校では、次の図のように、三角形の3つの角を切り取って、それを集めると180度になることを学びました（『小学校6年分の算数が教えられるほどよくわかる』（ベレ出版）第6章参照）。

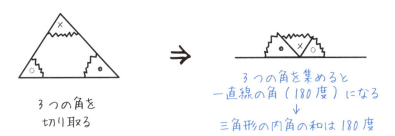

小学校でのこの説明は、三角形の内角の和が180度であることの証明とはいえません。なぜなら、この説明によって、この形の三角形の内角の和が180度であることはいえても、他のあらゆる三角形の内角の和が180度であるかどうか、わからないからです。

　三角形の内角の和が180度であることは、同位角と錯角の性質を使って、次のように証明できます。

> **三角形の内角の和が180度になることの証明**
>
> 　任意の三角形ABCがあり、次の図のように、内角をa、b、cとします。
>
>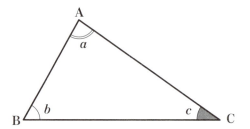
>
> 　次の図のように、点Cを通り、辺ABに平行な直線をCDとします。また、辺BCをCのほうに延長し、CEとします。そして、
> 　　$\angle ACD = \angle a'$、$\angle DCE = \angle b'$とします。
>
>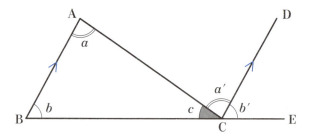
>
> 　ABとCDは平行で、平行線の錯角は等しいので、$\angle a = \angle a'$です。
> 　また、平行線の同位角は等しいので、$\angle b = \angle b'$です。
>
> 　よって、$\angle a + \angle b + \angle c = \angle a' + \angle b' + \angle c = 180$度

だから、三角形の内角の和は 180 度です。

この証明は、すべての三角形について成り立つので、（平面上に書いた）あらゆる三角形の内角の和は 180 度であることがわかります。

なお、この証明で、$\angle a = \angle a'$、$\angle b = \angle b'$ より、

$$\angle a + \angle b = \angle a' + \angle b' = \angle \mathrm{ACE}$$

であることもわかります。

すなわち、「三角形の外角は、それと隣り合わない 2 つの内角の和に等しい」ということです。

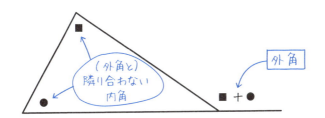

この性質を知っていると、次のような問題をスムーズに解くことができます。

例　次の三角形で、$\angle x$ の大きさを求めましょう。

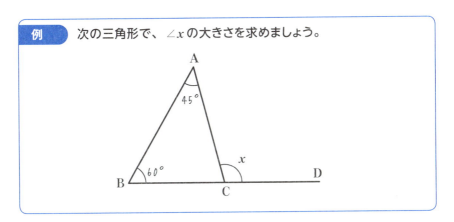

「三角形の外角は、それと隣り合わない 2 つの内角の和に等しい」ので、

$$\angle x = 45^\circ + 60^\circ = 105^\circ$$

答え　105°

このように、1 つの式で解くことができます。一方、この外角の性質を知らないと、次のような少々回りくどい解き方になってしまいます。

（あまりおすすめできない）別解

三角形の内角の和は 180 度なので、

$$\angle ACB = 180^\circ - (45^\circ + 60^\circ) = 75^\circ$$

だから、$\angle x = 180^\circ - 75^\circ = 105^\circ$

答え　105°

この解き方でも間違いではありませんが、計算のステップが 1 つ多くなってしまうので、おすすめはできません。

「三角形の外角は、それと隣り合わない 2 つの内角の和に等しい」という性質を使って解くことをおすすめします。

多角形の内角の和と外角の和はどうなる？【平面図形】

中2

多角形の内角の和がどうなるか調べていきましょう。なお、ここでの多角形とは、へこんだ部分のない多角形（凸多角形）のみを考えるものとします。

多角形の1つの頂点から対角線を引くと、次の図のようにいくつかの三角形に分けることができます。

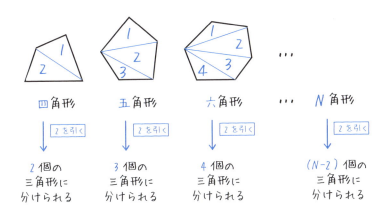

N角形の1つの頂点から対角線を引くとき、自分自身の頂点と、隣の2つの頂点には引けませんから、$(N-3)$本の対角線が引けます。

ここで、多角形は、対角線の数より1つ多い数の三角形に分割されます。ですから、N**角形は、$(N-2)$個の三角形に分けられます**。

そして、三角形の内角の和は180°度なので、N角形の内角の和は、

$$180° \times (N-2)$$

で求められるのです。

299

例えば、七角形の内角の和なら、次のように求めることができます。

$$180° \times (7-2) = 180° \times 5 = \underline{900°}$$

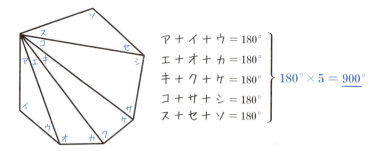

次に、**多角形の外角の和**について調べていきましょう。

> **例1** 次の三角形の外角の和（$\angle a + \angle c + \angle e$）を求めましょう。
>
>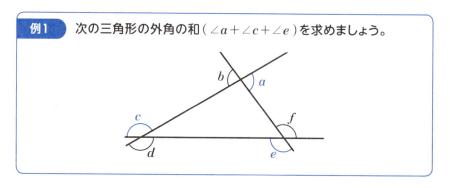

三角形には、（$\angle a \sim \angle f$ の）6つの外角があります。

ここでいう「多角形の外角の和」とは、$\angle a + \angle b + \angle c + \angle d + \angle e + \angle f$ ではなく、$\angle a + \angle c + \angle e$（もしくは、$\angle b + \angle d + \angle f$）が何度になるかを求めるのだということをおさえましょう。つまり、**1つの頂点につき、1つの外角だけを考えたときの和を求める**ということです。

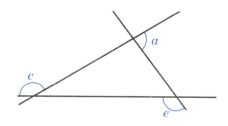

300 ｜ 多角形の内角の和と外角の和はどうなる？【平面図形】

さて、（例1）の三角形の外角の和（∠a＋∠c＋∠e）を求めていきましょう。ここで、三角形の内角を、次のように、それぞれ、∠ア、∠イ、∠ウとします。

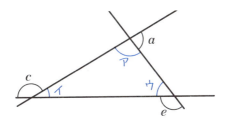

1直線の角は 180°ですから、次のことがわかります。

$$\angle a + \angle ア = 180°$$
$$\angle c + \angle イ = 180°$$
$$\angle e + \angle ウ = 180°$$

180°×3＝540°なので、次の式が成り立ちます。

$$\angle a + \angle ア + \angle c + \angle イ + \angle e + \angle ウ$$
$$=(\angle a + \angle c + \angle e)+(\angle ア + \angle イ + \angle ウ) = 540°$$

ここで、三角形の内角の和（∠ア＋∠イ＋∠ウ）は 180°ですから、

$$\angle a + \angle c + \angle e = 540° - 180° = 360°$$

これにより、三角形の外角の和が 360°であると求められました。

（例1）の答え　360°

実は、三角形だけでなく、何角形であっても、外角の和は 360°になります。それについて、次の例題を解きながら、解説していきます。

> **例2**　N 角形の外角の和を求めましょう。

N 角形のそれぞれの頂点での「内角と1つの外角の和」は、180°です。

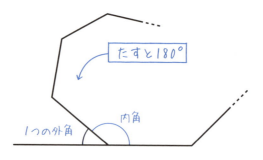

ですから、N角形の内角の和と外角の和をすべてたすと、$180°×N$になります。また、N角形の内角の和は、$180°×(N-2)$で求められます。
これにより、N角形の外角の和は、次のように求められます。

$$\begin{aligned}N\text{角形の外角の和} &= \underline{180°×N}-\underline{180°×(N-2)}\\&\quad\ \ \text{内角の和と}\qquad\ \text{内角の和}\\&\quad\ \ \text{外角の和の合計}\\&= 180°×N-180°×N+180°×2\\&= 180°×2\\&= 360°\end{aligned}$$

(例2) の答え　360°

つまり、三角形、四角形、五角形、…といった**多角形の外角の和は、いずれも 360° である**ということです。

この項目で学んだことについてまとめると、次のようになります。

> **多角形の内角の和と外角の和**
> ● N角形の内角の和は、$180°×(N-2)$で求められる。
> ● N角形の外角の和は、$360°$である。

これを使って、次の例題を解いてみましょう。

例3　正九角形の1つの内角の大きさを求めましょう。

(例 3) には、2 つの解き方があります。

【解き方 1】内角の和を求める公式を使う方法

N 角形の内角の和は、$180° \times (N-2)$ で求められるので、正九角形の内角の和は、

$$180° \times (9-2) = 1260°$$

正九角形の 9 つの内角はすべて等しいので、$1260°$ を 9 で割れば、1 つの内角の大きさが求められます。

$$1260° \div 9 = 140°$$

(例 3) の答え　$140°$

【解き方 2】外角の和が $360°$ であることを使う方法

N 角形の外角の和は $360°$ なので、正九角形の外角の和も $360°$ です。

正九角形の 9 つの外角はすべて等しいので、$360°$ を 9 で割れば、1 つの外角の大きさが求められます。

$$360° \div 9 = 40°$$

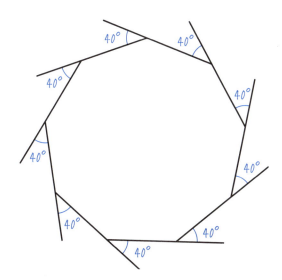

「1つの内角 = 180°－1つの外角」なので、正九角形の1つの内角の大きさは、

$$180° - 40° = 140°$$

(例3) の答え　140°

2つの解き方を比べると、【解き方2】のほうが、簡単な計算で求められることがわかります。どちらの解き方でも解けるように練習しましょう。

合同とは何か？
【平面図形】

中2

2つの図形について、一方を移動させると、他方にぴったりと重ね合わせることができるとき、この2つの図形は**合同**であるといいます。その図形を裏返して、ぴったりと重ね合わせられる場合も、合同にふくめます。

2つの図形が合同であるとき、ぴったりと重なる点、角、辺をそれぞれ、**対応する点、対応する角、対応する辺**といいます。

合同な図形では、次の2つが成り立ちます。

> **合同な図形の性質**
> ● 合同な図形の対応する辺の長さは等しい。
> ● 合同な図形の対応する角の大きさは等しい。

次の 図1 で、△ABCと△DEF が合同であり、点Aと点D、点Bと点E、点Cと点F がそれぞれ対応するとします。

図1

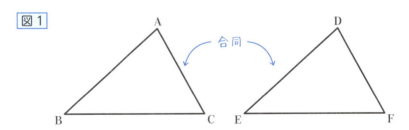

このとき、△ABCと△DEF が合同であることを、記号≡を使って
　　　　△ABC ≡ △DEF
と表します。

305

記号≡を使うとき、対応する頂点の文字を周にそって、同じ順に書きましょう。例えば、図1で、△ABC ≡ △FDEのように、対応しない順に書くと**間違い**になります。

合同を表したいときに、等号 = を使って、**△ABC = △DEFと表すのも間違いなので、注意しましょう。** = を使うと、合同を表すのではなく、「面積が等しい」ことを表します。

今までの内容をふまえて、次の例題を解いてみましょう。

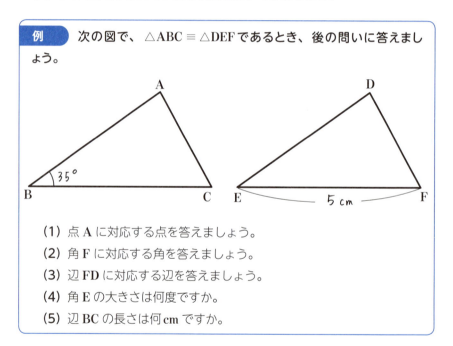

例 次の図で、△ABC ≡ △DEFであるとき、後の問いに答えましょう。

(1) 点 A に対応する点を答えましょう。
(2) 角 F に対応する角を答えましょう。
(3) 辺 FD に対応する辺を答えましょう。
(4) 角 E の大きさは何度ですか。
(5) 辺 BC の長さは何 cm ですか。

(1) から解いていきましょう。図より、点 A に対応する点は、点 D です。

<u>(1) の答え　点 D</u>

(2) に進みます。図より、角 F に対応する角は、角 C です。

<u>(2) の答え　角 C</u>

(3) に進みます。図より、辺 FD に対応する辺は、辺 CA です。

このとき、辺 AC と答えると間違いです。点 F に対応するのは点 C、点 D に対応するのは点 A なので、対応する順に、辺 CA と答える必要があります。

<u>(3) の答え　辺 CA</u>

(4) に進みます。角 E は、角 B（＝35°）に対応しています。**合同な図形の対応する角の大きさは等しい**ので、角 E も 35° です。

<u>(4) の答え　35°</u>

(5) に進みます。辺 BC は、辺 EF（＝5 cm）に対応しています。**合同な図形の対応する辺の長さは等しい**ので、辺 BC も 5 cm です。

<u>(5) の答え　5 cm</u>

第 9 章　―　中 2 で習う図形の「？」を解決する

307

三角形が合同になる条件とは何か？
【平面図形】

中2

　三角形が合同になる条件のことを「**三角形の合同条件**」といいます。この項目では、三角形がどんなときに合同になるのか、調べていきます。

　ある条件において、三角形が1通りに決まるなら、それは三角形の合同条件ということができます。次の例題を解きながら、三角形の合同条件を調べてみましょう。

> **例**　次の3つの場合で、三角形はそれぞれ1通りに決まりますか。
> (1) 3辺が3cm、5cm、6cmの三角形
> (2) 2辺が4cmと5cmで、1つの角が35°の三角形
> (3) 1辺が4cmで、2つの角が30°と55°の三角形

　(1)からいきましょう。3辺が3cm、5cm、6cmの三角形を作図すると、次のようになります（定規で長さをはかることは、厳密な意味で、中学数学の作図ではありませんが、この項目では作図にふくむとします）。

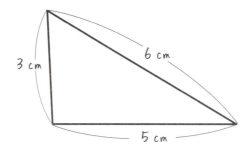

　違う形にかこうとしても、これ以外に作図できません。ですから、三角形は1通りに決まります。上の図を裏返した形は作図できますが、裏返した形も合

同にふくまれるので、やはり1通りとなります。

(1) の答え　決まる

(1) の結果より、**3組の辺がそれぞれ等しい**とき、合同な三角形をかけることがわかります。

(2) に進みます。2辺が 4 cm と 5 cm で、1つの角が 35° の三角形は、図1 だけでなく、例えば、図2 などのように作図できます。

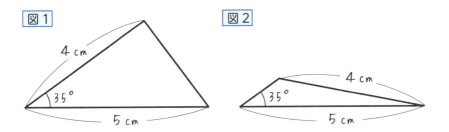

ですから、三角形は1通りに決まりません。

(2) の答え　決まらない

一方、2辺（4 cm と 5 cm）と**その間の角**を 35° と決めれば、三角形は次の1通りに決まります。

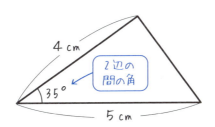

ですから、**2組の辺とその間の角がそれぞれ等しい**とき、合同な三角形をかけることがわかります。

(3) に進みます。1辺が4cmで、2つの角が30°と55°の三角形は、図3 だけでなく、例えば、図4 などのように作図できます。

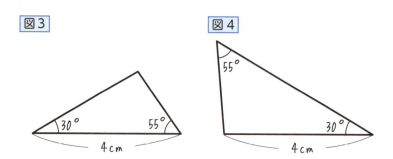

ですから、三角形は1通りに決まりません。

(3) の答え　決まらない

一方、1辺（4cm）と**その両端の角**を30°と55°と決めれば、三角形は次の1通りに決まります。

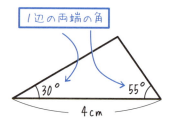

ですから、**1組の辺とその両端の角がそれぞれ等しい**とき、合同な三角形をかけることがわかります。

まとめると、三角形の合同条件は次のようになります。

三角形の合同条件

次の3つの合同条件のうち、どれかが成り立つとき、2つの三角形は合同であるといえます。

① 3組の辺がそれぞれ等しい。

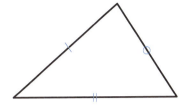
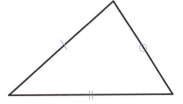

② 2組の辺とその間の角がそれぞれ等しい。

③ 1組の辺とその両端の角がそれぞれ等しい。

　三角形の合同条件は、図形の証明問題でとてもよく使われます。ですから、今のうちにおさえておきましょう。

タレスは、どうやって船までの距離を測ったか？【平面図形】

中2

「1組の辺とその両端の角がそれぞれ等しいとき、2つの三角形は合同である」という合同条件は、この本に度々出てきている**タレス**（紀元前624頃～前546頃）が証明したといわれています。

タレスは、この合同条件を使って、**陸上のある位置と、沖の船の位置の距離を計測した**そうです。一体、どのように計測したのでしょうか？

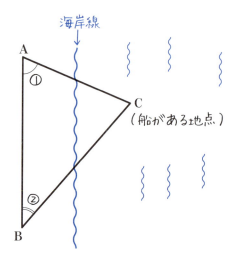

上の図で、陸上のA地点と、沖の船があるC地点の距離を測りたいとしましょう。

このとき、①と②の角度を調べます。そして、ABに対して反対側に同じ大きさの角①と角②をつくり、それぞれの辺を延長すると、次の図のように、△ADBをつくることができます。

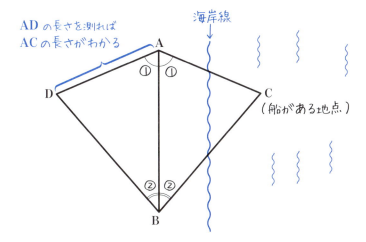

1組の辺（AB）とその両端の角（角①と角②）がそれぞれ等しいので、△ACB ≡ △ADBです。そして、合同な図形の対応する辺の長さは等しいので、AC = AD となります。

つまり、**陸上の AD の距離を測れば、AC の距離もわかる**ということです。

実際に、この方法で計測しようとすると、なかなか大変かもしれませんが、三角形の合同条件をうまく利用した計測法だということができるでしょう。

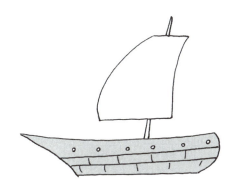

証明とは何か？

中2

「数学の証明問題が苦手だ」という声を耳にすることがあります。ところで、そもそも証明とは何なのでしょうか？

証明の意味を知るために、仮定と結論という用語のそれぞれの意味をおさえる必要があります。仮定と結論のそれぞれの意味を知るために、次の例をみてください。

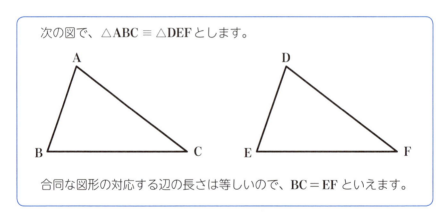

次の図で、△ABC ≡ △DEF とします。

合同な図形の対応する辺の長さは等しいので、BC = EF といえます。

上記の例をまとめると、次のようになります。

$$\triangle ABC \equiv \triangle DEF \quad ならば \quad BC = EF$$

このように、「〇〇〇ならば□□□」という形で、
　　〇〇〇 の部分を　仮定
　　□□□ の部分を　結論
といいます。

「△ABC ≡ △DEF　ならば　BC = EF」の形でいうと、

$$\triangle \text{ABC} \equiv \triangle \text{DEF} \quad \text{が} \quad \text{仮定}$$
$$\text{BC} = \text{EF} \quad \text{が} \quad \text{結論}$$

です。

　仮定と結論のそれぞれの意味がわかれば、証明という言葉の意味についても説明できます。

　つまり、**仮定を出発点として、すでに正しいとわかっている性質をもとに、すじ道を立てて、結論を導くこと**を、証明というのです。

　ここまでの内容をふまえたうえで、次の例題の解説に進みます。

例1　「$A = B$　ならば　$A + C = B + C$」という事柄を、①とします。これについて、次の問いに答えましょう。

(1)　①は正しいですか。正しくないですか。

(2)　①の逆をいいましょう。

(3)　①の逆は正しいですか。正しくないですか。

---

　(1) から解説します。「$A = B$　ならば　$A + C = B + C$」という事柄が正しいかどうか答える問題です。

　等式の性質により、両辺に同じ数をたしても、等式は成り立ちます。だから、「$A = B$　ならば　$A + C = B + C$」という事柄は、正しいといえます。

<u>(1) の答え　正しい</u>

　(2) は、「①の逆をいいましょう」という問題です。ここで、「逆」という用語が出てきました。

　逆とは、**ある事柄の仮定と結論を入れかえたもの**のことです。

　ですから、「$A = B$　ならば　$A + C = B + C$」の逆（仮定と結論を入れかえたもの）は、「$A + C = B + C$　ならば　$A = B$」です。

<u>(2) の答え　$A + C = B + C$　ならば　$A = B$</u>

315

（3） は、①の逆、すなわち「$A + C = B + C$　ならば　$A = B$」という事柄が正しいかどうか答える問題です。

等式の性質により、両辺から同じ数を引いても、等式は成り立ちます。ここで、「$A + C = B + C$」の両辺から、C を引くと、次のようになります。

$$A + C - C = B + C - C$$

これによって、両辺から C が消えて、「$A = B$」になります。ですから、「$A + C = B + C$　ならば　$A = B$」という事柄は、正しいといえます。

（3）の答え　正しい

（例1） では、元の事柄も、逆も、正しいことがわかりましたね。では、次の例題をみてください。

例2　「$x < 1$　ならば　$x < 5$」という事柄を、②とします。これについて、次の問いに答えましょう。
(1) ②は正しいですか。正しくないですか。
(2) ②の逆をいいましょう。
(3) ②の逆は正しいですか。正しくないですか。

（1） から解説します。「$x < 1$　ならば　$x < 5$」という事柄が正しいかどうか答える問題です。

x が 1 より小さい数ならば、x は 5 より小さい数に必ずなります。なぜなら、1 は 5 より小さい数だからです。だから、「$x < 1$　ならば　$x < 5$」という事柄は、正しいといえます。

（1）の答え　正しい

（2） は、「②の逆をいいましょう」という問題です。
「$x < 1$　ならば　$x < 5$」の逆（仮定と結論を入れかえたもの）は、「$x < 5$　ならば　$x < 1$」となります。

(2) の答え　$x<5$　ならば　$x<1$

(3) は、②の逆、すなわち「$x<5$　ならば　$x<1$」という事柄が正しいかどうか答える問題です。

x が 5 より小さい数であったとしても、x が 1 より小さいとは限りません。

例えば、2 という数は、5 より小さいですが、1 より大きいです。

ですから、「$x<5$　ならば　$x<1$」という事柄は、正しくありません

(3) の答え　正しくない

（例 2）のように、元の事柄が正しくても、その逆が正しいとは限らないので注意しましょう。

（例 2）の (3) では、「$x<5$　ならば　$x<1$」という事柄に、例えば、2 という数が当てはまりませんでした。この「2」のように、「$x<5$」という仮定は満たすが、「$x<1$」という結論を満たさないような例を、反例といいます。

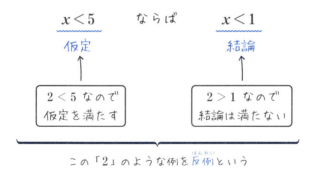

反例を 1 つだけでもあげることができれば、その事柄は「正しくない」といえます。

三角形の合同を証明する問題は、どうやって解くのか？【平面図形】

中2

証明とは、「**仮定を出発点として、すでに正しいとわかっている性質をもとに、すじ道を立てて、結論を導くこと**」であると述べました。

では、実際にどうやって証明をするのでしょうか。三角形の合同を証明する問題を例にして、解説していきます。

例1 次の図で、AB ∥ CD、AB＝CD のとき、後の問いに答えましょう。

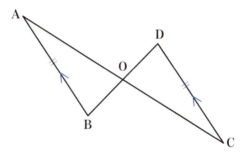

(1) △ABO ≡ △CDO であることを証明しましょう。
(2) BO＝DO であることを証明しましょう。

では、(1) から解説していきましょう。

「○○○ならば□□□」という形で、
　　　　○○○　の部分を　**仮定**
　　　　□□□　の部分を　**結論**
ということは、すでに述べました。

(例1)(1)での仮定と結論は、それぞれ何か、まず考えてみましょう。

仮定は「**問題文で与えられている条件**」だと言いかえることができます。その意味において、**AB ∥ CD、AB = CD が仮定**です。
また、結論は「**証明したいこと**」と言いかえることができます。その意味において、**△ABO ≡ △CDO が結論**です。

(例1)(1)を、「〇〇〇ならば□□□」の形でいうと、
「AB ∥ CD、AB = CD　ならば　△ABO ≡ △CDO」であることを証明する問題だといえます。
これをもとに、(例1)(1)を証明すると、次のようになります。

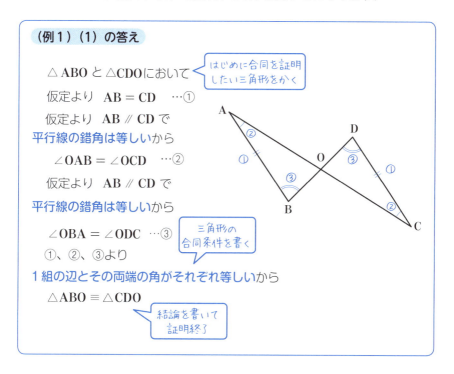

次に、(例1)(2)に進みましょう。

> **（例1）(2) の答え**
> 　(1) より、△ABO ≡ △CDO
> 　合同な図形の対応する辺の長さは等しいから、BO＝DO

「合同な図形の対応する辺の長さは等しい」というのは、p.305 で解説した性質です。

証明の流れをなんとなくでも、おさえることができたでしょうか。解き方の流れを理解できたら、**(例1)** の解答を自力で書けるように練習しましょう。

そして、それができたら、次の **(例2)** を、解答をかくして自力で解けるか挑戦してみましょう。

> **例2** 次の四角形 ABCD で、AB＝CD、∠BAC＝∠DCA のとき、後の問いに答えましょう。
>
>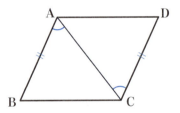
>
> (1) BC＝DA であることを証明しましょう。
> (2) BC ∥ DA であることを証明しましょう。

(例2) の証明は、次の通りになります。

> **（例2）(1) の答え**
> 　△ABC と △CDA において
> 　仮定より　　AB＝CD　　……①
> 　　　　　　　∠BAC＝∠DCA　……②
> 　共通だから　AC＝CA　　……③

①、②、③より、2組の辺とその間の角がそれぞれ等しいから

$$\triangle ABC \equiv \triangle CDA$$

合同な図形の対応する辺の長さは等しいから

$$BC = DA$$

(例2)(2) の答え

(1) より、$\triangle ABC \equiv \triangle CDA$

合同な図形の対応する角の大きさは等しいから、

$$\angle ACB = \angle CAD$$

錯角が等しければ、その2直線は平行であるから

$$BC \mathbin{/\mkern-5mu/} DA$$

二等辺三角形の定義と定理とは何か？
【平面図形】

中2

　数学において、定義と定理を区別することはとても大事です。この2つを混同してしまうと、証明問題を解くときに支障が出ることさえあります。

　定義とは、「ことばの意味をはっきりと述べたもの」です。「辞書を引いたときに載っている意味」と言いかえてもよいと、筆者は考えています。

　例えば、二等辺三角形の定義は「2辺が等しい三角形」です。試しに、「二等辺三角形」という用語を、手元の辞書で引いてみてください。同じような表現が書かれているはずです。

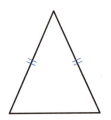

　二等辺三角形という用語は「2辺が等しい三角形」という形に対して、人間がそのように名づけたものです。だから、例えば、「二等辺三角形の2辺が等しいことを証明しなさい」のように、定義を証明することはできません。

　ところで、二等辺三角形には、ある性質があります。その性質について調べるために、次の例題をみてください。

例 △ABCで、AB＝ACならば、∠B＝∠Cであることを証明しましょう。

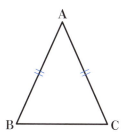

この例題で、「AB＝AC」は、**二等辺三角形の定義**です。なぜなら、「2辺が等しい三角形」が二等辺三角形だからです。ですから、この例題は、次のように言いかえることもできます。

（例題を言いかえると…）
　△ABCは、AB＝ACの二等辺三角形です。このとき、∠B＝∠Cであることを証明しましょう。

つまり、この例題は、二等辺三角形の定義から、二等辺三角形の性質を導こうとしているのです。この例題は、次のように証明されます。

【証明】
　∠Aの二等分線を引き、辺BCとの交点をPとする。

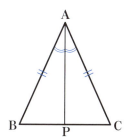

323

△ABPと△ACPにおいて
　　仮定より　　　AB = AC　……①
　　共通だから　　AP = AP　……②
∠Aの二等分線を引いたから
　　∠BAP = ∠CAP　……③
①、②、③より、2組の辺とその間の角がそれぞれ等しいから
　　△ABP ≡ △ACP
合同な図形の対応する角の大きさは等しいから
　　∠B = ∠C

ここで、二等辺三角形についての次の用語をおさえましょう。

二等辺三角形の各部分の名称

頂角（ちょうかく）　…　等しい2辺の間の角
底辺（ていへん）　…　頂角に対する（向き合った）辺
底角（ていかく）　…　底辺の両端の角

先ほどの例題の証明によって、「**二等辺三角形の底角は等しい**」という性質を導くことができました。この性質のように、**定義などをもとにして証明された事柄**を、**定理**といいます。

「定義などをもとにして証明された事柄」という意味がわかりにくい方は、定理の意味を「**性質**」とおさえておいてよいと思います。「二等辺三角形の定

理」を、「二等辺三角形の性質」と言いかえても支障がない場合が多いからです。

ところで、「二等辺三角形の底角は等しい」という定理も、タレス（紀元前 624 頃〜前 546 頃）が証明したといわれています。対頂角の性質、三角形の合同条件の 1 つなど、タレスはさまざまな定理を証明しました。これらがまとめて、「タレスの定理」と呼ばれるのは、すでに述べた通りです。

ここで、先ほどの証明に話をもどしましょう。先ほどの証明で、△ABP ≡ △ACP が証明されました。

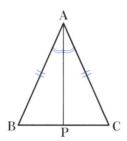

合同な図形の対応する辺の長さは等しいので、BP = CP が成り立ちます。また、合同な図形の対応する角の大きさは等しいので、∠APB = ∠APC が成り立ちます。∠APB + ∠APC = 180° なので、∠APB = ∠APC = 90° です。

これにより、二等辺三角形には、「頂角の二等分線は、底辺を垂直に 2 等分する」という定理が成り立つことがわかります。

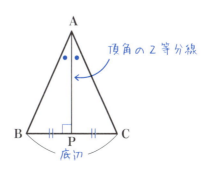

先ほどの定理と一緒にまとめると、次のようになります。

> **二等辺三角形の定理（性質）**
> ●二等辺三角形の底角は等しい。
> ●二等辺三角形の頂角の二等分線は、底辺を垂直に2等分する。

どちらも二等辺三角形の大事な性質ですので、おさえておきましょう。

二等辺三角形になるための条件とは何か？【平面図形】

中2

仮定と結論、そして「逆」についておさらいしておきましょう。

「〇〇〇ならば□□□」という形で、
　　　〇〇〇　の部分を　**仮定**
　　　□□□　の部分を　**結論**
といいます。

逆とは、**ある事柄の仮定と結論を入れかえたもの**のことです。「〇〇〇ならば□□□」という事柄が正しくても、逆の「□□□ならば〇〇〇」は正しいとは限らないのでしたね。

ひとつ前の二等辺三角形についての項目で、△ABCにおいて、

　　　「AB = AC ならば、∠B = ∠Cである」

ということが、正しいと証明されました。

つまり、「二等辺三角形の底角は等しい」ということです。

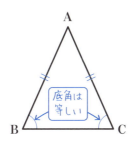

では、逆の「∠B = ∠Cならば、AB = ACである」は、成り立つのでしょ

うか？ つまり「**三角形の 2 つの角が等しいならば、その三角形は二等辺三角形である**」という事柄は成り立つのかどうかということです。次の例題を解きながら、調べてみましょう。

例 △ABCで、∠B ＝ ∠Cならば、AB＝ACであることを証明しましょう。

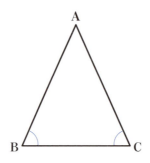

【証明】
∠Aの二等分線を引き、辺BCとの交点をPとする。

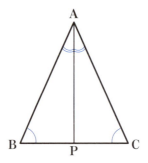

△ABPと△ACPにおいて
　　仮定より　　∠ABP ＝ ∠ACP
∠Aの二等分線を引いたから
　　∠BAP ＝ ∠CAP　……①
三角形の内角の和は180°だから、残りの角も等しい。

よって、　　∠APB ＝ ∠APC　……②

共通だから　　AP ＝ AP　……③

①、②、③より、1 組の辺とその両端の角がそれぞれ等しいから

$$\triangle ABP \equiv \triangle ACP$$

合同な図形の対応する辺の長さは等しいから

$$AB = AC$$

この証明によって、次の定理が成り立ちます。

二等辺三角形になるための条件

三角形の 2 つの角が等しいならば、その三角形は二等辺三角形である。

仮定と結論を入れかえた「逆」は、必ずしも正しいとはいえませんでしたが、この場合は、「逆」も正しいということがわかりました。

正三角形の定義と定理とは何か？
【平面図形】

中2

　正三角形の定義は「3 辺が等しい三角形」です。正三角形には「3 つの角が等しい」という性質（定理）があります。次の例題によって、この定理を証明してみましょう。

例1　△ABCで、AB＝BC＝CAであるとき、∠A＝∠B＝∠Cであることを証明しましょう。

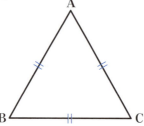

【証明】

　△ABCを AB＝AC の二等辺三角形と考える。
　二等辺三角形の底角は等しいから、

　　　∠B＝∠C　……①

　同じように考えると、BA＝BC より、

　　　∠A＝∠C　……②

　①、②より、∠A＝∠B＝∠C

　（例1）の証明によって、「正三角形の 3 つの角は等しい」という定理が明らかになりました。三角形の内角の和は 180°ですから、正三角形の 1 つの内

角が（180°÷3＝）60°であることもわかります。

　また、正三角形は「特別な二等辺三角形」ということもできます。正三角形は、二等辺三角形のすべての性質をもっているからです。

　ところで、「正三角形の3つの角は等しい」という定理の逆は成り立つのでしょうか？　つまり、「**三角形の3つの角が等しいならば、その三角形は正三角形である**」という事柄は正しいのかどうかということです。次の例題によって、証明してみましょう。

> **例2**　△ABCで、∠A＝∠B＝∠Cであるとき、AB＝BC＝CAであることを証明しましょう。
>
>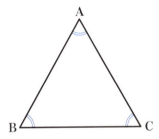

> **【証明】**
> 　2つの角が等しいならば、その三角形は二等辺三角形であるので、
> 　　　　　∠B＝∠Cより、AB＝AC　……①
> 　同じように、∠A＝∠Cより、BA＝BC　……②
> 　①、②より、AB＝BC＝CA

　（例2）の証明によって、「**三角形の3つの角が等しいならば、その三角形は正三角形である**」という定理（正三角形になるための条件）も明らかになりました。

　小学校の算数では何気なく扱っていた正三角形も、きちんとした証明によって、定理とその逆が成り立つことをおさえましょう。

直角三角形が合同になる条件とは何か？【平面図形】

中2

　直角三角形の定義は「1つの内角が直角である三角形」です。直角三角形の直角に対する（向かい合った）辺を、**斜辺**といいます。

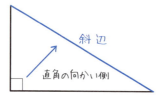

　直角三角形の内角の和は180°ですから、そこから直角の90°を引くと、180°−90°＝90°となります。つまり、直角三角形の残りの2つの角は、どちらも、「0°より大きく、90°より小さい角」になります。このような角を、**鋭角**といいます。

　では、直角三角形は、どのようなときに合同になるのでしょうか。次の例題をみてください。

例1 △ABCと△DEFで、∠B＝∠E＝90°、∠A＝∠D、AC＝DFであるとき、△ABC≡△DEFであることを証明しましょう。

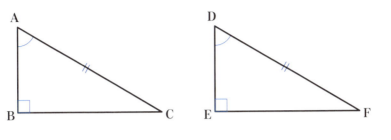

（例1）は、2つの直角三角形の**斜辺と1つの鋭角がそれぞれ等しいとき**、この2つの直角三角形は合同になることを証明する問題です。

（例1）の証明

△ABCと△DEFにおいて

仮定より　　　∠B＝∠E＝90°

　　　　　　　∠A＝∠D　……①

三角形の内角の和は180°だから、残りの角も等しい。

よって、　　　∠C＝∠F　……②

仮定より　　　AC＝DF　……③

①、②、③より、1組の辺とその両端の角がそれぞれ等しいので

　　　△ABC≡△DEF

（例1）の証明によって、2つの直角三角形の斜辺と1つの鋭角がそれぞれ等しいとき、この2つの直角三角形は合同であることがわかりました。ですから、直角三角形の合同条件の1つは「**斜辺と1つの鋭角がそれぞれ等しい**」となります。

直角三角形の合同条件は、もう1つあります。次の例題をみてください。

例2 △ABCと△DEFで、∠B＝∠E＝90°、AC＝DF、AB＝DE であるとき、△ABC ≡ △DEF であることを証明しましょう。

（例2）は、2つの直角三角形の斜辺と他の1辺がそれぞれ等しいとき、この2つの直角三角形は合同になることを証明する問題です。

（例1）で、すでに証明した、直角三角形の合同条件「斜辺と1つの鋭角がそれぞれ等しい」を使って証明すると、次のようになります。

（例2）の証明

△ABCを裏返して、△ABCの辺 AB と、△DEFの辺 DE を重ねると、次の図のようになる（仮定より、AB＝DE だから、ぴったり重なる）。

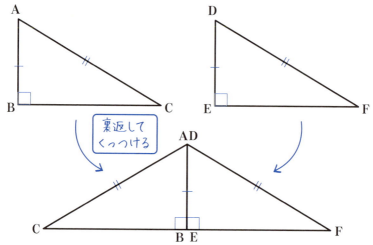

△ABCと△DEFにおいて
仮定より　　　　AC = DF　……①
　　　　　　　∠B + ∠E = 90°+ 90°= 180°　……②
①、②より、点C、点B（点E）、点Fは一直線となり、三角形ACFは二等辺三角形となる。
二等辺三角形の底角は等しいので
　　　　　　　∠C = ∠F　……③
①、③より、直角三角形の斜辺と1つの鋭角がそれぞれ等しいので
　　　　　　　△ABC ≡ △DEF

（例2）の証明によって、2つの直角三角形の斜辺と他の1辺がそれぞれ等しいとき、この2つの直角三角形は合同であることがわかりました。ですから、直角三角形の合同条件の1つは「斜辺と他の1辺がそれぞれ等しい」となります。

まとめると、直角三角形の合同条件は、次のようになります。

直角三角形の合同条件

次の2つの合同条件のうち、どちらかが成り立つとき、2つの直角三角形は合同であるといえます。

① 斜辺と1つの鋭角がそれぞれ等しい。

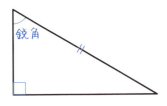
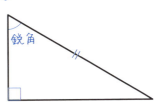

② 斜辺と他の1辺がそれぞれ等しい。

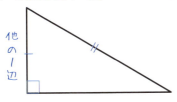
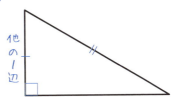

では、この合同条件をふまえたうえで、次の例題を解いてみましょう。

例3 次の図で、合同な直角三角形の組をすべて書き出しましょう。また、そのときに使った合同条件も答えてください。

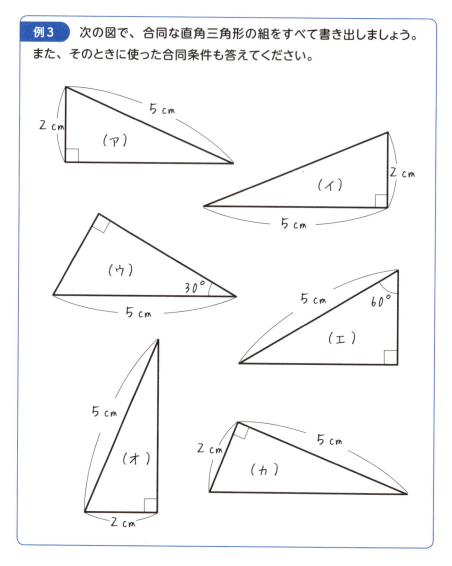

では、さっそく解いていきましょう。
（ア）と（オ）は、**直角三角形の斜辺（5 cm）と他の1辺（2 cm）がそれぞれ等しい**ので、合同です。

（イ）と（カ）は、**2組の辺（2 cm と 5 cm）とその間の角（90°）がそれぞれ等しい**ので、合同です。直角三角形も三角形の1つなので、「三角形の合同条件」を使ってもよいのです。

　（ウ）について、三角形の内角の和は180°なので、残りの角は、
$$180° - (90° + 30°) = 60°$$
となります。

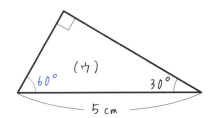

　これにより、（ウ）と（エ）は、**直角三角形の斜辺（5 cm）と1つの鋭角（60°）がそれぞれ等しい**ので、合同です。

（例3）の答え
　（ア）と（オ）……　直角三角形の斜辺と他の1辺がそれぞれ等しい
　（イ）と（カ）……　2組の辺とその間の角がそれぞれ等しい
　（ウ）と（エ）……　直角三角形の斜辺と1つの鋭角がそれぞれ等しい

平行四辺形の定義と定理とは何か？【平面図形】

中2

　四角形の向かい合う辺を、**対辺**といいます。また、四角形の向かい合う角を、**対角**といいます。

　平行四辺形の定義は「2組の対辺がそれぞれ平行な四角形」です。

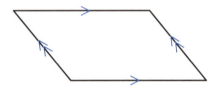

平行四辺形には、次の3つの性質（定理）があります。

平行四辺形の性質（定理）

① 平行四辺形の2組の対辺はそれぞれ等しい。

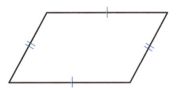

② 平行四辺形の2組の対角はそれぞれ等しい。

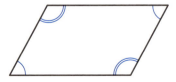

③ 平行四辺形の対角線はそれぞれの中点で交わる。

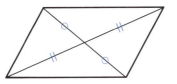

まず、「平行四辺形の2組の対辺はそれぞれ等しい」という定理を証明してみましょう。

例1 四角形ABCDで、AB ∥ DC、AD ∥ BCならば、AB＝DC、AD＝BCであることを証明しましょう。

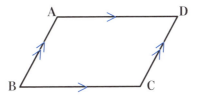

平行四辺形の定義は「2組の対辺がそれぞれ平行な四角形」です。この例題では、それを「AB ∥ DC、AD ∥ BC」と表しています。ですから、この(例1)は、次のように言いかえることもできます。

(例1)を言いかえると…
四角形ABCDは平行四辺形です。このとき、AB＝DC、AD＝BCであることを証明しましょう。

これを証明すると、次のようになります。

（例1）の証明

対角線 AC を引く。

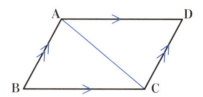

△ABC と △CDA において

仮定より AB ∥ DC で、平行線の錯角は等しいから

$$\angle BAC = \angle DCA \quad \cdots\cdots ①$$

仮定より AD ∥ BC で、平行線の錯角は等しいから

$$\angle BCA = \angle DAC \quad \cdots\cdots ②$$

共通だから　　AC = CA　……③

①、②、③より、1組の辺とその両端の角がそれぞれ等しいから

$$\triangle ABC \equiv \triangle CDA$$

合同な図形の対応する辺の長さは等しいから

$$AB = DC、AD = BC$$

　（例1）の証明によって、「**平行四辺形の2組の対辺はそれぞれ等しい**」ことが明らかになりました。次に、「**平行四辺形の2組の対角はそれぞれ等しい**」ことを証明してみましょう。

例2 四角形 ABCD で、AB ∥ DC、AD ∥ BC ならば、
∠ABC = ∠CDA、∠DAB = ∠BCD
であることを証明しましょう。

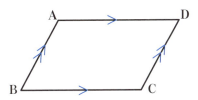

（例1）で明らかにした「**平行四辺形の 2 組の対辺はそれぞれ等しい**」という定理を使って証明すると、次のようになります。

（例2）の証明

対角線 AC を引く。

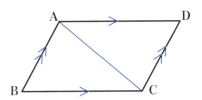

△ABC と △CDA において
平行四辺形の 2 組の対辺はそれぞれ等しいから
　　　AB = CD　……①
　　　BC = DA　……②
共通だから　　AC = CA　……③
①、②、③より、3 組の辺がそれぞれ等しいから

　　　△ABC ≡ △CDA

合同な図形の対応する角の大きさは等しいから

> ∠ABC = ∠CDA
>
> 対角線 BD を引く。△DAB と△BCD において、同様にして（※）
> ∠DAB = ∠BCD

（例2）の証明のなかの、（※）部分の「同様にして」という表現は、証明のなかで度々使われます。

（例2）の証明の前半部分で、△ABCと△CDAの合同が成り立つことを証明しました。その次に、△DABと△BCDの合同が成り立つことを証明する必要があるのですが、**同じような過程で証明できるので、それを省略して、「同様にして」という用語が使われる**のです。

（例2）の証明によって、「**平行四辺形の2組の対角はそれぞれ等しい**」ことが明らかになりました。次に、「**平行四辺形の対角線はそれぞれの中点で交わる**」ことを証明してみましょう。

> **例3** 平行四辺形ABCDで、対角線の交点をOとします。このとき、OA＝OC、OB＝ODであることを証明しましょう。
>
>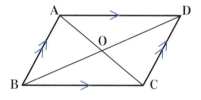

（例1）で明らかにした「**平行四辺形の2組の対辺はそれぞれ等しい**」という定理を使って証明すると、次のようになります。

> **（例3）の証明**
>
> △ABOと△CDOにおいて
> 平行四辺形の2組の対辺はそれぞれ等しいから

$$AB = CD \quad \cdots\cdots ①$$

AB ∥ CDで、平行線の錯角は等しいから

$$\angle ABO = \angle CDO \quad \cdots\cdots ②$$
$$\angle BAO = \angle DCO \quad \cdots\cdots ③$$

①、②、③より、1組の辺とその両端の角がそれぞれ等しいから

$$\triangle ABO \equiv \triangle CDO$$

合同な図形の対応する辺の長さは等しいから

$$OA = OC、OB = OD$$

（例3）の証明によって、「**平行四辺形の対角線はそれぞれの中点で交わる**」ことが明らかになりました。

平行四辺形になるための条件とは何か？【平面図形】

中2

　本題に入る前に、二等辺三角形の定義と定理について復習しましょう。
　二等辺三角形の**定義（意味）**は、「2辺が等しい三角形」でした。この定義をもとにして、「二等辺三角形の底角は等しい」という二等辺三角形の**定理（性質）**を証明しました。
　また、この**定理の逆**である「2つの角が等しいならば、その三角形は二等辺三角形である」という「**二等辺三角形になるための条件**」が成り立つことも証明しました。

　二等辺三角形の場合と同じように、この項目では「**平行四辺形になるための条件**」について解説していきます。結果からいうと、四角形が「平行四辺形になるための条件」は、次の5つがあります。

> **平行四辺形になるための条件**
> 　四角形は、次のいずれかが成り立つならば、平行四辺形である。
> (1) 2組の対辺がそれぞれ平行である。
> (2) 2組の対辺がそれぞれ等しい。
> (3) 2組の対角がそれぞれ等しい。
> (4) 対角線がそれぞれの中点で交わる。
> (5) 1組の対辺が平行で、その長さが等しい。

(1) の「2 組の対辺がそれぞれ平行である」というのは、平行四辺形の定義そのものなので、条件として成り立ちます。つまり、「2 組の対辺がそれぞれ平行である四角形は平行四辺形である」ということです。

ところで、ひとつ前の項目で、平行四辺形の性質（定理）について学びました。それは、次の通りでしたね。

> **平行四辺形の性質（定理）**
> ● 平行四辺形の 2 組の対辺はそれぞれ等しい。
> ● 平行四辺形の 2 組の対角はそれぞれ等しい。
> ● 平行四辺形の対角線はそれぞれの中点で交わる。

【平行四辺形になるための条件】の (2) ～ (4) は、これらの定理の逆になっています。例えば、平行四辺形の性質である「平行四辺形の 2 組の対辺はそれぞれ等しい」を言いかえると、「その四角形が平行四辺形ならば、2 組の対辺はそれぞれ等しい」となります。この逆は、「2 組の対辺がそれぞれ等しいならば、その四角形は平行四辺形である」となるということです。

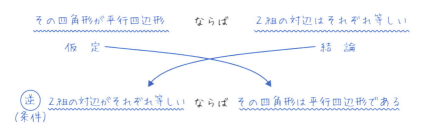

ただし、p.317 で述べたように、定理の逆は、必ず成り立つとは限りません。ですから、それぞれが正しいかどうか証明する必要があります。

まずは、先ほどの【平行四辺形になるための条件】(2) の「2 組の対辺がそれぞれ等しいならば、その四角形が平行四辺形である」ことが正しいことを、次の例題によって証明しましょう。

例1 四角形 ABCD において、AB＝DC、AD＝BC であるならば、AB ∥ DC、AD ∥ BC になることを証明しましょう。

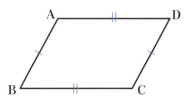

四角形 ABCD において、AB＝DC、AD＝BC が成り立つということは、「2 組の対辺がそれぞれ等しい」ことを意味します。

また、その四角形 ABCD が平行四辺形であることを明らかにするためには、定義の「2 組の対辺がそれぞれ平行である」ことを証明すればよいということになります。この例題でいえば、「AB ∥ DC、AD ∥ BC」が成り立つことを証明すればよいのです。

（例 1）の証明

対角線 AC を引く。

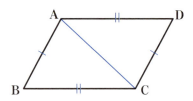

△ABC と △CDA において

　　　仮定より　　AB＝CD　……①
　　　　　　　　　BC＝DA　……②
　　　共通だから　AC＝CA　……③

①、②、③より、3 組の辺がそれぞれ等しいから

$$\triangle ABC \equiv \triangle CDA \quad \cdots\cdots ④$$

④より、合同な図形の対応する角の大きさは等しいから

$$\angle BAC = \angle DCA$$

錯角が等しければ、その2直線は平行であるから

$$AB \mathbin{/\mkern-6mu/} DC$$

④より、合同な図形の対応する角の大きさは等しいから

$$\angle BCA = \angle DAC$$

錯角が等しければ、その2直線は平行であるから

$$AD \mathbin{/\mkern-6mu/} BC$$

（例1）の証明によって、「2組の**対辺**がそれぞれ等しい」ことが、平行四辺形になるための条件であることが証明されました。

では、次の（**例2**）で、「2組の**対角**がそれぞれ等しい」ことが、平行四辺形になるための条件であることを証明しましょう。

例2 四角形ABCDにおいて、∠A = ∠C、∠B = ∠Dであるならば、AB ∥ DC、AD ∥ BCになることを証明しましょう。

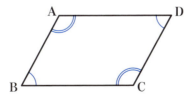

(例2）の証明

四角形の内角は 360° だから

$$\angle A + \angle B + \angle C + \angle D = 360° \quad \cdots\cdots ①$$

仮定より

$$\angle A = \angle C \quad \cdots\cdots ②$$
$$\angle B = \angle D \quad \cdots\cdots ③$$

①、②、③より

$$\angle A + \angle B + \angle A + \angle B = 360° \quad \cdots\cdots ④$$

④の左辺には、∠Aと∠Bが2つずつあるから、④の両辺を2で割ると

$$\angle A + \angle B = 180° \quad \cdots\cdots ⑤$$

ここで、辺BAをAの方に延長した先に、点Eをとる。

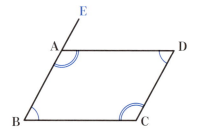

このとき、$\angle BAD + \angle EAD = 180° \quad \cdots\cdots ⑥$

⑤、⑥より、

$$\angle EAD = \angle B \quad \cdots\cdots ⑦$$

同位角が等しければ、その2直線は平行であるから

$$AD \mathbin{/\!/} BC$$

また、③、⑦より

$$\angle EAD = \angle D$$

錯角が等しければ、その2直線は平行であるから

$$AB \mathbin{/\!/} DC$$

（例2）の証明によって、「2組の対角がそれぞれ等しい」ことが、平行四辺形になるための条件であることが証明されました。少しややこしい証明だったので、図を見ながら何度か読み直して、流れを確認することをおすすめします。

では、次の（例3）で、「対角線がそれぞれの中点で交わる」ことが、平行四辺形になるための条件であることを証明しましょう。

> **例3** 四角形ABCDの対角線AC、BDの交点をOとします。
> OA＝OC、OB＝ODであるならば、四角形ABCDは平行四辺形であることを証明しましょう。
>
>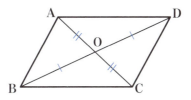

（例3）で、「OA＝OC、OB＝OD」は、「対角線がそれぞれの中点で交わる」ことを表します。証明は、次のようになります。

> **（例3）の証明**
>
> △ABOと△CDOにおいて
>
> 　　仮定より　　OA＝OC　……①
>
> 　　　　　　　　OB＝OD　……②
>
> 対頂角は等しいから
>
> 　　∠AOB＝∠COD　……③
>
> ①、②、③より、2組の辺とその間の角がそれぞれ等しいから
>
> 　　△ABO ≡ △CDO
>
> 合同な図形の対応する辺の長さは等しいから

$$AB = CD \quad \cdots\cdots ④$$

△ADOと△CBOにおいて、同様にして

$$\triangle ADO \equiv \triangle CBO$$

合同な図形の対応する辺の長さは等しいから

$$AD = CB \quad \cdots\cdots ⑤$$

④、⑤より、2組の対辺がそれぞれ等しいから、四角形 ABCD は平行四辺形である。

(例3) の証明によって、「対角線がそれぞれの中点で交わる」ことが、平行四辺形になるための条件であることが明らかにされました。

ここで、「平行四辺形になるための条件」を、もう一度みてみましょう。

平行四辺形になるための条件

四角形は、次のいずれかが成り立つならば、平行四辺形である。

(1) 2組の対辺がそれぞれ平行である。

(2) 2組の対辺がそれぞれ等しい。

(3) 2組の対角がそれぞれ等しい。

(4) 対角線がそれぞれの中点で交わる。

(5) 1組の対辺が平行で、その長さが等しい。

---

(1) の「2組の対辺がそれぞれ平行である」ことは、平行四辺形の定義です。

(2)〜**(4)** はそれぞれ、平行四辺形の定理の逆で、ここまでの3つの例題によって、すでに証明しました。

次の **(例4)** では、条件 **(5)** の「1組の対辺が平行で、その長さが等しい」ことが、平行四辺形になるための条件であることを証明します。

例4 四角形ABCDで、AD∥BC、AD＝BCであるならば、四角形ABCDは平行四辺形であることを証明しましょう。

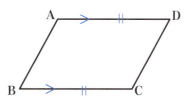

（例4）で、「AD∥BC、AD＝BC」が「1組の対辺が平行で、その長さが等しい」ことを表しています。証明は、次のようになります。

（例4）の証明

対角線ACを引く。

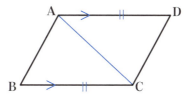

△ABCと△CDAにおいて

　　仮定より　　BC＝DA　……①
　　共通だから　AC＝CA　……②

AD∥BCより、平行線の錯角は等しいから

　　∠ACB＝∠CAD　……③

①、②、③より、2組の辺とその間の角がそれぞれ等しいから

　　△ABC≡△CDA

合同な図形の対応する辺の長さは等しいから

$$AB = CD \quad \cdots\cdots ④$$

①、④より、2組の対辺がそれぞれ等しいから、四角形 ABCD は平行四辺形である。

以上で、「平行四辺形になるための5つの条件」が成り立つ理由を、すべて証明しました。5つの条件を暗記するだけではなく、それぞれの証明の流れをおさえたうえで理解することが大切です。

特別な平行四辺形とは何か？
【平面図形】

中2

　この章の最後に、長方形、ひし形、正方形、それぞれの定義と定理についても確認しておきましょう。

　長方形の定義は「4つの角がすべて等しい四角形」です。これは、平行四辺形になるための条件のひとつである「2組の対角がそれぞれ等しい」を満たしています。ですから、**長方形は、平行四辺形の特別な場合**であるといえます。これにより、**長方形は、平行四辺形の性質をすべてもっている**ということもできます。

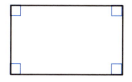

　長方形には、「**対角線の長さが等しい**」という性質があります。この性質が成り立つことを、次の例題によって証明しましょう。

> **例1**　長方形 ABCD に対角線 AC、DB を引きます。このとき、AC＝DB であることを証明しましょう。
>
>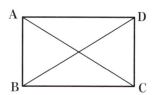

353

（例1）の証明

△ABCと△DCBにおいて

長方形の2組の対辺はそれぞれ等しいので

　　AB = DC　……①

　　共通だから　BC = CB　……②

長方形の4つの角はすべて等しいので

　　∠ABC = ∠DCB　……③

①、②、③より、2組の辺とその間の角がそれぞれ等しいから

　　△ABC ≡ △DCB

合同な図形の対応する辺の長さは等しいから

　　AC = DB

（例1）の証明によって、「長方形の対角線の長さは等しい」という性質が証明されました。

次に、ひし形についてみていきましょう。

ひし形の定義は「4つの辺がすべて等しい四角形」です。これは、平行四辺形になるための条件のひとつである「2組の対辺がそれぞれ等しい」を満たしています。ですから、**ひし形も、平行四辺形の特別な場合**であるといえます。これにより、**ひし形は、平行四辺形の性質をすべてもっている**ということもできます。

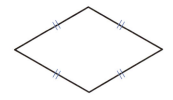

ひし形には、「**対角線が垂直に交わる**」という性質があります。この性質が成り立つことを、次の例題によって証明しましょう。

例2 ひし形 ABCD に対角線 AC、BD を引き、その交点を O とします。このとき、AC ⊥ BD であることを証明しましょう（⊥は垂直を表す記号です）。

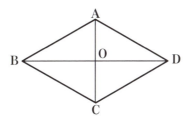

（例2）の証明

△ABO と △ADO において

ひし形の 4 つの辺はすべて等しいので

　　　AB = AD　……①

ひし形の対角線はそれぞれの中点で交わるので

　　　BO = DO　……②

共通だから

　　　AO = AO　……③

①、②、③より、3 組の辺がそれぞれ等しいから

　　　△ABO ≡ △ADO

合同な図形の対応する角の大きさは等しいから

　　　∠AOB = ∠AOD　……④

点 B、点 O、点 D は一直線上にあるから

　　　∠AOB + ∠AOD = 180°　……⑤

④、⑤より、∠AOB = ∠AOD = 180°÷2 = 90°

　　　だから　AC ⊥ BD

（例2）の証明によって、「ひし形の対角線は垂直に交わる」という性質が証明されました。

最後に、正方形についてみていきましょう。

正方形の定義は「4つの角がすべて等しく、4つの辺がすべて等しい四角形」です。これも、平行四辺形になるための条件を満たしています。ですから、**正方形も、平行四辺形の特別な場合**であるといえます。これにより、**正方形は、平行四辺形の性質をすべてもっている**ということもできます。

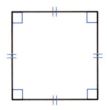

また、正方形の定義は、長方形とひし形の定義をあわせもっています。ですから、正方形には「**対角線の長さが等しく、垂直に交わる**」という性質があります。

平行四辺形、長方形、ひし形、正方形の関係を図に表すと、次のようになります。

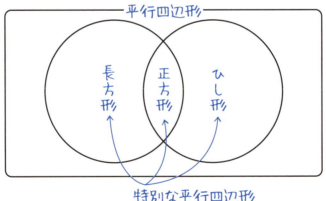

第10章

中3で習う図形の「?」を解決する

相似とは何か？
【平面図形】

中3

　1つの図形を、一定の割合で拡大（または縮小）した図形は、もとの図形と相似であるといいます。

　合同と相似の違いは、次のようにおさえておくとよいでしょう。

> **合同と相似の違い**
> 　合同　…　形も大きさも同じ図形
> 　相似　…　形は同じだが、大きさが違う図形

　次の図で、△ABCのすべての辺の長さを2倍にしたものが、△DEFです。逆に、△DEFのすべての辺の長さを$\frac{1}{2}$倍にしたのが、△ABCだということもできます。

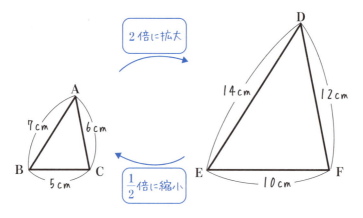

　このとき、△ABCと△DEFは相似であり、これを記号∽を使って
　　　　　△ABC ∽ △DEF
と表します。

合同の単元でも用いた「対応」という用語は、相似でも使われます。相似における「対応」の意味は、それぞれ次の通りです。

> **相似での「対応」の意味**
> 2つの相似な図形で、一方の図形を拡大（または縮小）したとき
> 　　もう一方に**ぴったり重なる点**を、対応する点
> 　　もう一方に**ぴったり重なる辺**を、対応する辺
> 　　もう一方に**ぴったり重なる角**を、対応する角
>
> といいます。

相似比とは何か？
【平面図形】

中3

まずは、次の例題を解いてみましょう。

例1 次の図で △ABC ∽ △DEF であるとき、後の問いに答えましょう。

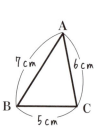
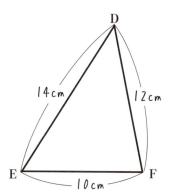

(1) △DEFの3辺のうち、△ABCの辺 AB に対応する辺はどれですか。また、辺 AB と対応する辺の長さの比を求めましょう。

(2) △DEFの3辺のうち、△ABCの辺 BC に対応する辺はどれですか。また、辺 BC と対応する辺の長さの比を求めましょう。

(3) △DEFの3辺のうち、△ABCの辺 CA に対応する辺はどれですか。また、辺 CA と対応する辺の長さの比を求めましょう。

(4) △DEFの3つの角のうち、△ABCの∠A、∠B、∠Cに対応する角を、それぞれ答えましょう。

(1) から、解いていきましょう。△DEF の 3 辺のうち、△ABC の辺 AB に対応するのは、辺 DE です。

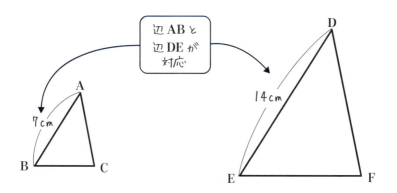

辺 AB：辺 DE＝7：14＝1：2　となります。

(1) の答え　辺 DE、1：2

相似な図形で、対応する辺の長さの比のことを、相似比といいます。 (1) から、△ABC と △DEF の相似比は、1：2 であることがわかりました。

同じように、(2) も解くことができます。△DEF の 3 辺のうち、△ABC の辺 BC に対応するのは、辺 EF です。
また、辺 BC：辺 EF＝5：10＝1：2　となります。

(2) の答え　辺 EF、1：2

(3) で、△DEF の 3 辺のうち、△ABC の辺 CA に対応するのは、辺 FD です。また、辺 CA：辺 FD＝6：12＝1：2　となります。

(3) の答え　辺 FD、1：2

(1)〜(3) からもわかるように、**相似な図形では、対応する辺の長さの比（相似比）はすべて等しい**、という性質があります。

(4) に進みましょう。

△DEF の 3 つの角のうち、∠Aに対応する角は、∠Dです。
△DEF の 3 つの角のうち、∠Bに対応する角は、∠Eです。
△DEF の 3 つの角のうち、∠Cに対応する角は、∠Fです。

(4) の答え　∠Aに対応する角は∠D
　　　　　　∠Bに対応する角は∠E
　　　　　　∠Cに対応する角は∠F

ところで、**相似な図形では、対応する角の大きさはすべて等しい**、という性質があります。(**例1**) の場合、∠A＝∠D、∠B＝∠E、∠C＝∠F であるということです。

この例題でわかったことをまとめると、次のようになります。

> **相似な図形の性質**
> ● 相似な図形では、対応する辺の長さの比（相似比）はすべて等しい。
> ● 相似な図形では、対応する角の大きさはすべて等しい。

この性質をふまえて、次の例題を解いてみましょう。

例2　次の図で、△ABC ∽ △DEF であるとき、後の問いに答えましょう。

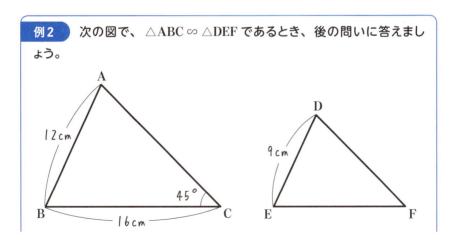

(1) △ABC と △DEF の相似比を答えましょう。

(2) 辺 EF の長さを答えましょう。

(3) ∠F の大きさを答えましょう。

(1) は、△ABC と △DEF の相似比を答える問題です。相似比とは、「**相似な図形で、対応する辺の長さの比**」のことです。

△ABC と △DEF で、対応する辺の長さがどちらもわかっているのは、辺 AB（12 cm）と辺 DE（9 cm）です。

だから、相似比は、12 : 9 = 4 : 3 です。

<u>(1) の答え　4 : 3</u>

(2) は、辺 EF の長さを求める問題です。△ABC と △DEF で、辺 BC（16 cm）と辺 EF が対応しています。

相似な図形では、対応する辺の長さの比（相似比）はすべて等しいので、

$$16 : \text{EF} = 4 : 3$$

BC の長さ　　　　相似比

それぞれの項に同じ数をかけても比は等しいので、

$$16 : \text{EF} = 4 : 3$$

$$\text{EF} = 3 \times 4 = 12 \ (\text{cm})$$

<u>(2) の答え　12 cm</u>

(3) は、∠F の大きさを求める問題です。△ABC と △DEF で、∠C（= 45°）と ∠F が対応しています。

相似な図形では、対応する角の大きさはすべて等しいので、∠F の大きさも 45° です。

<u>(3) の答え　45°</u>

ところで、ギリシアのタレス（紀元前 624 頃〜前 546 頃）は、相似の性質を

使って、ピラミッドの高さを測ったといわれています。一体、どうやって測ったのでしょうか。次の例題をみてください。

例3 ある時刻に、長さ1mの棒（図のAB）を地面に垂直に立てたとき、1.5mの影（図のBC）ができました。同じ時刻に、あるピラミッドの影の長さ（図のEF）を測ると、210mありました。このピラミッドの高さ（図のDE）は何mですか。

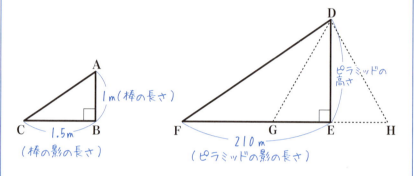

※△DGHは、ピラミッド本体とします。なお、この例題での長さは架空のものです。また、棒ではなく、タレス自身の身長とタレスの影の長さの比を使って計算したという説もあります。

棒にも、ピラミッドにも、同じ角度で日光が射すので、△ABCと△DEFは相似になります。△ABCと△DEFで、辺BC（棒の影の長さ1.5m）と辺EF（ピラミッドの影の長さ210m）が対応しています。だから、△ABCと△DEFの相似比は、次のように求められます。

$$\begin{align}BC : EF &= 1.5 : 210 \\ &= 1.5 \div 1.5 : 210 \div 1.5 \\ &= 1 : 140\end{align}$$

どちらの項も1.5で割る

相似な図形では、対応する辺の長さの比（相似比）はすべて等しいので、辺AB（棒の高さ1m）と辺DE（ピラミッドの高さ）の比も、1：140になります。そのため、ピラミッドの高さは、次のように求められます。

$$1 : DE = 1 : 140$$
　　ABの長さ　　相似比

$$DE = 140 \,(m)$$

（例3）の答え　140 m

　タレスは、このようにしてピラミッドの高さを測ったといわれています。今から 2500 年以上前の出来事ですが、相似を学ぶうえで興味深いエピソードです。

三角形が相似になる条件とは何か？
【平面図形】

中3

まず、三角形の合同条件を再確認しましょう。

> **三角形の合同条件**
> 　次の3つの合同条件のうち、どれかが成り立つとき、2つの三角形は合同であるといえます。
> 　① 　3組の辺がそれぞれ等しい。
> 　② 　2組の辺とその間の角がそれぞれ等しい。
> 　③ 　1組の辺とその両端の角がそれぞれ等しい。

では、**三角形の相似条件**（三角形が相似になるための条件）はどうなるのでしょうか。例題を解きながら、調べていきましょう。

> **例1**　次の△ABCをもとにして、△DEFを作図します。△ABCと△DEFにおいて、3組の辺の比をすべて1：2にすると、△DEFの形は1通りに決まりますか。
>
>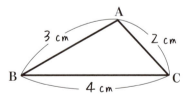

△ABCについて、3組の辺の比をすべて1：2にした△DEFを作図すると、次のようになります（定規で長さをはかることは、厳密な意味で、中学数学の作図ではありませんが、この項目では作図にふくむとします。また、紙面の大きさの都合上、これ以降の図において、実際の大きさより縮小していることが

あriますが、本文の正確性に問題はありません)。

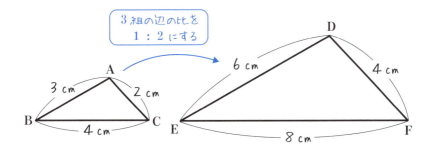

違う形にかこうとしても、これ以外に作図できません。ですから、△DEF は、1 通りに決まります。

(例 1)の答え　決まる

(例 1)の作図において、△ABC ∽ △DEF となります。つまり、3 組の辺の比がすべて等しいとき、もとの三角形と相似な三角形をかけるということです。

> **例2**　次の △ABC をもとにして、△DEF を作図します。△ABC と △DEF において、2 組の辺（AB と DE、BC と EF）の比をそれぞれ 1：2 にして、その間の角（∠B と ∠E）の大きさを等しくすると、△DEF の形は 1 通りに決まりますか。
>
>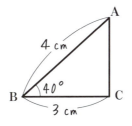

△ABC について、2 組の辺（AB と DE、BC と EF）の比を 1：2 にして、その間の角（∠B と ∠E）の大きさを等しくした △DEF は、次のように作図できます。

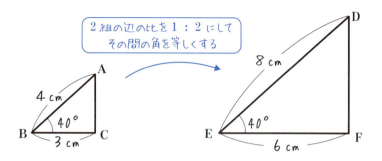

違う形にかこうとしても、これ以外に作図できません。ですから、△DEFは、1通りに決まります。

(例2)の答え　決まる

(例2)の作図において、△ABC ∽ △DEFとなります。つまり、2組の辺の比とその間の角がそれぞれ等しいとき、もとの三角形と相似な三角形をかけるということです。

例3　次の△ABCをもとにして、△DEFを作図します。△ABCと△DEFにおいて、1組の辺（BCとEF）の比を1：2にして、その両端の角（∠Bと∠E、∠Cと∠F）の大きさを等しくすると、△DEFの形は1通りに決まりますか。

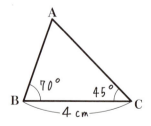

△ABCについて、1組の辺（BCとEF）の比を1：2にして、その両端の角（∠Bと∠E、∠Cと∠F）の大きさを等しくした△DEFは、次のように作図できます。

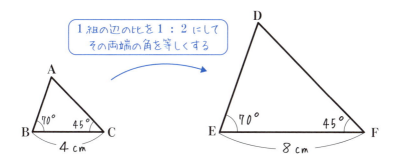

違う形にかこうとしても、これ以外に作図できません。ですから、△DEF は、1 通りに決まります。

(例 3) の答え　決まる

(例 3) の作図においても、△ABC ∽ △DEF となります。ところで、問題文では、「1 組の辺（BC と EF）の比を 1：2 にして」という条件がついていました。しかし、この条件は、△ABC と △DEF の相似比を 1：2 に決めているだけであって、この条件を取りのぞいても、三角形は相似になります。

つまり、「1 組の辺とその両端の角」でなくても、「**2 組の角**」が等しければ、**相似条件は成り立つ**ということです。

まとめると、**2 組の角がそれぞれ等しいとき**、もとの三角形と相似な三角形をかくことができます。

(例 1)〜(例 3) の結果より、三角形の相似条件は、次の 3 つとなります。

三角形の相似条件

次の3つの相似条件のうち、どれかが成り立つとき、2つの三角形は相似であるといえます。

① 3組の辺の比がすべて等しい。

$a : d = b : e = c : f$

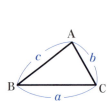
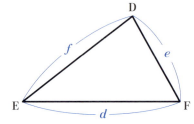

② 2組の辺の比とその間の角がそれぞれ等しい。

$a : d = c : f$
$\angle B = \angle E$

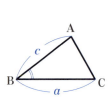
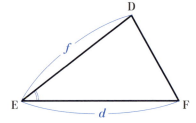

③ 2組の角がそれぞれ等しい。

$\angle B = \angle E$
$\angle C = \angle F$

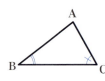
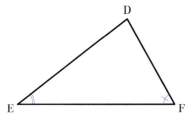

では、三角形の相似条件を使って、例題を解いてみましょう。

> **例4** 次の図で、相似な三角形の組をすべて書き出しましょう。また、そのときに使った相似条件も答えてください。
>
>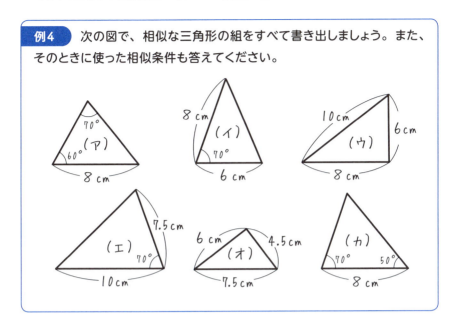

では、さっそく解いていきましょう。

（ア）と（カ）は、どちらも内角が50°、60°、70°です（三角形の内角の和は180°なので、180°から2つの角度の和を引いて、残りの角の大きさを求められます）。

これにより、（ア）と（カ）は、**2組の角がそれぞれ等しい**ので、相似です。

（イ）と（エ）の2組の辺の比は

$$8 : 10 = 4 : 5$$
$$6 : 7.5 = 4 : 5$$

より、どちらも4 : 5になることがわかります。また、（イ）と（エ）の2組の辺の間の角は、どちらも70°です。

これにより、（イ）と（エ）は、**2組の辺の比とその間の角がそれぞれ等しい**ので、相似です。

（ウ）と（オ）の3組の辺の比は

$$6 : 4.5 = 4 : 3$$
$$8 : 6 \ \ = 4 : 3$$
$$10 : 7.5 = 4 : 3$$

より、どれも4：3になることがわかります。

これにより、（ウ）と（オ）は、**3組の辺の比がすべて等しい**ので、相似です。

(例4) の答え
(ア) と (カ) …… 2組の角がそれぞれ等しい
(イ) と (エ) …… 2組の辺の比とその間の角がそれぞれ等しい
(ウ) と (オ) …… 3組の辺の比がすべて等しい

円周角とは何か？
【平面図形】

中3

　まずは、弧と弦という用語の意味をおさえましょう。弧については、おうぎ形の項目（p.252）でも出てきましたね。

　弧　…　円周上の一部分。 図1 で、円周の一部である青い部分
　　　　　を、弧 AB といって、$\overset{\frown}{AB}$ と表します。
　弦　…　円周上の2点を結ぶ線分

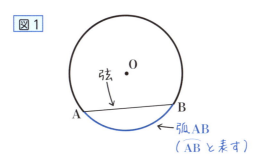

　図2 のように、円周上に3点 A、B、P をとったとき、∠APB を、$\overset{\frown}{AB}$ に対する円周角といいます。また、円の中心 O と2点 A、B を結んでできる∠AOB を中心角といいます。中心角も、おうぎ形の項目で出てきましたね。

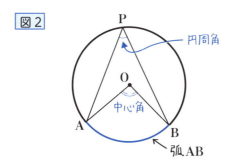

373

円周角には、次の 2 つの定理があります。

> **円周角の定理**
>
> ● 1 つの弧に対する**円周角の大きさは、その弧に対する中心角の半分**である。
>
> [例]
>
>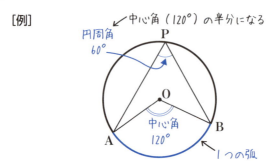
>
> ● 1 つの弧に対する**円周角の大きさは等しい**。
>
> [例]
>
>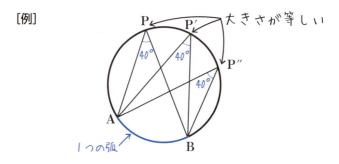

この 2 つの定理が成り立つ理由を、次の 3 つの場合に分けて証明していきます。

・円の中心 O が∠APB の内部にある場合
・円の中心 O が∠APB の外部にある場合
・円の中心 O が線分 PB 上にある場合

円周角の定理の証明（円の中心 O が ∠APB の内部にある場合）

次の図のように、中心 O を通る直径 PQ を引く。

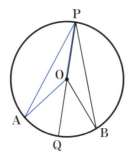

∠APB が円周角
∠AOB が中心角

△OPA（青い線で囲った三角形）は、OP = OA の二等辺三角形である。二等辺三角形の底角は等しいから

∠OPA = ∠OAP

∠AOQ は △OPA の外角で、三角形の外角は、それと隣り合わない 2 つの内角の和に等しいから

∠AOQ = ∠OPA + ∠OAP = 2∠OPA ……①

△OPB について、同様にして

∠BOQ = 2∠OPB ……②

①、②より、

∠AOB = ∠AOQ + ∠BOQ
     = 2∠OPA + 2∠OPB
     = 2(∠OPA + ∠OPB)

∠APB = ∠OPA + ∠OPB だから

2∠APB = ∠AOB

両辺を 2 で割ると

∠APB = $\frac{1}{2}$∠AOB

これにより、1 つの弧に対する円周角の大きさは、その弧に対する中心角の半分であることがわかる。

また、$\overset{\frown}{AB}$ に対する中心角は、∠AOB の 1 つに決まるので、∠APB（円周角）の大きさは常に等しい。

円周角の定理の証明（円の中心 O が ∠APB の外部にある場合）

次の図のように、中心 O を通る直径 PQ を引く。

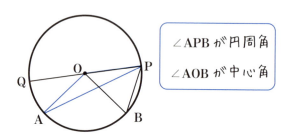

△OPA（青い線で囲った三角形）は、OP = OA の二等辺三角形である。二等辺三角形の底角は等しいから

∠OPA = ∠OAP

∠AOQ は △OPA の外角で、三角形の外角は、それと隣り合わない 2 つの内角の和に等しいから

∠AOQ = ∠OPA + ∠OAP = 2∠OPA ……①

△OPB について、同様にして

∠BOQ = 2∠OPB ……②

①、②より、

∠AOB = ∠BOQ − ∠AOQ
     = 2∠OPB − 2∠OPA
     = 2(∠OPB − ∠OPA)

∠APB = ∠OPB − ∠OPA だから

2∠APB = ∠AOB

両辺を 2 で割ると

$$\angle APB = \frac{1}{2}\angle AOB$$

これにより、1 つの弧に対する円周角の大きさは、その弧に対する中心角の半分であることがわかる。

また、$\stackrel{\frown}{AB}$ に対する中心角は、∠AOB の 1 つに決まるので、∠APB（円周角）の大きさは常に等しい。

円周角の定理の証明（円の中心 O が線分 PB 上にある場合）

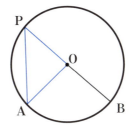

∠APB が円周角
∠AOB が中心角

△OPA（青い線で囲った三角形）は、OP = OA の二等辺三角形である。二等辺三角形の底角は等しいから

∠OPA = ∠OAP

∠AOB は △OPA の外角で、三角形の外角は、それと隣り合わない 2 つの内角の和に等しいから

∠AOB = ∠OPA + ∠OAP = 2∠OPA

だから、2∠APB = ∠AOB
両辺を 2 で割ると

$$\angle APB = \frac{1}{2}\angle AOB$$

これにより、1 つの弧に対する円周角の大きさは、その弧に対する中心角の半分であることがわかる。

また、$\stackrel{\frown}{AB}$ に対する中心角は、∠AOB の 1 つに決まるので、∠APB（円周角）の大きさは常に等しい。

以上、3パターンに分けて、円周率の定理が成り立つことを証明しました。ちなみに、「円の中心 O が線分 PA 上にある場合」も、3つめの証明の「円の中心 O が線分 PB 上にある場合」と同じように証明できます。

では、円周率の定理を使って、例題を解いてみましょう。

例 次の図で、∠ア〜∠オの大きさを求めましょう。ただし、点 O は円の中心とします。

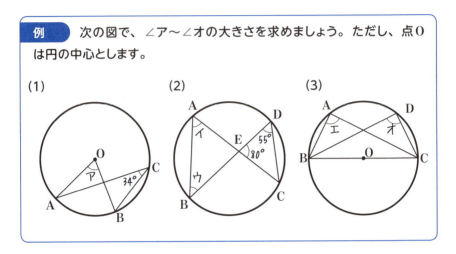

(1) の∠アは、$\overparen{AB}$ に対する中心角です。また、∠ACB(= 34°)は、$\overparen{AB}$ に対する円周角です。

1つの弧に対する円周角の大きさは、その弧に対する中心角の半分なので、
∠ア = 34° × 2 = 68°

(1) の答え　∠ア = 68°

(2) の∠イと∠BDC(= 55°)はどちらも $\overparen{BC}$ に対する円周角です。

1つの弧に対する円周角の大きさは等しいので、
∠イ = ∠BDC = 55°

次に、∠ウの大きさを求めましょう。まず、△DEC において、三角形の内角の和は 180°なので、
∠DCE = 180° − (55° + 80°) = 45°

∠ウと∠DCA(= ∠DCE = 45°)はどちらも $\overparen{AD}$ に対する円周角です。

1つの弧に対する円周角の大きさは等しいので、
∠ウ = ∠DCA = 45°

(2) の答え　∠イ = 55°、∠ウ = 45°

(3) の∠BOCは$\overparen{BC}$に対する中心角で、一直線がつくる角なので180°です。また、∠エと∠オはどちらも、$\overparen{BC}$に対する円周角です。
1つの弧に対する円周角の大きさは、その弧に対する中心角の半分なので、

$$\angle エ = \angle オ = \angle BOC \div 2 = 180° \div 2 = 90°$$

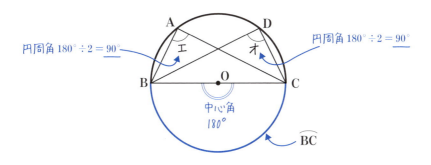

(3) の答え　∠エ＝90°、∠オ＝90°

(3) で、半円の弧 BC に対する円周角の∠エと∠オは、どちらも90°（直角）になりました。次の図のように、**半円の弧に対する円周角は必ず直角になる**ので、おさえておきましょう。この性質も、ギリシアのタレス（紀元前624頃〜前546頃）が証明したといわれています。

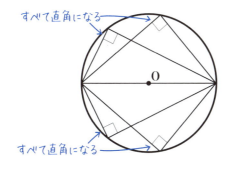

三平方の定理は、なぜ成り立つのか？【平面図形】

中3

　直角三角形の直角をはさむ2つの辺の長さを a、b として、斜辺の長さを c とします。

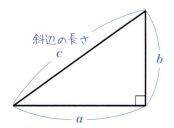

　このとき、次の式が成り立ち、これを**三平方の定理**といいます。

$$a^2 + b^2 = c^2$$

　三平方の定理は、これを証明した**ピタゴラス**（紀元前580頃〜前500頃）の名にちなんで、**ピタゴラスの定理**と呼ばれることもあります。この定理はピタゴラス自身が発見したと思われがちですが、ピタゴラスが証明する以前から知られていたともいわれています。

　三平方の定理は、あらゆる直角三角形において成り立ち、とてもシンプルで美しく、重要な等式といえます。そのため、ピタゴラスがこの定理を発見したとき、喜びのあまり、神に100頭の牛を捧げたという逸話も残っています（ただし、前述のように、ピタゴラス自身がこの定理を発見したかどうかはわかっていません）。

　では、三平方の定理は、なぜ成り立つのでしょうか？　三平方の定理の証明は、300種類以上もあるともいわれています。この本では、その中から、代表

的な証明について紹介します。

三平方の定理の証明

次の のように、BC = a、CA = b、AB = c、∠C = 90°の直角三角形 ABC がある。

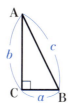

この直角三角形の斜辺 AB（長さは c）を1辺とする正方形 ABDE を次の 図2 のように、加える。

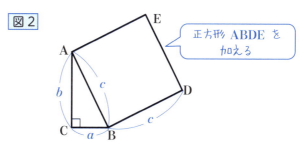

正方形 ABDE を加える

そして、この正方形 ABDE の周りに、直角三角形 ABC と合同な三角形を、次の 図3 のように、3つ加える。

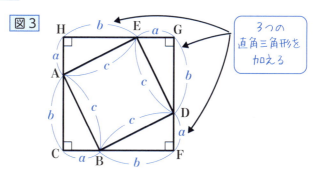

3つの直角三角形を加える

直角三角形 ABC において、∠ABC＋∠BAC＝90°である。他の直角三角形に対しても同じことがいえるので

$$\angle \text{HAC} = \angle \text{CBF} = \angle \text{FDG} = \angle \text{GEH} = 180°$$

つまり、HAC、CBF、FDG、GEH はどれも線分である。

だから、四角形 HCFG は、正方形（1 辺の長さは $a+b$）である。

ここで、
「（正方形 ABDE の面積）
　　　＝（正方形 HCFG の面積）－（4 つの直角三角形の面積）」
だから

$$\underset{\substack{\text{正方形ABDE}\\\text{の面積}}}{c^2} \;=\; \underset{\substack{\text{正方形HCFG}\\\text{の面積}}}{(a+b)^2} \;-\; \underset{\substack{\text{直角三角形}\\\text{4つぶん}}}{\frac{1}{2}ab \times 4}$$

$$c^2 = a^2 + 2ab + b^2 - 2ab$$

$$c^2 = a^2 + b^2$$

両辺を入れかえて

$$a^2 + b^2 = c^2$$

上記によって、三平方の定理が証明されました。ただ、この証明の流れをややこしく感じた方もいるかもしれません。

そこで、三平方の定理が成り立つ理由を、目で見て感覚的に理解できる方法を、紹介しましょう。先ほどの 図3 と同じ形の、次の 図4 をもとに考えます。

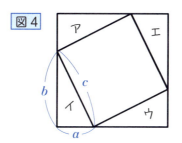

図4 の、ア、イ、ウ、エの直角三角形をパズルのピースのように考えてください。このうち、アとイの2つの直角三角形を次のように移動します。

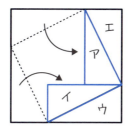

移動前と、移動後の「4つの直角三角形以外の部分の面積」がそれぞれ等しくなることに注目しましょう。つまり、1辺の長さが c の正方形の面積（c^2）が、「1辺の長さが a の正方形の面積（a^2）と、1辺の長さが b の正方形の面積（b^2）の和」に等しいことがわかります。

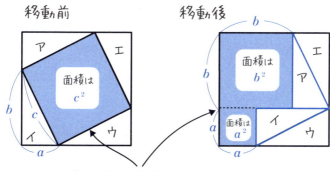

これにより、「$a^2+b^2=c^2$」すなわち、三平方の定理を導くことができます。正式な証明より、こちらのほうが感覚的に理解しやすいかもしれません。

アメリカ合衆国の大統領が証明した方法とは？【平面図形】

中3・発展

　三平方の定理の証明が、300種類以上もあるともいわれているのは先述した通りです。そのなかには、なんと、第20代アメリカ合衆国大統領のガーフィールド（1831～1881）が証明したものも含まれています。
　どんな証明だったかさっそくみてみましょう。

（ガーフィールドによる）三平方の定理の証明

　BC＝a、CA＝b、AB＝c、∠C＝90°の直角三角形 ABC がある。この直角三角形 ABC と合同な直角三角形 BDE を、3点 C、B、E が一直線上になるように配置する。そして、補助線 DA を引くと、次の図のように、DE ∥ AC の台形 DACE ができる。

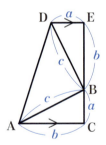

　∠DBE＋∠ABC＝90°だから、

　　　∠DBA＝180°－90°＝90°

　よって、△DAB は、∠DBA＝90°の直角二等辺三角形である。

　図より、「（台形 DACE の面積）＝（△DAB の面積）＋（△ABC の面積 ×2）」だから

$$(\underbrace{a+b}_{\text{(上底+下底)}}) \times (\underbrace{a+b}_{\text{高さ}}) \times \underbrace{\frac{1}{2}}_{\times \frac{1}{2}} = \underbrace{\frac{1}{2}c^2}_{\triangle \text{DAB} \atop \text{の面積}} + \underbrace{\frac{1}{2}ab \times 2}_{\triangle \text{ABC} \atop \text{の面積} \times 2}$$

<u>台形DACE の面積</u>

$\dfrac{1}{2}(a+b)^2 = \dfrac{1}{2}c^2 + ab$ $(a+b)^2 = a^2 + 2ab + b^2$

$\dfrac{1}{2}(a^2 + 2ab + b^2) = \dfrac{1}{2}c^2 + ab$

         左辺を展開する

$\dfrac{1}{2}a^2 + ab + \dfrac{1}{2}b^2 = \dfrac{1}{2}c^2 + ab$

         両辺から ab を引く

$\dfrac{1}{2}a^2 + \dfrac{1}{2}b^2 = \dfrac{1}{2}c^2$

         両辺に 2 をかける

$a^2 + b^2 = c^2$

　実は、この証明は、p.381 でおこなった証明に用いた図を、次のように半分にして考えたものであり、証明としては、それほど目新しいものであるとはいえないかもしれません。

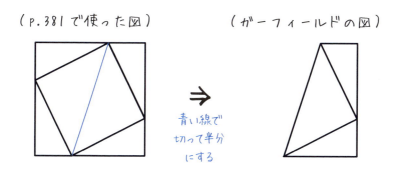

（p.381で使った図）　　　（ガーフィールドの図）

青い線で切って半分にする

　しかし、実在したアメリカ合衆国の大統領が考え出した証明ということで紹介しました。ガーフィールドは、この証明を、他の国会議員と数学の話をするなかで思いついたそうです。

ちなみに、ガーフィールドは、大統領在職中、官庁改革や公務員改革を立案しました。彼は、暗殺された2人目の大統領でもあります（1人目はリンカーン）。就任から4か月足らずで銃撃を受け、そのときに使われた弾丸が、ガーフィールドの体内から見つからず、彼はひどい苦痛を味わったといいます。

　このとき、電話の発明者であるアレクサンダー・グラハム・ベル（1847～1922）が金属探知機を使って、ガーフィールドの体内の弾丸を探そうとしたという話も残っています。

ピタゴラス数を見つける方法とは？【平面図形】

中3・発展

まずは、三平方の定理を使って、次の例題を解いてみましょう。

例 次の図で、x の値をそれぞれ求めましょう。

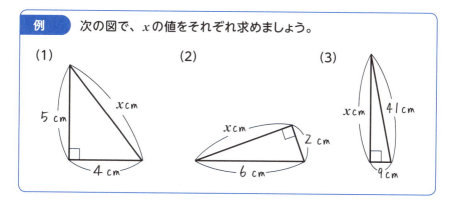

(1) は、斜辺（x cm）の長さを求める問題です。三平方の定理より

$$5^2 + 4^2 = x^2$$
$$x^2 = 25 + 16 = 41$$

$x > 0$ なので、$x = \sqrt{41}$

(1) の答え　$\sqrt{41}$

(2) は、6 cm の辺が斜辺です。三平方の定理より

$$x^2 + 2^2 = 6^2$$
$$x^2 = 36 - 4 = 32$$

$x > 0$ なので、$x = \sqrt{32} = 4\sqrt{2}$

(2) の答え　$4\sqrt{2}$

(3) は、41 cm の辺が斜辺です。三平方の定理より

$$x^2 + 9^2 = 41^2$$
$$x^2 = 1681 - 81 = 1600$$

$x > 0$ なので、$x = \sqrt{1600} = 40$

(3) の答え　40

この例題の (3) では、3辺の長さが、9 cm、40 cm、41 cm と、どれも自然数の値になりました。このように、「$a^2 + b^2 = c^2$」を満たす自然数の組を、**ピタゴラス数**といいます。

最も代表的なピタゴラス数は、「$3^2 + 4^2 = 5^2$」を満たす（3、4、5）の組でしょう。

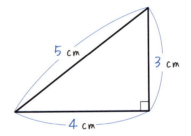

このピタゴラス数には、おもしろい見つけ方があるので紹介しましょう。
$m^2 - n^2$、$2mn$、$m^2 + n^2$ の、m と n に自然数を代入すると、ピタゴラス数が見つかります。ただし、$m > n$ とします。

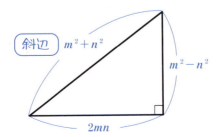

上の図では、$2mn$ が $m^2 - n^2$ より長くなっていますが、$m^2 - n^2$ のほうが

$2mn$ より長く(大きく)なることもあります。

例えば、$m=2$、$n=1$ を代入すると、次のようになります。

$$m^2-n^2=2^2-1^2=4-1=3$$
$$2mn=2\times2\times1=4$$
$$m^2+n^2=2^2+1^2=4+1=5$$

これにより、(3、4、5) の組が見つかります。

次に、例えば、$m=3$、$n=1$ を代入すると、次のようになります。

$$m^2-n^2=3^2-1^2=9-1=8$$
$$2mn=2\times3\times1=6$$
$$m^2+n^2=3^2+1^2=9+1=10$$

これにより、(6、8、10) の組が見つかりますが、「6:8:10=3:4:5」なので、これは、(3、4、5) の組の仲間と考えます。

さらに、例えば、$m=3$、$n=2$ を代入すると、次のようになります。

$$m^2-n^2=3^2-2^2=9-4=5$$
$$2mn=2\times3\times2=12$$
$$m^2+n^2=3^2+2^2=9+4=13$$

これにより、(5、12、13) の組が見つかりました。

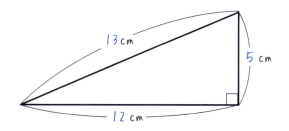

この (5、12、13) の組は、数学のテキストなどにもけっこう出てくるので

覚えておくことをおすすめします。

ところで、m^2-n^2、$2mn$、m^2+n^2 の、m と n に自然数を代入すると、なぜ、ピタゴラス数が見つかるのでしょうか？　それは、次のように証明できます。

【証明】

「$a^2+b^2=c^2$」を満たす自然数の組が、ピタゴラス数である。

$a=m^2-n^2$、$b=2mn$ として、a^2+b^2 を計算すると

$$a^2+b^2=(m^2-n^2)^2+(2mn)^2$$
$$=m^4-2m^2n^2+n^4+4m^2n^2$$
$$=m^4+2m^2n^2+n^4 \quad \cdots\cdots ①$$

次に、$c=m^2+n^2$ として、c^2 を計算すると

$$c^2=(m^2+n^2)^2$$
$$=m^4+2m^2n^2+n^4 \quad \cdots\cdots ②$$

①、②の右辺が同じ形になったので、「$a^2+b^2=c^2$」が成り立つ。

すなわち、m^2-n^2、$2mn$、m^2+n^2 の、m と n に自然数を代入すると、ピタゴラス数が見つかる。

m^2-n^2、$2mn$、m^2+n^2 の、m と n にさまざまな自然数を代入して、ピタゴラス数を見つけてみてはいかがでしょうか。

ちなみに、「$a^2+b^2=c^2$」の a、b、c いずれもが 50 以下のピタゴラス数の組は、下記の 7 組です（a、b、c の最大公約数が 1 の組のみ）。

（3、4、5）、（5、12、13）、（8、15、17）、（7、24、25）、（20、21、29）、
（12、35、37）、（9、40、41）

江戸時代の人々を悩ませた三平方の定理の問題とは？【平面図形】

中3・発展

　江戸時代、和算という日本独自の数学が発展しました。和算が発展する初期に活躍したのが、吉田光由（1598 〜 1673）です。彼は、豪商の角倉了以を外祖父にもち、吉田は、了以の長男の角倉素庵に数学を教わりました。

　素庵は、中国の数学書『算法統宗』を教科書にして、吉田に数学を教えました。吉田は、その『算法統宗』をもとにしてまとめた『塵劫記』という数学書を、寛永4年（1627年）に刊行します。『塵劫記』は、「一、十、百、千、万、億、……、無量大数」という数の単位の分類を、日本で最初に紹介した本であるともいわれています。この本はベストセラーとなり、当時の多くの人々に読まれました。

　『塵劫記』は、「寛永〜年版」という形で内容を加筆修正しながら、何度も版を重ねました。寛永18年版の『塵劫記』は、巻末に12問の遺題を収録していることが特徴です。遺題とは、答えを載せない問題のことで、読者や数学者に力試しをさせる意図があったと思われます。

　吉田は、遺題を収録した理由について、次のような趣旨の文を書いています。
　「数学の実力があまりないのに、塾を開いて教えている人がいる。生徒の立場からすると、自分の先生の実力がどんなものかわからないのである。この本に、答えのない12問の問題を載せておいたから、その先生に解いてもらうとよいだろう。」
　吉田としては、数学の実力があまりないのに、先生のふりをして数学を教えている人に対して、不満があったのでしょう。

　ところで、この遺題はその後、興味深い歴史をたどることになります。当時

の数学者が、**遺題の答えを解いて、それを本として出版し、さらに遺題を載せるというように、数学書の出版が連鎖的に続いていったのです**。これは、遺題継承と呼ばれています。

『塵劫記』（寛永 18 年版）が刊行された 12 年後（1653 年）に、塵劫記の遺題の答えを載せた『参両録』（榎並和澄著）が刊行されます。そのさらに 6 年後（1659 年）に、『参両録』の遺題の答えを載せた『改算記』（山田正重著）が刊行されて、その後もこの流れは続いていきます。「算聖」といわれた関孝和が著した『発微算法』（1674 年）も、この遺題継承の流れをくんでいます。このように、遺題継承が、和算の発展を促したともいわれています。

ところで、この前の項目までは「三平方の定理」について解説してきましたので、「なぜ、急に和算の話を？」と思った方もいるかもしれませんね。実は、**寛永 18 年版の『塵劫記』の遺題の第 1 問目が、三平方の定理を使って解ける問題**なのです。

吉田光由が、読者に向けて力試しをさせる意図でつけた遺題。この遺題を、現代の我々が解けるか挑戦してみましょう。次ページの図は、原本をもとに再現したものです（青い字の①～⑤は、後の説明のために加えたものです）。

まず、①のタイトル部分の漢字を右から読むと「勾股積」と書かれています。これは、三平方の定理を表すと考えられます。なぜなら、中国では、三平方の定理のことを「勾股定理」といい、日本でも、戦前頃までは「勾股弦の法」などと呼ばれていたからです。ちなみに、直角三角形の直角をはさむ 2 辺のうち、短い方を「勾」、長い方を「股」、斜辺を「弦」といいました。

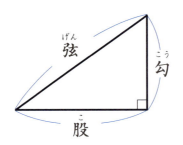

寛永18年版『塵劫記』遺題第1問

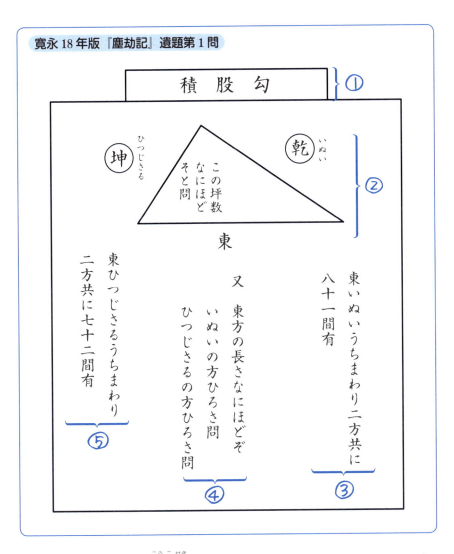

①のタイトル部分に「勾股積（こうこせき）」と書かれていることによって、この問題が、**三平方の定理を使う問題**であることがわかります。

②の部分には、直角三角形がかかれており、斜辺には「東」、直角をはさむ2辺には、それぞれ「坤（ひつじさる）」「乾（いぬい）」と記されています。これらは方角を表しています（坤は南西、乾は北西を意味します）。

②の直角三角形の内部の文は「この直角三角形の面積は何坪ですか」という意味です。「坪」は、現在でも使われる面積の単位です。

③の文の意味は、「東の斜辺」の長さと「乾の辺」の長さをたすと 81 間ある、ということです。「間」は長さの単位で、1 間は、約 1.8 m の長さです。

④の文は、「東の斜辺、乾の辺、坤の辺、それぞれの長さは何間ですか」という意味です。

⑤の文の意味は、「東の斜辺」の長さと「坤の辺」の長さをたすと 72 間ある、ということです。

これらをふまえて、現代風に修正すると、次のようになります。

寛永 18 年版『塵劫記』遺題第 1 問（を現代風にした問題）

次の直角三角形の土地で、東の斜辺の長さと 乾 の辺の長さをたすと、81 間です。また、東の斜辺の長さと 坤 の辺の長さをたすと、72 間です。このとき、後の問いに答えましょう。

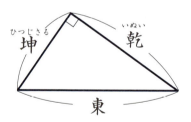

(1) 東、乾、坤それぞれの長さは、何間ですか。
(2) 直角三角形の土地の面積は、何坪ですか。なお、「間と坪の関係」は「cm と cm² の関係（1cm×1cm ＝ 1cm²）」と同じで、「1 間 ×1 間 ＝ 1 坪」となります。

では、(1) から解いていきましょう。どの辺の長さもわかっていないので、

ここでは、東の斜辺の長さを x 間とおきます。

　東の斜辺の長さと乾の辺の長さの和は 81 間なので、乾の辺の長さは $(81-x)$ 間と表せます。

　また、東の斜辺の長さと坤の辺の長さの和は 72 間なので、坤の辺の長さは $(72-x)$ 間と表せます。

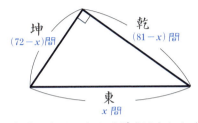

ここから、三平方の定理により、次の式が成り立ちます。

$$(81-x)^2 + (72-x)^2 = x^2$$

　　乾の長さ　坤の長さ　東（斜辺）
　　の2乗　　の2乗　　長さの2乗

$(a-b)^2 = a^2 - 2ab + b^2$ を使って左辺を展開

$$6561 - 162x + x^2 + 5184 - 144x + x^2 = x^2$$

左辺を整理

$$2x^2 - 306x + 11745 = x^2$$

右辺の x^2 を左辺に移項して整理

$$x^2 - 306x + 11745 = 0$$
$$(x-45)(x-261) = 0$$

$x^2 + (a+b)x + ab = (x+a)(x+b)$ を使って左辺を因数分解

$$x = 45,\ 261$$

$x < 72$ なので
　　　$x = 45$

x が 45 と求められたので、
　乾の辺の長さは、$81 - 45 = 36$（間）
　坤の辺の長さは、$72 - 45 = 27$（間）

(1) の答え　東 45 間、乾 36 間、坤 27 間

(2) は、直角三角形の土地の面積は、何坪か求める問題です。乾の辺（36間）を底辺とすると、坤の辺（27間）が高さになりますから、面積は次のように求められます。

$$36 \times 27 \times \frac{1}{2} = 486$$

問題文に書いてある通り、「間と坪の関係」は「cm と cm² の関係（1cm × 1cm = 1cm²）」と同じで、「1 間 × 1 間 ＝ 1 坪」となるので、このまま 486 坪が答えになります。

(2) の答え　486 坪

吉田光由が著した寛永 18 年版『塵劫記』の遺題の 1 つを解説しましたが、いかがだったでしょうか。三平方の定理と二次方程式を組み合わせて解いたので、難しく感じた方もいるかもしれませんね。江戸時代に広がった和算や、日本の数学史に興味をもつきっかけになれば幸いです。

三平方の定理と三角定規との関係とは？【平面図形】

中3

まず、次の例題を解いてみましょう。

例1 次の図は、1辺が1mの正方形です。この正方形の対角線の長さを x m とするとき、x の値を求めましょう。

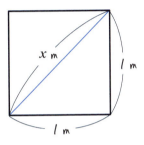

この例題は、直角二等辺三角形の斜辺の長さを求める問題ということもできます。三平方の定理より、次の式が成り立ちます。

$$1^2 + 1^2 = x^2$$
$$x^2 = 2$$

$x > 0$ なので、$x = \sqrt{2}$

（例1）の答え　$\sqrt{2}$

では、次の例題に進みましょう。

> **例2** 次の図は、1辺が2mの正三角形です。この正三角形の高さと面積をそれぞれ求めましょう。
>
>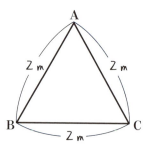

　正三角形は、「特別な二等辺三角形」であり、二等辺三角形の「**頂角の二等分線は、底辺を垂直に2等分する**」という性質をもっています（p.325とp.331を参照）。

　ですから、正三角形の角Aの二等分線を引くと、次の図のように、底辺BCを垂直に2等分します。角Aの二等分線と底辺BCとの交点をDとすると、BD＝CD＝1m、∠ADB＝∠ADC＝90°になるということです。問題とは直接関係ありませんが、∠DAB＝∠DAC＝60°÷2＝30°であることも求められます。

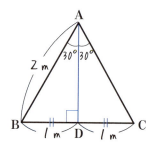

　正三角形ABCの底辺をBCとすると、高さはADとなります。だから、ADの長さを求めればよいことがわかります。
　直角三角形ABDにおいて、三平方の定理より

$$1^2 + \text{AD}^2 = 2^2$$
$$\text{AD}^2 = 4 - 1 = 3$$

$\text{AD} > 0$ なので、$\text{AD} = \sqrt{3}$ （m）

正三角形 ABC の底辺が $2\,\text{m}$ で、高さが $\sqrt{3}\,\text{m}$ なので、正三角形 ABC の面積は、次のように求められます。

$$2 \times \sqrt{3} \times \frac{1}{2} = \sqrt{3} \quad (\text{m}^2)$$

<u>（例2）の答え　高さ…$\sqrt{3}$ m、　面積…$\sqrt{3}$ m²</u>

ところで、三角定規は、**45°、45°、90°の角をもつ直角二等辺三角形**と、**30°、60°、90°の角をもつ直角三角形**の2種類があります。

（例1）と（例2）より、これら2種類の三角定規の辺の比は、次のようになることがわかります。

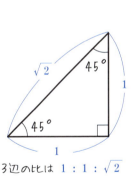

3辺の比は $1:1:\sqrt{2}$

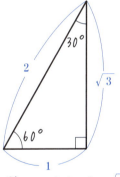

3辺の比は $1:2:\sqrt{3}$

中学数学では、2種類の三角定規の3辺の比がそれぞれ、「$1:1:\sqrt{2}$」と「$1:2:\sqrt{3}$」であることは覚えることをおすすめします。なぜなら、次の（例3）のように、**3辺の比を覚えておかないと解けない問題が出題される**ことがあるからです。

例3 次の図で、x、y、z の値をそれぞれ求めましょう。

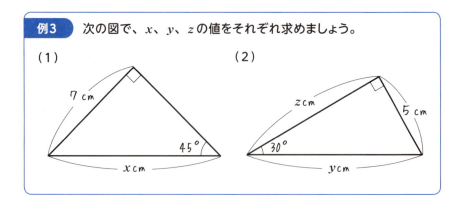

(1) は、45°、45°、90°の角をもつ直角二等辺三角形なので、3辺の比は $1:1:\sqrt{2}$ です。

ですから、7（cm）を $\sqrt{2}$ 倍すれば、x の値が求められます。

$$x = 7 \times \sqrt{2} = 7\sqrt{2}$$

(1) の答え $x = 7\sqrt{2}$

(2) は、30°、60°、90°の角をもつ直角三角形なので、3辺の比は $1:2:\sqrt{3}$ です。

ですから、5cm を 2 倍すれば、y の値が求められます。

$$y = 5 \times 2 = 10$$

また、5cm を $\sqrt{3}$ 倍すれば、z の値が求められます。

$$z = 5 \times \sqrt{3} = 5\sqrt{3}$$

(2) の答え $y = 10$、$z = 5\sqrt{3}$

三平方の定理の逆は成り立つか？
【平面図形】

中3

まず、三平方の定理について復習しましょう。

> **三平方の定理**
> 　直角三角形の直角をはさむ2つの辺の長さを a、b として、斜辺の長さを c とすると、次の式が成り立ち、これを三平方の定理という。
>
> $$a^2 + b^2 = c^2$$
>
>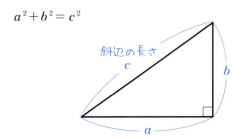

この三平方の定理の逆は、次のようになります。

> **三平方の定理の逆**
> 　3辺の長さが a、b、c の三角形があり、
> 　　$a^2 + b^2 = c^2$
> が成り立てば、その三角形は、長さ c の辺を斜辺とする直角三角形である。
>
>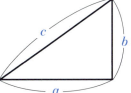

この「三平方の定理の逆」は、結果からいうと、成り立ちます。なぜ成り立つか、その証明は次のようになります。

「三平方の定理の逆」の証明

次の 図1 のような △ABC があり、$BC = a$、$CA = b$、$AB = c$ とする。この △ABC において、$a^2 + b^2 = c^2$ が成り立っているとする。

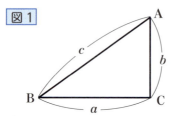

さらに、次の 図2 のような △DEF があり、$EF = a$、$FD = b$、$\angle F = 90°$ とする。そして、この △DEF の斜辺 DE の長さを x とする。

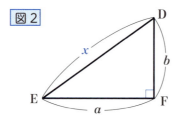

△DEF について、三平方の定理より
$$a^2 + b^2 = x^2 \quad \cdots\cdots ①$$
仮定より
$$a^2 + b^2 = c^2 \quad \cdots\cdots ②$$
①、②の左辺が同じなので
$$x^2 = c^2$$
$x > 0$、$c > 0$ だから
$$x = c$$
3組の辺がそれぞれ等しいから
$$\triangle ABC \equiv \triangle DEF$$

合同な図形の対応する角の大きさは等しいから

$$\angle C = \angle F = 90°$$

よって、△ABCは、長さ c の辺を斜辺とする直角三角形である。

ちょっと変わったタイプの証明でしたが、証明の流れをじっくり読み返して理解してみましょう。

三平方の定理の逆を使うことによって、次のような例題を解くことができます。

> **例**　次のような長さの 3 辺をもつ三角形があります。このなかから、直角三角形になるものをすべて答えましょう。
>
> ①　11 cm 、60 cm、61 cm
>
> ②　$\sqrt{2}$ cm、$\sqrt{3}$ cm、$\sqrt{6}$ cm
>
> ③　8 cm 、24 cm、25 cm

まず、①からみていきましょう。3 辺の長さをそれぞれ 2 乗すると、次のようになります。

$$11^2 = 121$$
$$60^2 = 3600$$
$$61^2 = 3721$$

$121 + 3600 = 3721$ となるので、①の三角形は直角三角形です。

②の 3 辺の長さをそれぞれ 2 乗すると、次のようになります。

$$(\sqrt{2})^2 = 2$$
$$(\sqrt{3})^2 = 3$$
$$(\sqrt{6})^2 = 6$$

$2 + 3 = 5$ となり、6 と一致しないので、②の三角形は直角三角形ではありません。

403

③の 3 辺の長さをそれぞれ 2 乗すると、次のようになります。

$$8^2 = 64$$
$$24^2 = 576$$
$$25^2 = 625$$

64 + 576 = 640 となり、625 と一致しないので、③の三角形は直角三角形ではありません。

ちなみに、「3 辺が 7 cm、24 cm、25 cm の三角形」なら、

$$7^2 + 24^2 = 49 + 576 = 625 (= 25^2)$$

となり、直角三角形になります。

(例) の答え　①

直方体の対角線の長さはどうやって求められるのか？【空間図形】

中3

次の図のような直方体で、直方体の内部に引いた線分 AG を、この直方体の対角線といいます。

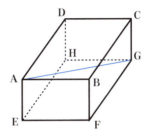

平面図形でなく、このように空間図形でも、対角線という用語が使われることをおさえましょう。線分 AG のほかに、線分 BH、線分 CE、線分 DF も、この直方体の対角線です。4本の対角線の長さは、どれも等しくなります。

三平方の定理を使って、直方体の対角線の長さを求める例題を解いてみましょう。

例1 次の直方体で、対角線 CE の長さを求めましょう。

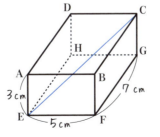

次のように、長方形 EFGH の対角線 EG を引きます。

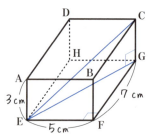

三角形 EFG は直角三角形なので、三平方の定理より
$$EG^2 = 5^2 + 7^2 \quad \cdots\cdots ①$$
となります。三角形 CGE も直角三角形なので、三平方の定理より
$$CE^2 = 3^2 + EG^2 \quad \cdots\cdots ②$$
となります。①を②に代入して計算すると、
$$CE^2 = 3^2 + 5^2 + 7^2$$
$$= 9 + 25 + 49 = 83$$

CE > 0 だから、$CE = \sqrt{83}$ (cm)

(例1) の答え　$\sqrt{83}$ cm

次の例題のように、辺の長さが文字の場合も、同じように解くことができます。

例2　次の直方体で、対角線 CE の長さを求めましょう。

次のように、長方形 EFGH の対角線 EG を引きます。

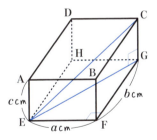

三角形 EFG は直角三角形なので、三平方の定理より

$$EG^2 = a^2 + b^2 \quad \cdots\cdots ①$$

となります。三角形 CGE も直角三角形なので、三平方の定理より

$$CE^2 = c^2 + EG^2 \quad \cdots\cdots ②$$

となります。①を②に代入して計算すると、

$$CE^2 = c^2 + a^2 + b^2$$
$$= a^2 + b^2 + c^2$$

$CE > 0$ だから、$CE = \sqrt{a^2 + b^2 + c^2}$ (cm)

(例2) の答え　$\sqrt{a^2+b^2+c^2}$ cm

(例2)により、次の公式を導くことができます。

直方体の対角線の長さを求める公式

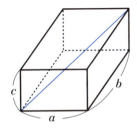

(3辺の長さが a、b、c の直方体の対角線の長さ) $= \sqrt{a^2+b^2+c^2}$

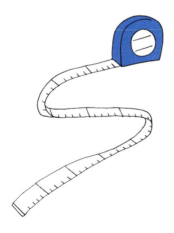

第11章
関数の「?」を解決する

関数とは何か？

中1

　1次関数や2次関数といった用語を聞いたことはあっても、「関数とは何か？」という質問に対して、正確に答えられる人は少ないのではないのでしょうか。

　現在の学習指導要領では、中学1年生で、関数の意味について学習します。私も中学生のときに学びましたが、関数の意味についての説明は何だか哲学的な感じもして、「わかったような、わからないような」状態になってしまった経験があります。

　そこで、この項目では「関数」の意味について、教えられるくらいによくわかるように、じっくり解説していきます。

　まず、関数という用語の（教科書にそった）意味は、次の通りです。

> **関数の意味**
> ともなって変わる2つの数量 x と y があるとする。x の値を決めると、それにともなって y の値がただ1つ決まるとき、**y は x の関数である**という。

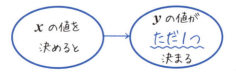

　これが、関数の意味です。ただ、これだけではよく意味がわからないと感じ

る方もいるかもしれません。そこで、次の例題をみてください。

> **例** 次の（1）～（5）はそれぞれ、y が x の関数であるといえますか、それともいえませんか。
> (1) 所持金 2000 円のうち、x 円使ったあとの残りの金額は y 円である。
> (2) 1 辺が x cm の正方形の面積は y cm² である。
> (3) 横の長さが x cm の長方形の面積は y cm² である。
> (4) 時速 x km で y 時間進んだときの道のりは、40 km である。
> (5) 長さ x cm の針金の重さは y g である。

x の値を決めたとき、y の値が「ただ 1 つ決まる」のが関数です。これを基準に考えれば、y が x の関数であるかどうか判断しやすくなります。

では、(1) の「所持金 2000 円のうち、x 円使ったあとの残りの金額は y 円である」からみていきましょう。

例えば、所持金 2000 円のうち、500 円使ったとしましょう。$x = 500$ ということです。このとき、残りの金額 y 円は、$2000 - 500 = 1500$（円）のように、ただ 1 つに決まります。x（使った金額）がいくらであっても、y（残りの金額）は 1 つに決まります。だから、y は x の関数であるといえます。

(1) の答え　いえる

「所持金 2000 円から、x 円を引くと、y 円が残る」のですから、これを式に表すと、次のようになります。

$$\underset{\text{残りの金額}}{y} \quad = \quad \underset{\text{はじめの所持金}}{2000} \quad - \quad \underset{\text{使った金額}}{x}$$

ところで、(1) の「所持金 2000 円のうち、x 円使ったあとの残りの金額は y 円である」という関係で、x（使った金額）は 500 円だけでなく、100 円や 1400 円など、いろいろな値をとります。また、x の値によって、y（残りの金

額）も、いろいろな値をとります。この x と y のように、**いろいろな値をとる文字**を、変数といいます。

「$y = 2000 - x$」という式で、x と y は変数（いろいろな値をとる文字）ですが、2000 という値は一定です。この 2000 のように、**一定の数や、それを表す文字**を、定数といいます。

(2) の「1 辺が $x\,\text{cm}$ の正方形の面積は $y\,\text{cm}^2$ である」に進みます。

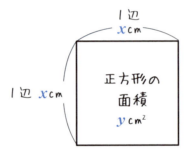

例えば、1 辺が 3 cm の正方形の面積は、$3 \times 3 = 9\,(\text{cm}^2)$ です。$x = 3$ のとき、$y = 9$ というように、y の値がただ 1 つに決まります。x（1 辺の長さ）が何 cm でも、y（正方形の面積）は 1 つに決まります。だから、y は x の関数であるといえます（y を x の式で表すと、$y = x^2$ となります）。

<u>(2) の答え　いえる</u>

(3) の「横の長さが $x\,\text{cm}$ の長方形の面積は $y\,\text{cm}^2$ である」に進みます。

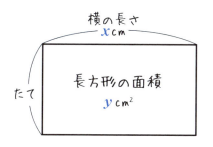

　例えば、$x=5$、すなわち横の長さが $5\,\mathrm{cm}$ の長方形で考えましょう。このとき、たての長さが何 cm かわかっていないので、**面積（$y\,\mathrm{cm}^2$）が１つに決まりません**。例えば、たての長さが $2\,\mathrm{cm}$ のとき、長方形の面積は $2\times 5=10\,(\mathrm{cm}^2)$ になります。一方、例えば、たての長さが $3\,\mathrm{cm}$ のとき、長方形の面積は $3\times 5=15\,(\mathrm{cm}^2)$ になり、長方形の面積がただ１つに決まらないことがわかります。

　x（横の長さ）の値を決めても、y（長方形の面積）は１つに決まりません。だから、y は x の関数ではありません。

(3) の答え　いえない

　(4) の「時速 $x\,\mathrm{km}$ で y 時間進んだときの道のりは、$40\,\mathrm{km}$ である」に進みます。

　例えば、$x=5$、すなわち、時速 $5\,\mathrm{km}$ の場合を考えてみましょう。

　「時間（y）＝ 道のり ÷ 速さ」ですから、$40\div 5=8$（時間）というように、y（時間）の値が**ただ１つに決まります**。x（時速〜km）がどんな値でも、y（時間）は１つに決まります。だから、y は x の関数であるといえます（y を x の式で表すと、$y=\dfrac{40}{x}$ となります）。

(4) の答え　いえる

　(5) の「長さ $x\,\mathrm{cm}$ の針金の重さは $y\,\mathrm{g}$ である」に進みます。

　例えば、$x=30$、すなわち針金の長さが $30\,\mathrm{cm}$ の場合を考えてみましょう。

長さ30cmの針金は、その太さや材質などによって、**重さが1つに決まりません**。
　つまり、x（針金の長さ）の値を決めても、y（針金の重さ）は1つに決まらないということです。だから、yはxの関数ではありません。

(5) の答え　いえない

　ここまで、関数の意味についてみてきました。「2つの変数xとyにおいて、xの値を決めると、それにともなってyの値がただ1つ決まるとき、**yはxの関数である**という」という意味がおさえられたのではないでしょうか。この章では、中学校で習う関数である「比例と反比例」「1次関数」「関数$y = ax^2$」について、解説していきます。

関数が、過去に「函数」と表記されていた理由とは？

中1・発展

　関数という用語は、もともと「函数（旧字体では函數）」と表記されていました。函数という言葉は、英語の function が中国語に訳されたものです。その後、中国から日本にもたらされました。

　function には「関数」の他に「機能」「働き」といった意味があり、「ファンクション」と読みます。一方、「函数」は中国語で「ファンシュー」と読むので、function の音訳（漢字の音を借りて、外国語などを書き表すこと）だという説もあります。

　明治時代から戦前にかけての日本では、中国から伝わった「函数」という用語がそのままの形で広く使われました。しかし、戦後、「函」という字が当用漢字に含まれなかったため、「函数」の代わりに「関数」が用いられるようになってきました。

　ところで、「函館」の地名でおなじみの通り、「函」には「はこ」という読み方があり、「（入れ物としての）はこ」「（手紙を入れる）はこ」といった意味があります。

　ここで興味深いのは、関数が「ブラックボックス（black box）」に例えられることがあるということです。ブラックボックスとは、内部の仕組みは気にせずに、「ある入力をしたら、どんな出力があるか」だけを考える装置のことです。

　「2つの変数 x と y において、x の値を決めると、それにともなって y の値がただ1つ決まるとき、y は x の関数であるという」というのが、関数の意

味でした。

　これは、x の値を、ブラックボックスに入力すると、y の値がただ 1 つ決まる（出力される）ことだともいえます。これを図にすると、次のようになります。

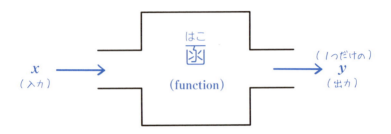

　この意味において、「関数」より「函数」という表記のほうが、その性質を、より表しているということもできるでしょう。

　ところで、「y は x の関数である」ことを、文字 f を使って「$y = f(x)$」のように表すことがあります（主に、高校数学以降）。この f は、function の f であることも、あわせておさえておくとよいでしょう。

座標とは何か？

中1

この項目では、「平面上での点の位置をどうやって表すか」について、みていきます。次の図のように、平面上で直角に交わる、横とたての数直線を考えましょう。

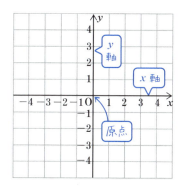

上の図で、**横の数直線を x 軸**、**たての数直線を y 軸**といいます。

また、**x 軸と y 軸の交点（交わる点）を原点**といいます。原点は、アルファベットの O で表されます（数字の 0 ではないので注意しましょう）。

ここで、次の例題をみてください。

例 次の図で、点Pの座標をいいましょう。

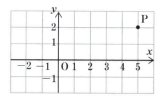

417

この例題を解くために、まず次の図のように、点Pからx軸とy軸に、それぞれ垂直に直線（青い線）を引きましょう。

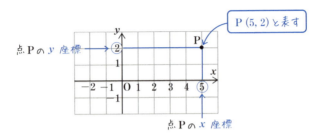

点Pのx軸上のめもりは5です。この5を、点Pのx座標といいます。
点Pのy軸上のめもりは2です。この2を、点Pのy座標といいます。
点Pのx座標5とy座標2をあわせて(5, 2)と書き、これを点Pの座標といいます。点PをP(5, 2)と表すこともあります。

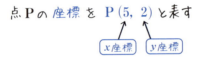

答え　(5, 2)

例題のグラフのように、x軸とy軸を定めて、点の位置を座標で表せる平面を、座標平面といいます。

次の項目からは、この座標平面も使いながら、さまざまな種類の関数について解説していきます。

比例とそのグラフとは？

中1

 この章のはじめで、「関数とは何か？」について学びました。「2 つの変数 x と y において、x の値を決めると、それにともなって y の値がただ 1 つ決まるとき、y は x の関数であるという」というのが、その意味でした。
 この項目では、関数のひとつである、比例の関係についてみていきます。

 例えば、ある人が時速 3 km で x 時間歩いたときの道のりを y km としましょう。「道のり ＝ 速さ × 時間」なので、$y = 3x$ という式が成り立ちます。

 このように、y が x の関数で、「$y = ax$」という式で表されるとき、「y は x に比例する」といいます。

 このとき、$y = ax$ の a を、比例定数といいます。例えば、$y = 3x$ の比例定数は、3 です。

 では、比例についての次の例題を解いてみましょう。

> **例** x と y について、$y = 2x$ という関係が成り立っています。このとき、次の問いに答えましょう。
>
> (1) y は x に比例しているといえますか。
> (2) 比例定数は何ですか。
> (3) 次の表をうめましょう。
>
> | x | … | -3 | -2 | -1 | 0 | 1 | 2 | 3 | … |
> |---|---|---|---|---|---|---|---|---|---|
> | y | … | | | | | | | | … |

(4) $y=2x$ のグラフをかきましょう。

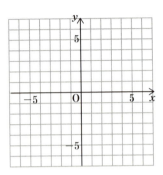

(1) から解説します。$y=ax$ (a は2) という式で表されているので、**y は x に比例している**といえます。

<u>(1) の答え　いえる</u>

(2) は、$y=2x$ の 2 が比例定数です。

<u>(2) の答え　2</u>

(3) に進みます。$y=2x$ の x に例えば、1を代入すると、$y=2×1=2$ となります。

また、x に例えば、-3 を代入すると、$y=2×(-3)=-6$ となります。

このように、x に数を代入して y の値をそれぞれ求めていくと、次のように表がうめられます。次の表が、(3) の答えです。

x	…	-3	-2	-1	0	1	2	3	…
y	…	-6	-4	-2	0	2	4	6	…

ところで、(3) の表で、次のように、x が2倍になると y も2倍になり、x が3倍になると y も3倍になっています。

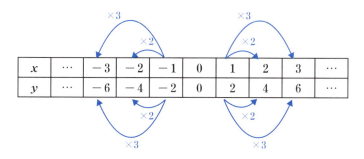

これは、比例の大事な性質なので、おさえておきましょう。

(4) に進みます。(3) の表で、それぞれを座標に対応させると、次のようになります。

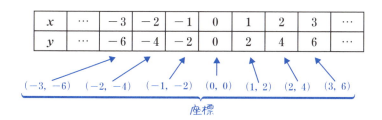

そして、座標平面上にこれらの座標の点をとりましょう。そして、それらの点を直線で結ぶと、次のように、$y=2x$ のグラフをかくことができます。次のグラフが、(4) の答えになります。

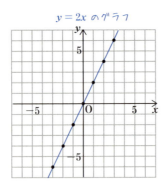

このように、**比例のグラフ**は、**原点を通る直線**になります。

例題は、$y=2x$ についての問題でした（比例定数の 2 が正の数）。

ここで、**比例定数が負の数**(-2)の、$y=-2x$ についてみていきましょう。
$y=-2x$ についての表をかくと、次のようになります。

x	$\cdots$	-3	-2	-1	0	1	2	3	$\cdots$
y	$\cdots$	6	4	2	0	-2	-4	-6	$\cdots$

そして、この表をもとに、$y=-2x$ のグラフをかくと次のようになります。

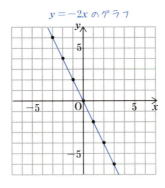

$y=2x$ と $y=-2x$ のグラフの違いがわかるでしょうか？　$y=2x$ **は右上がりのグラフ**でしたが、$y=-2x$ **は右下がりのグラフ**になります。

比例定数の正負による、比例のグラフの違い

比例のグラフ $y = ax$ において、

　　　a が正の数だと、**右上がり**のグラフになり、

　　　a が負の数だと、**右下がり**のグラフになる

ということをおさえましょう。

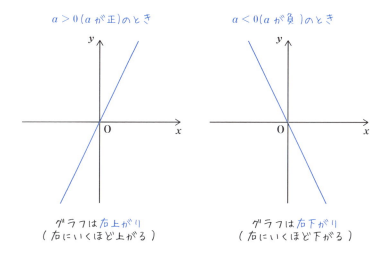

どちらの場合も、**原点を通る直線**であるということはかわりません。

第11章　関数の「？」を解決する

反比例とそのグラフとは？

中1

　例えば、ある人が時速 x km で y 時間進んだときの道のりを 12 km としましょう。「時間 ＝ 道のり ÷ 速さ ＝ $\dfrac{道のり}{速さ}$」なので、$y = \dfrac{12}{x}$ という式が成り立ちます。

　このように、y が x の関数で、「$y = \dfrac{a}{x}$」という式で表されるとき、「y は x に**反比例する**」といいます。

　このとき、$y = \dfrac{a}{x}$ の a を、比例のときの同じように、**比例定数**といいます。例えば、$y = \dfrac{12}{x}$ の比例定数は、12 です。

　では、反比例についての次の例題を解いてみましょう。

例　x と y について、$y = \dfrac{6}{x}$ という関係が成り立っています。このとき、次の問いに答えましょう。

(1) y は x に反比例しているといえますか。
(2) 比例定数は何ですか。
(3) 次の表をうめましょう。

x	…	-6	-3	-2	-1	0	1	2	3	6	…
y	…					×					…

(4) $y = \dfrac{6}{x}$ のグラフをかきましょう。

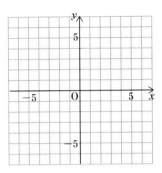

(1) から解説していきます。$y = \dfrac{a}{x}$ （a は 6）という式で表されているので、**y は x に反比例している**といえます。

<u>　　(1) の答え　いえる　　</u>

(2) は、$y = \dfrac{6}{x}$ の 6 が比例定数です。

<u>　　(2) の答え　6　　</u>

(3) に進みます。$y = \dfrac{6}{x}$ の x に例えば、3 を代入すると、$y = \dfrac{6}{3} = 2$ となります。

また、例えば、x に -1 を代入すると、$y = \dfrac{6}{-1} = -\dfrac{6}{1} = -6$ となります。

このように、x に数を代入して y の値を求めていくと、次のように表がうめられます。次の表が (3) の答えです。

x	$\cdots$	-6	-3	-2	-1	0	1	2	3	6	$\cdots$
y	$\cdots$	-1	-2	-3	-6	×	6	3	2	1	$\cdots$

上の表で、数を 0 で割ることはできないので、0 のところは × としています。

ところで、(3) の表で、次のように、x が 2 倍になると y は $\dfrac{1}{2}$ 倍になり、x が 3 倍になると y は $\dfrac{1}{3}$ 倍になっています。

反比例の性質　（例）$y = \dfrac{6}{x}$ の場合

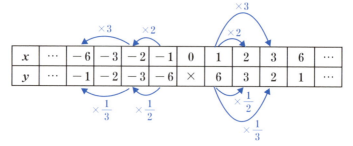

このように、x と y が、$y = \dfrac{a}{x}$ という反比例の関係で表されるとき、

x が 2 倍、3 倍、4 倍、…になると、y は $\dfrac{1}{2}$ 倍、$\dfrac{1}{3}$ 倍、$\dfrac{1}{4}$ 倍、…になる

という性質があります。

この反比例の性質を、p.421 で学んだ比例の性質とあわせておさえておきましょう。

(4) に進みます。(3) の表をみながら、座標平面上にこれらの座標の点をとりましょう。そして、それらの点を**曲線でなめらかに結ぶ**と、次のように、$y = \dfrac{6}{x}$ のグラフをかくことができます。**それぞれの点を直線で結ぶのではなく、なめらかに結ぶのがポイント**です。次のグラフが、(4) の答えになります。

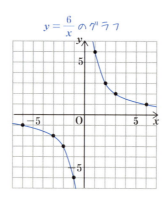

このように、**反比例のグラフ**は、**なめらかな 2 つの曲線**になります。これを双曲線といいます。

例題は、$y=\dfrac{6}{x}$ についての問題でした（比例定数の 6 が正の数）。

ここで、**比例定数が負の数**(-6)の、$y=-\dfrac{6}{x}$ についてみていきましょう。

$y=-\dfrac{6}{x}$ についての表をかくと、次のようになります。

x	…	-6	-3	-2	-1	0	1	2	3	6	…
y	…	1	2	3	6	×	-6	-3	-2	-1	…

そして、この表をもとに、$y=-\dfrac{6}{x}$ のグラフをかくと次のようになります。

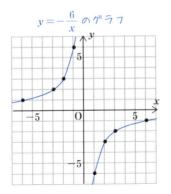

$y=-\dfrac{6}{x}$ のグラフ

比例定数の正負による、反比例のグラフの違い

反比例のグラフ $y = \dfrac{a}{x}$ において、

　　　a が正の数だと、双曲線は右上と左下にでき、
　　　a が負の数だと、双曲線は右下と左上にできる

ということをおさえましょう。

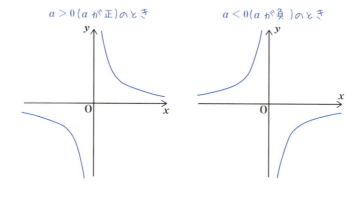

比例と反比例の違いとは？

中1

　比例と反比例は、どちらも関数です。どちらも、xの値を決めると、それにともなって、yの値がただ1つ決まるからです。

　では、比例と反比例の違いはなんでしょうか。それがよくわかる例題がありますので、まずは自力で解いてみてください。

> **例**　①の表では、yはxに比例しています。②の表では、yはxに反比例しています。このとき、次の表の（ア）〜（ク）をそれぞれうめましょう。
>
> ① yはxに比例する
>
> | x | −8 | （イ） | 0 | （エ） | 5 |
> |---|---|---|---|---|---|
> | y | （ア） | −28 | （ウ） | 8 | 35 |
>
> ② yはxに反比例する
>
> | x | −3 | −2 | （カ） | 4 | （ク） |
> |---|---|---|---|---|---|
> | y | （オ） | 5 | 9 | （キ） | −1 |

　いかがだったでしょうか。一見簡単そうに見えますが、けっこう苦戦した方もいるかもしれません。

　それでは、①の比例の表からみていきましょう。
　このような問題を解くとき、xとyどちらの値もわかっているところに注目します。表をみると、$x=5$のとき、$y=35$ですね。

　①の表では、yはxに比例しているので、式を$y=ax$とおけます。$x=5$のとき、$y=35$なので、それぞれを代入すると、

$$35 = 5a$$
$$a = 35 \div 5 = 7$$

これによって、①の比例の式は、$y = 7x$ と求められます（**比例定数は 7**）。この式をもとに、**（ア）〜（エ）** を求めていきましょう。

（ア） $y = 7x$ に、$x = -8$ を代入すると、
$$y = 7 \times (-8) = -56$$

（イ） $y = 7x$ に、$y = -28$ を代入すると、
$$-28 = 7x$$
$$x = -28 \div 7 = -4$$

（ウ） $y = 7x$ に、$x = 0$ を代入すると、
$$y = 7 \times 0 = 0 \qquad ←\text{グラフが原点を通る}\text{ことを意味します。}$$

（エ） $y = 7x$ に、$y = 8$ を代入すると、
$$8 = 7x$$
$$x = 8 \div 7 = \frac{8}{7}$$

①の答え **（ア）** -56　**（イ）** -4　**（ウ）** 0　**（エ）** $\dfrac{8}{7}$

ところで、①の表で、y を x で割った商（$\dfrac{y}{x}$ の値）は、次のように、$x \neq 0$ の場合、**比例定数の 7** になります（$x = 0$、$y = 0$ の場合、0 を 0 で割ることはできないので、$\dfrac{y}{x}$ の値はありません）。

x	-8	-4	0	$\dfrac{8}{7}$	5
y	-56	-28	0	8	35
$\dfrac{y}{x}$	7	7	$\times$	7	7

y を x で割った商は、$x \neq 0$ のとき、
比例定数の 7 になる

$x \neq 0$ のとき、商が 7 になる理由を説明しましょう。比例の式は、$y = ax$ でした。この式は、次のように変形できます。

430　｜　比例と反比例の違いとは？

$$y = ax$$

両辺を x で割る $(x \neq 0)$

$$\frac{y}{x} = \frac{ax}{x}$$

右辺の x を約分する

$$\frac{y}{x} = a$$

$\dfrac{y}{x} = a$ と変形できるので、y を x で割った商（$\dfrac{y}{x}$ の値）は、$x \neq 0$ のとき、**つねに比例定数 a になる**のです。

では、次に②の**反比例**の表に進みましょう。

② y は x に反比例する

x	-3	-2	(カ)	4	(ク)
y	(オ)	5	9	(キ)	-1

x と y どちらの値もわかっているところに注目します。表をみると、$x = -2$ のとき、$y = 5$ ですね。

②の表では、y は x に反比例しているので、$y = \dfrac{a}{x}$ とおけます。$x = -2$ のとき、$y = 5$ なので、それぞれを代入すると、

$$5 = \frac{a}{-2}$$

両辺を入れかえて、両辺に -2 をかけると

$$a = 5 \times (-2) = -10$$

これによって、②の反比例の式は、$y = -\dfrac{10}{x}$ と求められます（**比例定数は -10**）。この式をもとに、**(オ)〜(ク)** を求めていきましょう。

(オ) $y = -\dfrac{10}{x}$ に、$x = -3$ を代入すると、

431

$$y = -\frac{10}{-3}$$

$$\frac{a}{-b} = -\frac{a}{b}$$

$$y = -\left(-\frac{10}{3}\right)$$

− が2つあるので + になる

$$y = \frac{10}{3}$$

(カ) $y = -\dfrac{10}{x}$ に、$y = 9$ を代入すると、

$$9 = -\frac{10}{x}$$

両辺に x をかけると

$$9x = -10$$

$$x = -\frac{10}{9}$$

(キ) $y = -\dfrac{10}{x}$ に、$x = 4$ を代入すると、

$$y = -\frac{10}{4} = -\frac{5}{2}$$

(ク) $y = -\dfrac{10}{x}$ に、$y = -1$ を代入すると、

$$-1 = -\frac{10}{x}$$

両辺を −1 で割る
（→両辺から − が消える）

$$1 = \frac{10}{x}$$

両辺に x をかける

$$x = 10$$

②の答え　**(オ)** $\dfrac{10}{3}$　**(カ)** $-\dfrac{10}{9}$　**(キ)** $-\dfrac{5}{2}$　**(ク)** 10

ところで、②の表で、x と y をかけた積（xy の値）は、次のように、どれも**比例定数の** -10 になります。

432 ｜ 比例と反比例の違いとは？

x	-3	-2	$-\dfrac{10}{9}$	4	10
y	$\dfrac{10}{3}$	5	9	$-\dfrac{5}{2}$	-1
xy	-10	-10	-10	-10	-10

x と y の積はすべて
比例定数の -10 になる

　積がすべて 10 になる理由を説明しましょう。反比例の式は、$y=\dfrac{a}{x}$ でした。この式は、次のように変形できます。

$$y=\frac{a}{x}$$

両辺に x をかける

$$xy=\frac{a}{x}\times x$$

右辺の x を約分する

$$xy=a$$

　$xy=a$ と変形できるので、**x と y をかけた積（xy の値）は、つねに比例定数 a になる**のです。

　まとめると、次のようになります。

比例と反比例の違い

● 比例の式　→　$y=ax$　→　$\dfrac{y}{x}=a$

　y を x で割った商（$\dfrac{y}{x}$ の値）は、$x \neq 0$ のとき、つねに比例定数 a になる。

● 反比例の式　→　$y=\dfrac{a}{x}$　→　$xy=a$

　x と y をかけた積（xy の値）は、つねに比例定数 a になる。

　この違いを知っていると、この項目での例題のような問題が解きやすくなります。比例と反比例を学んだ生徒でも見落としがちのポイントですので、おさえておきましょう。

1次関数とは何か？

中2

まずは次の例題をみてください。

例 深さが50cmの直方体の水そうがあり、ここに、水の深さが毎分2cmの割合で増すように水を入れていきます。

はじめ、すでに深さ20cmまで水が入っているとき、x分後の水の深さを$y$cmとします。このとき、yをxの式で表しましょう。

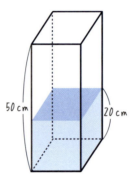

毎分2cmの割合で増すように水を入れていきます。そのため、水を入れ始めてからx分後には、はじめに比べて、$2 \times x = 2x$(cm)ほど水位が高くなります。

はじめ、すでに深さ20cmまで水が入っているので、**x分後の水の深さは、$2x + 20$(cm)** となります。

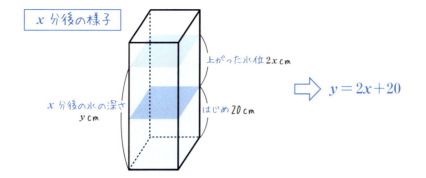

「y を x の式で表す」というのは、「$y=x$ をふくむ式」の形にするということです。だから、$y=2x+20$ と求められます。

答え　$y=2x+20$

ところで、この例題の x には範囲があります。水そうを満水にしたら、それ以降はあふれてしまって、水の深さは $50\,\text{cm}$ のまま変化しないからです。

そこで、水そうが満水になるのは何分後か求めてみましょう。はじめ、深さ $20\,\text{cm}$ まで水が入っていて、水の深さが $50\,\text{cm}$ になれば満水になります。ですから、水を入れ始めてから、$(50-20)\div 2=15$（分後）に満水になることがわかります。

x は、はじめの状態（0 分以上）から、満水の状態（15 分以下）までの値をとるので、x の範囲は「$0\leqq x\leqq 15$」となります。このように、**変数のとる値の範囲**を、**変域**といいます。

ちなみに、不等号の $\leqq$ は、「小なりイコール」と読みます。
「$0\leqq x\leqq 15$」なら、「0 以上 15 以下」を表します（x は 0 と 15 をふくむ）。一方、「$0<x<15$」なら、「0 より大きく 15 より小さいこと」を表します（x は 0 も 15 もふくまない）。

今回の例題の x の変域 ⟶ $0\leqq x\leqq 15$
　　　　　　　　　　　　　　　　0 と 15 をふくむ
（$0<x<15$ なら、0 も 15 もふくまない）

話をもどしましょう。(例)の式は、「$y=2x+20$」と求められました。

このように、y が x の関数で、y が x の 1 次式で表されるとき、「y は x の 1 次関数である」といいます。

そして、1 次関数は「$y=ax+b$」のように表されます。a と b は定数です。

ところで、比例の式は「$y=ax$」でした。1 次関数を表す式と似ていますね。1 次関数の式「$y=ax+b$」から「$+b$」の部分を消せば、比例の式「$y=ax$」になります。

つまり、1 次関数「$y=ax+b$」で、$b=0$ のとき、比例になるということです。

この点において、**比例は、1 次関数の特別なケース**だということができます。

> **比例は、1 次関数の特別なケース**
>
> 1 次関数の式　$y=ax+b$
> 比例の式　$y=ax$
>
> もし $b=0$ なら

1次関数のグラフは
どうやってかくか？

中2

1次関数のグラフはどのようになるのでしょうか？
次の例題を解きながら確認していきましょう。

例 1次関数 $y = 2x - 3$ について、次の問いに答えましょう。

(1) 1次関数 $y = 2x - 3$ について、次の表をうめましょう。

x	…	-3	-2	-1	0	1	2	3	…
y	…								…

(2) (1)の表をもとに、1次関数 $y = 2x - 3$ のグラフをかきましょう。

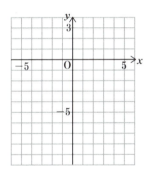

(1)からいきましょう。$y = 2x - 3$ の x に、それぞれの値を代入して計算すると、次のように答えを求められます。

x	…	-3	-2	-1	0	1	2	3	…
y	…	-9	-7	-5	-3	-1	1	3	…

(2)に進みます。(1)の表の座標をそれぞれ点として、グラフに書きこむ

と次のようになります。

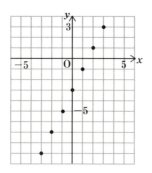

そして、それぞれの点をつなぐと、次のようになります。

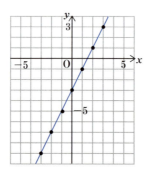

これが (2) の答え、すなわち 1 次関数 $y = 2x - 3$ のグラフです。このように、**1 次関数のグラフは直線になります。**

ただ、このように、わざわざ表をかいてからグラフをかくのを面倒と思う方もいるでしょう。もっと楽にグラフを書く方法があるので、紹介しましょう。

そのために、まずは次の性質を使います。

> **1次関数の性質**
>
> 1次関数 $y = ax + b$ のグラフは、必ず $(0, b)$ を通ります。
>
>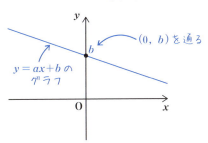
>
> つまり、$y = ax + b$ のグラフが **y 軸と交わる点の y 座標**は必ず b です。このような b のことを、1次関数のグラフの**切片**といいます。

ここで、「1次関数 $y = ax + b$ のグラフは、なぜ $(0, b)$ を通るのか」疑問に思った方もいるかもしれません。それは、$y = ax + b$ の x に 0 を代入すると、次のように、$y = b$ になるからです。

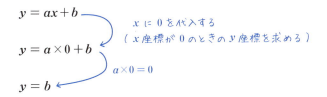

この性質によって、例題の1次関数 $y = 2x - 3$ は、$(0, -3)$ を通ることがわかりました。

ところで、次の図のように、少なくとも 2 つの点が決まれば、直線は 1 つに決まります。

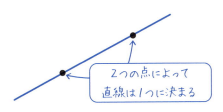

話をもどすと、$y = 2x - 3$ のグラフが、$(0, -3)$ の 1 点を通ることはすでにわかっています。つまり、もう 1 点の座標がわかれば、グラフの直線が 1 つに決まります。

ここで、任意（思いのまま）に、x の値を 1 つ決めて、$y = 2x - 3$ に代入しましょう。

例えば $x = 2$ を、$y = 2x - 3$ に代入すると

$$y = 2 \times 2 - 3 = 4 - 3 = 1$$

となります。つまり、$y = 2x - 3$ のグラフは、$(2, 1)$ を通るということです。これで、$y = 2x - 3$ のグラフは $(0, -3)$ と $(2, 1)$ を通る直線であることがわかりました。これによって、次のようなグラフをかくことができます。

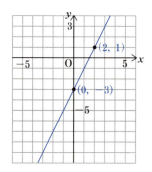

このように、「2 点を決めてグラフをかく方法」をまとめると、次のようになります。

> **1 次関数の 2 点を決めてグラフをかく方法**
> ① 1 次関数 $y = ax + b$ のグラフは $(0, b)$ を通る。
> ② x に任意の値を代入して、グラフが通るもう 1 点を見つける。
> ③ 2 つの点を直線で結ぶ。

グラフをすばやくかくために、この方法をおさえておきましょう。
ところで、$y = ax + b$ の b を **切片** ということは、すでに述べました。
一方、$y = ax + b$ の a を **傾き** といいます。

$$y = \underset{\uparrow 傾き}{a}x + \underset{\uparrow 切片}{b}$$

例えば、$y = ax - 3$ なら、a の値が変わると、次のようにグラフの傾きぐあいが変わります。**a の絶対値が大きいほど、グラフは急になります。**一方、**a の絶対値が小さいほど、グラフはゆるやか**になります。次のグラフで確認してみましょう。

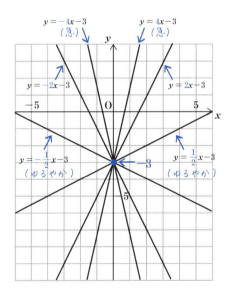

また、比例のときと同じように、$y = ax + b$ の

a が正の数だと、**右上がり**のグラフになり、
a が負の数だと、**右下がり**のグラフになる

ということもポイントです。

変化の割合とは何か？

中2

まずは、次の例題をみてください。

例1 1次関数 $y = 5x + 6$ について、次の問いに答えましょう。

(1) 1次関数 $y = 5x + 6$ について、次の表をうめましょう。

x	…	-4	-3	-2	-1	0	1	2	3	4	…
y	…										…

(2) 1次関数 $y = 5x + 6$ で、x の値が 1 から 3 まで変化するときの、変化の割合を求めましょう。

(3) 1次関数 $y = 5x + 6$ で、x の値が -4 から -1 まで変化するときの、変化の割合を求めましょう。

(1) からいきましょう。$y = 5x + 6$ の x に、それぞれの値を代入して計算すると、次のように答えを求められます。

x	…	-4	-3	-2	-1	0	1	2	3	4	…
y	…	-14	-9	-4	1	6	11	16	21	26	…

(2) に進みます。(2) では、「**変化の割合**」という用語が出てきます。変化の割合とは、**x の増加量に対する、y の増加量の割合**のことです。

$$変化の割合 = \frac{y の増加量}{x の増加量}$$

ただ、この用語の意味だけを聞いても「？」となってしまう方もいると思います。そのため、(2) を解説しながら、変化の割合の意味について、お話ししていきます。

「変化の割合 ＝ $\dfrac{y の増加量}{x の増加量}$」という式から、変化の割合を求めるには、まず、x の増加量と y の増加量を知る必要があります。

(2) では、「x の値が 1 から 3 まで変化する」のですから、x の増加量（x が増えた分）は、$3-1=2$ です。一方、(1) の表から、x が 1 のとき y は 11、x が 3 のとき y は 21 ですから、y の増加量（y が増えた分）は、$21-11=10$ です。

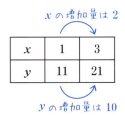

「x の増加量が 2 のとき、y の増加量は 10」ですから、変化の割合は次のように求められます。

$$\text{変化の割合} = \dfrac{y の増加量}{x の増加量} = \dfrac{10}{2} = 5$$

<u>　(2) の答え　5　</u>

(3) に進みます。(3) でも、まず、x の増加量と y の増加量を求めましょう。

(3) では、「x の値が -4 から -1 まで変化する」のですから、x の増加量（x が増えた分）は、$-1-(-4)=3$ です。一方、(1) の表から、x が -4 のとき y は -14、x が -1 のとき y は 1 ですから、y の増加量（y が増えた分）は、$1-(-14)=15$ です。

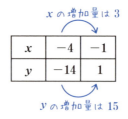

「x の増加量が 3 のとき、y の増加量は 15」ですから、変化の割合は次のように求められます。

$$変化の割合 = \frac{y の増加量}{x の増加量} = \frac{15}{3} = 5$$

(3) の答え　5

ところで、(**例1**) の (2) (3) で求めた変化の割合がどちらも 5 で一致しましたね。これは偶然ではありません。

「**1 次関数 $y = ax + b$ の変化の割合は a （一定）になる**」という性質があるのです。つまり、(**例1**) の 1 次関数 $y = 5x + 6$ の変化の割合は、常に 5 であるということです。

(**例1**) の (2) (3) では、それぞれ計算して変化の割合を求めましたが、この性質を知っていれば、(2) (3) の答えはどちらも 5 になることがすぐにわかります。

「それなら、最初からその性質を教えてほしかった」と思う方もいるかもしれません。しかし、中 3 で習う関数「$y = ax^2$」では、今回の例題の解説のように、x の増加量と y の増加量を計算してから、変化の割合を求める必要があります（**p.472 参照**）。

それに加えて、今回のように計算して求めることによって、「変化の割合」の意味を具体的に知ることができます。

ところで、1次関数 $y = ax + b$ で、a のことを傾きといいました。つまり、1次関数 $y = ax + b$の傾き a は、変化の割合であるということです。

ここで、「1次関数 $y = ax + b$において、a と b がどんな値でも、変化の割合は必ず a になるのか？」と疑問に思う方もいるかもしれません。この疑問に答えるために、次の例題をみてください。

> **例2** 1次関数 $y = ax + b$について、x の値が 3 から 7 まで増加するとき、変化の割合を求めましょう。

（例2）で、x の増加量は $7 - 3 = 4$ です。

$$x = 3 \text{ を } y = ax + b \text{ に代入すると } y = 3a + b$$
$$x = 7 \text{ を } y = ax + b \text{ に代入すると } y = 7a + b$$

だから、y の増加量は

$$(7a + b) - (3a + b) = 7a + b - 3a - b = 4a$$

これにより、変化の割合は次のように求められます。

$$変化の割合 = \frac{y \text{ の増加量}}{x \text{ の増加量}} = \frac{4a}{4} = a$$

（例2）の答え　a

　（例2）によって、1次関数 $y = ax + b$の a と b がどんな値でも、変化の割合は a になることがわかりました。（例2）では、x の値が 3 から 7 まで増加するときの場合を扱いましたが、他の値でも変化の割合が a になることを、ご自身で試してみましょう。

第11章　関数の「？」を解決する

445

変化の割合を使って、1次関数のグラフをどうかくか?

中2

次の例題をみてください。

例 1次関数 $y = \dfrac{2}{3}x - 1$ のグラフをかきましょう。

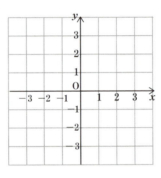

ここでは、次の2通りの方法を解説します。

【解き方1】 x に任意の値を代入する方法
【解き方2】 変化の割合を利用する方法

【解き方1】 x に任意の値を代入する方法

　これは、すでに p.440 で紹介した解き方です。もう一度おさらいしておきましょう。

① 1次関数 $y = ax + b$ のグラフは $(0,\ b)$ を通る。

② x に任意の値を代入して、グラフが通るもう1点を見つける。

③ 2つの点を直線で結ぶ。

①〜③の流れで解いていきましょう。

① 1次関数 $y = ax + b$ のグラフは $(0,\ b)$ を通る

これにより、$y = \dfrac{2}{3}x - 1$ のグラフは、$(0,\ -1)$ を通ることがわかります。

② x に任意の値を代入して、グラフが通るもう1点を見つける

x に任意（思いのまま）の値を代入しましょう。ただし、例えば $y = \dfrac{2}{3}x - 1$ に $x = 1$ を代入すると、$y = \dfrac{2}{3} - 1 = -\dfrac{1}{3}$ となって、y が分数になってしまいます。y が分数になると、方眼紙に点をとりにくいですね。

$y = \dfrac{2}{3}x - 1$ で、x の係数は $\dfrac{2}{3}$ です。$\dfrac{2}{3}$ と x をかけた積を整数にするためには、**x を3の倍数にする必要**があります。そうすれば、$\dfrac{2}{3}$ の分母の3と約分できます。

ここでは、$y = \dfrac{2}{3}x - 1$ の x に3を代入しましょう。3を代入すると、次のように、y が整数になります。

$$y = \dfrac{2}{3} \times 3 - 1 \quad \longleftarrow \text{3 を約分する}$$
$$= 2 - 1 = 1$$

これにより、$y = \dfrac{2}{3}x - 1$ のグラフは、$(3,\ 1)$ を通ることがわかりました。

447

③ 2つの点を直線で結ぶ

(0, −1)と(3, 1)を直線で結ぶと、次のように、$y = \dfrac{2}{3}x - 1$のグラフをかくことができます。

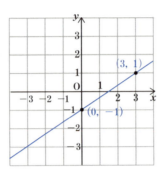

【解き方2】変化の割合を利用する方法

「1次関数$y = ax + b$のグラフは、$(0, b)$を通る」ので、$y = \dfrac{2}{3}x - 1$のグラフは、$(0, -1)$を通ります（ここまでは【解き方1】と同じです）。

ところで、ひとつ前の項目で、「**1次関数$y = ax + b$の傾きaは、変化の割合である**」であることを学びました。

$y = \dfrac{2}{3}x - 1$の傾きは$\dfrac{2}{3}$です。つまり、$y = \dfrac{2}{3}x - 1$の変化の割合も$\dfrac{2}{3}$です。ここで、「**変化の割合 $= \dfrac{y の増加量}{x の増加量}$**」であることも思い出しましょう。$y = \dfrac{2}{3}x - 1$の変化の割合は$\dfrac{2}{3}$なので、「xの増加量が3のとき、yの増加量は2」であることがわかります。

$$y = \dfrac{\overset{y の増加量}{②}}{\underset{x の増加量}{③}}x - 1$$

$y = \dfrac{2}{3}x - 1$ のグラフが、$(0, -1)$ を通ることは、すでにわかっています。

「x の増加量が 3 のとき、y の増加量は 2」ということは、$(0, -1)$ の点から、x が 3 増えて、y が 2 増えた点（右に 3 移動、上に 2 移動した点）も通ることを意味します。方眼上で表すと、次のようになります。

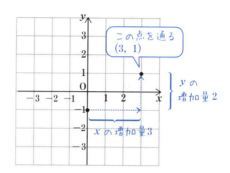

そして、$(0, -1)$ と $(3, 1)$ を直線で結ぶと、次のように、$y = \dfrac{2}{3}x - 1$ のグラフをかくことができます。

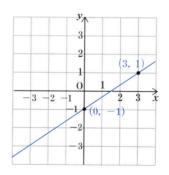

この項目では、1 次関数のグラフをかくための、2 つの方法について解説しました。【解き方 2】の方法でグラフをかくことによって、「変化の割合」の意味を、より深く理解することができるでしょう。

1次関数の式をどうやって求めるか？

中2

　前の項目までで、1次関数の式からグラフをかく方法についてみてきました。この項目では、逆に、**グラフから1次関数の式を求める**方法についてみていきましょう。次の例題をみてください。

例1　次の図の直線の式を求めましょう。

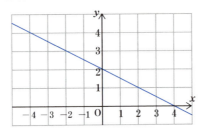

ここでは、次の2通りの方法を解説します。

【解き方1】直線が通る点の座標の値を代入する方法
【解き方2】変化の割合を利用する方法

【解き方1】直線が通る点の座標の値を代入する方法

　まずは、直線が通る点の座標の値を、x に代入する方法について解説します。次の①〜③の流れで解いていきましょう。

① 求めたい1次関数を $y = ax + b$ とおく
② 1次関数 $y = ax + b$ のグラフは、$(0, b)$ を通るので、b を求める
③ 直線のグラフが通る点を見つけて、その座標の値を代入して、a を求める

この流れにそって解くと、次のようになります。

① **求めたい1次関数を $y = ax + b$ とおく**

$y = ax + b$ の a と b の値がわかれば、直線の式が求められます。

② **1次関数 $y = ax + b$ のグラフは、$(0, b)$ を通るので、b を求める**

直線のグラフと y 軸が交わる点は $(0, 2)$ なので、b は 2 です。
これにより、直線の式を $y = ax + 2$ と表せます。

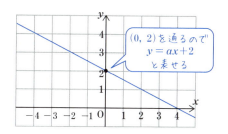

③ **直線のグラフが通る点を見つけて、その座標の値を代入して、a を求める**

直線のグラフをみると、例えば、$(4, 0)$ を通っていることがわかります。

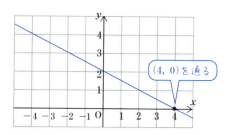

だから、$y = ax + 2$ に、$x = 4$、$y = 0$ を代入すると

$$0 = 4a + 2$$
$$4a = -2$$
$$a = -\frac{1}{2}$$

$a = -\frac{1}{2}$、$b = 2$ なので、直線の式は、$\underline{y = -\frac{1}{2}x + 2}$

【解き方2】 変化の割合を利用する方法

　求めたい1次関数を $y = ax + b$ とおきます。直線のグラフと y 軸が交わる点は $(0, 2)$ なので、b は2です。これにより、直線の式を $y = ax + 2$ と表せます。

　ここまでは【解き方1】と同じです。

　ここで、直線のグラフが通っている2点を見つけます。この直線は、例えば、2点 $(0, 2)$ と $(2, 1)$ を通っています。$(0, 2)$ から $(2, 1)$ に対して、x の増加量は、$2 - 0 = 2$ です。一方、y の増加量は、$1 - 2 = -1$ です（「y の増加量が -1」というのは、「y が1減少すること」を表しています）。

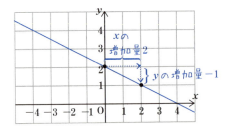

　ここで、1次関数の傾き（a）と変化の割合は等しいので、

$$変化の割合(a) = \frac{y の増加量}{x の増加量} = \frac{-1}{2} = -\frac{1}{2}$$

$a = -\dfrac{1}{2}$、$b = 2$ なので、直線の式は、$\underline{y = -\dfrac{1}{2}x + 2}$

（例1）について、2つの解き方を紹介しました。どちらの解き方でも解けるように練習しましょう。それでは、次の例題に進みます。

> **例2** y が x の1次関数で、そのグラフが2点$(-2,\ 11)$、$(3,\ -4)$ を通ります。このとき、この1次関数の式を求めましょう。

（例2）は、**2点の座標から、1次関数の式を求める**問題です。この例題も、次の2つの解き方があります。

> 【**解き方1**】連立方程式を利用する方法
> 【**解き方2**】変化の割合を利用する方法

【解き方1】連立方程式を利用する方法

求めたい1次関数を $y = ax + b$ とおきます。

$(-2,\ 11)$ を通るので、$x = -2$、$y = 11$ を、$y = ax + b$ に代入すると

$$11 = -2a + b \quad \cdots\cdots ①$$

$(3,\ -4)$ を通るので、$x = 3$、$y = -4$ を、$y = ax + b$ に代入すると

$$-4 = 3a + b \quad \cdots\cdots ②$$

①の両辺から②の両辺を引くと

$$
\begin{aligned}
11 &= -2a + b \quad \cdots\cdots ① \\
-)\ -4 &= 3a + b \quad \cdots\cdots ② \\
\hline
15 &= -5a
\end{aligned}
$$

$$-5a = 15$$
$$a = -3$$

453

$a=-3$ を①に代入すると、

$$11=-2\times(-3)+b$$
$$11=6+b$$
$$b=11-6=5$$

$a=-3$、$b=5$ なので、直線の式は、$\underline{y=-3x+5}$

【解き方2】 変化の割合を利用する方法

このグラフは、2点$(-2, 11)$、$(3, -4)$を通ります。$(-2, 11)$から$(3, -4)$に対して、xの増加量 は、$3-(-2)=5$ です。一方、yの増加量 は、$-4-11=-15$ です（「yの増加量が-15」というのは、「yが15減少すること」を表しています）。

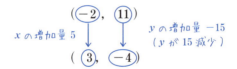

ここで、1次関数の傾き(a)と変化の割合は等しいので、

$$変化の割合(a) = \frac{y の増加量}{x の増加量} = \frac{-15}{5} = -3$$

$a=-3$ とわかったので、直線の式を $y=-3x+b$ とおけます。
$(-2, 11)$を通るので、$x=-2$、$y=11$ を、$y=-3x+b$ に代入すると

$$11=-3\times(-2)+b$$
$$11=6+b$$
$$b=11-6=5$$

$a=-3$、$b=5$ なので、直線の式は、$\underline{y=-3x+5}$

（例1）ではグラフから、（例2）では2点の座標から、それぞれ1次関数の式を求める方法を学びました。どちらも2通りの方法で解きましたが、自分の

解きやすい方法だけを理解するのではなく、**どちらの方法でも解けるようにしておきましょう**。そうすることで、さまざまな問題に対応できる応用力が身につきます。

第11章 — 関数の「？」を解決する

1次関数の交点の座標を どうやって求めるか？

中2

まずは、次の例題をみてください。

例1 座標平面上に2直線があり、それぞれの直線の式は、$y=2x+3$ と $y=-3x-5$ です。この2直線の交点（交わる点）の座標を求めましょう。

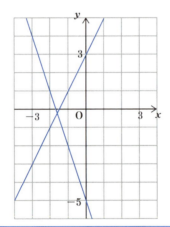

（例1）は**2直線の交点の座標を求める問題**です。でも、グラフをみると、2直線の交点は、方眼の直線上にないので、目で見て座標を読み取ることはできそうにありません。

（例1）の2直線が交わる交点の座標を (a, b) とします。このとき、$x=a$、$y=b$ を、$y=2x+3$ と $y=-3x-5$ のどちらの式に代入しても、それぞれ成り立ちます。

ですから、2直線の交点の座標を求めるには、$y=2x+3$ と $y=-3x-5$ の

連立方程式を解けばよいのです。2直線の連立方程式を解くと、次のようになります。

$$\begin{cases} y = 2x + 3 & \cdots\cdots ① \\ y = -3x - 5 & \cdots\cdots ② \end{cases}$$

①の式 $y = 2x + 3$ の右辺の $2x + 3$ を、②の式の y に代入すると

$$2x + 3 = -3x - 5$$
$$2x + 3x = -5 - 3$$

↑ +3 と −3x をそれぞれ移項

$$5x = -8$$
$$x = -\frac{8}{5}$$

↑ 両辺を5で割る

$x = -\dfrac{8}{5}$ を①の式に代入すると

$$y = 2 \times \left(-\frac{8}{5}\right) + 3 = -\frac{16}{5} + \frac{15}{5} = -\frac{1}{5}$$

x と y の値がそれぞれ、交点の x 座標と y 座標になります。

(例1) の答え $\left(-\dfrac{8}{5},\ -\dfrac{1}{5}\right)$

例2 次の図で、2直線①と②の交点の座標を求めましょう。

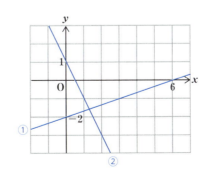

（例 1）では、問題文に、2 直線の式が明記されていました。一方、（例 2）では、2 直線の式がどちらもわかっていません。そのため、直線①と直線②のそれぞれの式をまず求めましょう。その後、（例 1）のように、2 直線の式の連立方程式を解けばよいのです。

まず、**直線①の式**を求めます。直線①は、y 軸と交わる点が $(0, -2)$ なので、$y = ax - 2$ とおけます。

そして、次の図のように、直線①は「**x の増加量が 3 のとき、y の増加量は 1**」となります。

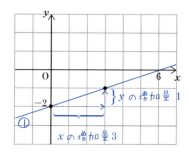

「**x の増加量が 3 のとき、y の増加量は 1**」なので、変化の割合 (a) は次のように求められます。

$$変化の割合\,(a) = \frac{y\,の増加量}{x\,の増加量} = \frac{1}{3}$$

これにより、**直線①の式は、**$y = \dfrac{1}{3}x - 2$ と求められました。

次に、直線②の式を求めましょう。直線②は、y 軸と交わる点が $(0, 1)$ なので、$y = ax + 1$ とおけます。

そして、次の図のように、直線②は「**x の増加量が 1 のとき、y の増加量は -2**」となります（「**y の増加量が -2**」とは、「**y が 2 減少すること**」を意味します）。

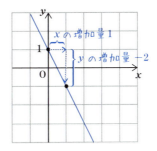

「x の増加量が 1 のとき、y の増加量は -2」なので、変化の割合 (a) は次のように求められます。

$$\text{変化の割合}(a) = \frac{y \text{の増加量}}{x \text{の増加量}} = \frac{-2}{1} = -2$$

これにより、**直線②の式は、** $y = -2x + 1$ と求められました。

直線①と直線②の式が求められたので、次の連立方程式を解いて、交点の座標を求めます。

$$\begin{cases} y = \dfrac{1}{3}x - 2 & \cdots\cdots ① \\ y = -2x + 1 & \cdots\cdots ② \end{cases}$$

①の式 $y = \dfrac{1}{3}x - 2$ の右辺の $\dfrac{1}{3}x - 2$ を、②の式の y に代入すると

$$\dfrac{1}{3}x - 2 = -2x + 1$$

$$\dfrac{1}{3}x + 2x = 1 + 2 \quad \leftarrow -2 \text{と} -2x \text{をそれぞれ移項}$$

$$\dfrac{7}{3}x = 3$$

$$x = 3 \div \dfrac{7}{3} \quad \leftarrow \text{両辺を} \dfrac{7}{3} \text{で割る}$$

$$x = 3 \times \dfrac{3}{7} = \dfrac{9}{7}$$

$x = \dfrac{9}{7}$ を②の式に代入すると

$$y = -2 \times \frac{9}{7} + 1 = -\frac{18}{7} + \frac{7}{7} = -\frac{11}{7}$$

x と y の値がそれぞれ、交点の x 座標と y 座標になります。

(例2) の答え　$\left(\dfrac{9}{7}, \ -\dfrac{11}{7} \right)$

関数 $y=ax^2$ とは？

中3

さっそくですが、次の例題をみてください。

> **例** 底面が1辺 x cm の正方形で、高さが3 cm の四角柱（直方体）があります。この四角柱の体積を y cm³ とするとき、後の問いに答えましょう。
>
> (1) y を x の式で表しましょう。
> (2) (1)のとき、次の表をうめましょう。
>
> | x | 1 | 2 | 3 | 4 |
> |---|---|---|---|---|
> | x^2 | | | | |
> | y | | | | |

(1)から解いていきましょう。算数で習ったように、角柱の体積は「底面積 × 高さ」で求められます。

この直方体の底面は1辺 x cm の正方形なので、底面積は $x \times x$ を計算すればよいです。一方、高さは3 cm なので、この四角柱の体積 y cm³ は、次のように表されます。

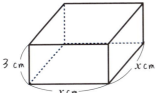

(1)の答え　$y=3x^2$

(2) は、表をうめる問題です。x のそれぞれの値を、x^2 と $3x^2 (= y)$ に代入すると、次のように表が完成し、**(2)** の答えが求められます。

x	1	2	3	4
x^2	1	4	9	16
y	3	12	27	48

ところで、この表で、x^2 と y のところだけに注目すると、次のようになります。

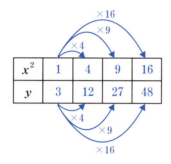

表のように、x^2 の値が 4 倍、9 倍、16 倍になると、y の値も 4 倍、9 倍、16 倍になっていることがわかります。つまり、**y は x^2 に比例**しています。

(1) で、y を x の式で表すと、$y = 3x^2$ となりました。
このように、y が x の関数で、**$y = ax^2$** という形で表されるとき、y を、**x^2 に比例する関数**といいます。

ところで、中 3 で学ぶ、この「**関数 $y = ax^2$**」のことを、**2 次関数**と呼ぶ人がいますが、その呼び方は、ある意味正しく、ある意味間違っているといえるでしょう。

2 次関数とは、$y = ax^2 + bx + c$ で表される関数のことで、詳しくは高校の数学で学習します。この 2 次関数「$y = ax^2 + bx + c$」の b と c がどちらも 0 のときに、「$y = ax^2$」となります。

その意味において、中3で学ぶ「関数 $y = ax^2$」は、2次関数の特別の場合であるといえます。ちなみに、比例「$y = ax$」は、1次関数「$y = ax + b$」の特別な場合でしたが、その関係と似ているといえます。

「$y = ax^2$ は、2次関数である」という表現は正しいです。一方、「2次関数の式は、$y = ax^2$ である」という表現は正しいとはいえません（正しくは、「2次関数の式は、$y = ax^2 + bx + c$ である」）。

少しややこしいですが、用語の意味を正確に知っておくことは大切なので、おさえておきましょう。

ところで、関数 $y = ax^2$、すなわち、「x^2 に比例する関数」は、科学の歴史のなかでも登場します。イタリアの物理学者ガリレオ（1564〜1642）は、物体の落下に関する研究をしていました。

そのなかで、ガリレオは主に2つのことを実験によって導きました。当時、「物体の重さが重いほど早く落下する」と考えられていました。しかし、ガリレオは、「**物体が落下するとき、重さは関係ない**」つまり、「**どんな重さの物体でも（空気の摩擦や抵抗を考えなければ）同じ時間で落下する**」ことを明らかにしました（なお、イタリアの天文学者ステヴィン（1548〜1620）は、ガリレオより先にこのことを発見したといわれています）。

ガリレオがもう1つ導いたのは、「**物体を落下させるとき、物体が落ちる距離は、落ち始めてからの時間の2乗に比例する**」ということです。

物体を落下させるとき、物体が落ち始めてからの時間を x 秒、落ちる距離を y m とすると、「$y = 4.9x^2$」という関係が成り立ちます。これは、**x^2 に比例する関数**です。

例えば、高いところから物体を落下させるとき、落ち始めてから10秒後の落ちる距離を求めてみましょう。

$y = 4.9x^2$ の x に 10 を代入すると

$$y = 4.9 \times 10^2 = 4.9 \times 100 = 490 \text{（m）}$$

となり、10 秒間に 490 m も落下することがわかります。

　ただし、この $y = 4.9x^2$ が成り立つのは、空気の抵抗や摩擦がない場合に限られます。例えば、鳥の羽や、紙などの薄いものは、空気抵抗が強いので、落ちる距離は短くなります。

　空気抵抗がない状態では、重さにかかわらず、物体は同じ速度で落下します。これについて、実際におこなわれた実験があります。

　1971 年に、アポロ 15 号の乗組員によって月面でこの実験がおこなわれました。月面は、真空状態で空気（とその抵抗）がないからです。その乗組員は、右手にアルミニウム製のハンマー（重さ 1320g）、左手に鳥の羽（重さ 30g）を持って、**同時に手から離した結果、どちらも同じ速度で落下**しました。この実験によって、ガリレオの説が証明されたといえます。

　ところで、ガリレオは、この本に度々登場したデカルトと歴史上の関係があります。この話は、さらに理科よりの内容になりますので、次のページのコラムでお話しします。

464 ｜ 関数 $y = ax^2$ とは？

がくもん散歩

ガリレオとデカルト

　このコラムでは、ほぼ同時代に活躍した、ガリレオ（1564～1642）とデカルト（1596～1650）の関係についてお話しします。先述したように、理科よりの内容になりますので、箸休めのつもりで読んでいただければと思います。とはいえ、ガリレオとデカルトの学問に対する姿勢や苦悩がわかる話ですから、参考になれば幸いです。

　ガリレオやデカルトが活躍していた当時、天文学においては、**天動説**（地球が宇宙の中心で静止して、地球の周りを、太陽をふくめたすべての天体が回っているとする説）が正しいとされていました。

　それに対して、ガリレオは自身の研究のなかで、**地動説**（地球が太陽の周りを回っているとする説）が正しいという考えを強めていきます。

　その当時、地動説は異端とされ、地動説を主張していたガリレオは裁判にかけられます。その結果、1633年に、終身刑の有罪判決を受けました（その直後に軟禁に減刑されます）。

　裁判が終わった後に、ガリレオがつぶやいたとされる「**それでも地球は動いている**」という言葉は広く知られています（ただし、こうつぶやいたのは作り話だという説もあります）。

　一方、ほぼ同時代に活躍していたデカルトも、地動説が正しいと考えていました。実際、彼は地動説を支持する内容を含む「世界論」という本を執筆しています。くしくも、ガリレオが有罪判決を受けた1633年にデカルトは、「世界論」を書き終えたのです。

　しかし、デカルトは、ガリレオが裁判で有罪になったことを耳にして、

「世界論」を出版することを差し控えました(「世界論」は、デカルトの死後に刊行されます)。

1637年にデカルトが書いた「方法序説(ほうほうじょせつ)」の第5部冒頭では、地動説に関する自らの立場を、微妙な言い回しで、次のように表現しています。

「さらに続けて、これら第一の真理からわたしが演繹(えんえき)したほかの真理の連鎖(れんさ)全体をここで示していきたいのはやまやまだが、そのためには、学者たちのあいだで論争(ろんそう)中の多くの問題について語ることがいま必要になってくる。わたしはこれらの学者たちといざこざを起こしたくないので、そうしたことは差し控え、ただ概括的(がいかつてき)にこれらの問題がどんなものかを述べるにとどめるほうがよいと思う。」
(デカルト著、谷川多佳子訳『方法序説』岩波書店、ルビは著者)

この引用中の「学者たちのあいだで論争中の多くの問題」の中にふくまれるのが地動説です。デカルトは、地動説に対する自身の考えを明らかにしたい気持ちはあるが、他の学者と論争をしたくないので、その内容を大まかに話すだけにする、と言っているのです。

ガリレオとデカルトはともに、当時正しいとされていた天動説に対して違う考え方をもっていました。自分の考えを主張すると弾圧されるという厳しい状況のもとで、「自らの立場をどうするべきか」という彼らの苦悩がうかがえます。

関数 $y=ax^2$ のグラフは どうやってかくか？

中3

まずは次の例題をみてください。

例 関数 $y=\dfrac{1}{2}x^2$ について、次の問いに答えましょう。

(1) 関数 $y=\dfrac{1}{2}x^2$ について、次の表をうめましょう。

x	…	-6	-4	-2	0	2	4	6	…
y	…								…

(2) (1)の表をもとに、関数 $y=\dfrac{1}{2}x^2$ のグラフをかきましょう。

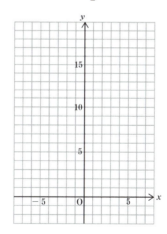

(1)から解いていきます。$y=\dfrac{1}{2}x^2$ に、例えば、$x=-2$ を代入すると、次のようになります。

$$y = \frac{1}{2} \times (-2)^2 = \frac{1}{2} \times 4 = 2$$

このように、$y = \frac{1}{2}x^2$ に、x のそれぞれの値を代入して y の値を求めると、次のように、答えが求められます。

x	…	-6	-4	-2	0	2	4	6	…
y	…	18	8	2	0	2	8	18	…

(2) に進みます。**(1)** の表をみながら、座標平面上にこれらの座標の点をとってください。そして、それを**曲線でなめらかに結ぶ**と、次のように、$y = \frac{1}{2}x^2$ のグラフをかくことができます。**それぞれの点を直線で結ぶのではなく、なめらかに結ぶのがポイント**です。これが **(2)** の答えになります。

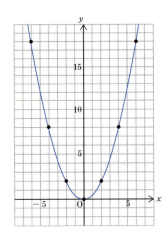

ところで、同じようにして、$y = -\frac{1}{2}x^2$ のグラフをかくと、次のようになります。

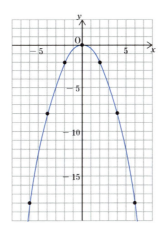

$y = \dfrac{1}{2}x^2$ のグラフは<u>上に開いた形</u>でしたが、$y = -\dfrac{1}{2}x^2$ のグラフは<u>下に開いた形</u>になりましたね。

$y = ax^2$ のグラフは、a が 0 より大きいときは上に開いた形になり、a が 0 より小さいときは下に開いた形になります。

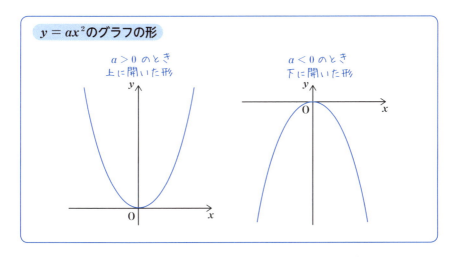

また、$y = ax^2$ の x に 0 を代入すると、次のようになります。

$$y = a \times 0^2 = a \times 0 = 0$$

これにより、$y = ax^2$ のグラフは、座標 $(0, 0)$ の点、すなわち**原点を必ず通る**こともわかります。

ところで、下に開いた形の $y = ax^2$ のグラフは、ボールなどの**物**を**放**り投げて落ちてくるときの道すじに似ていませんか？

ここから、$y = ax^2$ のグラフは、**放物線**と呼ばれます。下に開いた形だけでなく、上に開いた形のグラフも放物線と呼びます。

放物線は、英語で parabola（パラボラ）といいます。人工衛星から送信される BS テレビなどを受信するために、パラボラアンテナが設置されているのを見たことがあるでしょう。

パラボラアンテナを地面に対して垂直に立てて、真横から見ると、次のように、横を向いた放物線があらわれます。

ところで、$y = ax^2$ のさまざまなグラフをかくと、次のようになります。

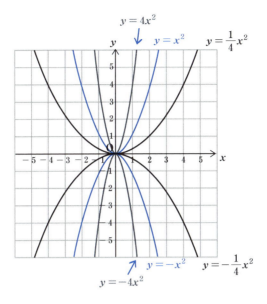

これらのグラフを比べると、$y = ax^2$ の a の絶対値が大きいほど、グラフの開き方は小さくなります。逆に、a の絶対値が小さいほど、グラフの開き方は大きくなることをおさえましょう。

関数 $y=ax^2$ の変化の割合はどうなるか？

中3

1次関数の変化の割合（p.442）について復習しておきましょう。変化の割合とは、x の増加量に対する、y の増加量の割合のことでした。

$$変化の割合 = \frac{y の増加量}{x の増加量}$$

そして、**1次関数 $y = ax + b$ の変化の割合は a（一定）になる**ことも学びました。例えば、1次関数 $y = 3x - 5$ の変化の割合は、常に 3 であるということです。

では、関数 $y = ax^2$ において、変化の割合はどうなるのでしょうか。それについて調べるために、次の例題をみてください。

例1 関数 $y = -\dfrac{1}{4}x^2$ について、次の問いに答えましょう。

(1) 関数 $y = -\dfrac{1}{4}x^2$ で、x の値が 2 から 4 まで変化するときの、変化の割合を求めましょう。

(2) 関数 $y = -\dfrac{1}{4}x^2$ で、x の値が -6 から -2 まで変化するときの、変化の割合を求めましょう。

では、(1) から解いていきましょう。

「変化の割合 $= \dfrac{y \text{の増加量}}{x \text{の増加量}}$」という式から、変化の割合を求めるには、まず、$x$ の増加量と y の増加量を知る必要があります。

(1) では、「x の値が 2 から 4 まで変化する」のですから、x の増加量（x が増えた分）は、$4-2=2$ です。

次に、y の増加量を調べましょう。
$x=2$ を、$y=-\dfrac{1}{4}x^2$ に代入すると

$$y=-\dfrac{1}{4}\times 2^2=-\dfrac{1}{4}\times 4=-1$$

となります。

$x=4$ を、$y=-\dfrac{1}{4}x^2$ に代入すると

$$y=-\dfrac{1}{4}\times 4^2=-\dfrac{1}{4}\times 16=-4$$

となります。

つまり、「y の値が -1 から -4 まで変化する」のですから、y の増加量（y が増えた分）は、$-4-(-1)=-3$ です。

「x の増加量が 2 のとき、y の増加量は -3」と求められました。これを、関数 $y=-\dfrac{1}{4}x^2$ グラフ上で表すと、次のようになります。

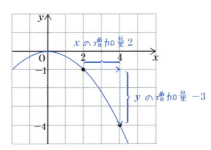

「x の増加量が 2 のとき、y の増加量は -3」なので、変化の割合は、次のように求められます。

変化の割合 $= \dfrac{y \text{ の増加量}}{x \text{ の増加量}} = \dfrac{-3}{2} = -\dfrac{3}{2}$

(1) の答え　$-\dfrac{3}{2}$

(2) に進みましょう。

(2) では、「x の値が -6 から -2 まで変化する」のですから、x の増加量は、$-2-(-6)=4$ です。

次に、y の増加量を調べましょう。

$x=-6$ を、$y=-\dfrac{1}{4}x^2$ に代入すると

$$y = -\dfrac{1}{4} \times (-6)^2 = -\dfrac{1}{4} \times 36 = -9$$

となります。

$x=-2$ を、$y=-\dfrac{1}{4}x^2$ に代入すると

$$y = -\dfrac{1}{4} \times (-2)^2 = -\dfrac{1}{4} \times 4 = -1$$

となります。

つまり、「y の値が -9 から -1 まで変化する」のですから、y の増加量は、$-1-(-9)=8$ です。

「x の増加量が 4 のとき、y の増加量は 8」と求められました。これを、関数 $y=-\dfrac{1}{4}x^2$ のグラフ上で表すと、次のようになります。

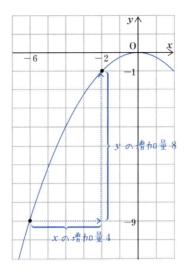

「x の増加量が 4 のとき、y の増加量は 8」なので、変化の割合は、次のように求められます。

$$変化の割合 = \frac{y の増加量}{x の増加量} = \frac{8}{4} = 2$$

(2) の答え　2

ここで、(1) と (2) の答えを比べてみましょう。

(1) x の値が 2 から 4 まで変化するときの、変化の割合は $-\dfrac{3}{2}$

(2) x の値が -6 から -2 まで変化するときの、変化の割合は 2

(1) と (2) で、**変化の割合が違う**のがわかりますね。
1 次関数 $y = ax + b$ の変化の割合は、常に一定（a）でした。
一方、**関数 $y = ax^2$ の変化の割合は一定ではない**ことをおさえておきましょう。

ところで、(**例 1**) のような問題を解くのをややこしく感じた方もいるかもしれません。関数 $y = ax^2$ の変化の割合を求めるときに、実は裏技のような

公式があります。それは一体どんな公式か、次の問題を解きながら解説します。

> **例2** 関数 $y = ax^2$ で、x の値が p から q まで変化するときの、変化の割合を求めましょう（ただし、$p \neq q$）。

文字が多い問題なので、難しい印象をもった方もいるかもしれません。でも、基本的な解き方は **(例1)** と同じです。では、さっそく解いていきましょう。

「x の値が p から q まで変化する」のですから、x の増加量は、$q - p$ です。

次に、y の増加量を調べましょう。
$x = p$ を、$y = ax^2$ に代入すると、$y = ap^2$
となります。
$x = q$ を、$y = ax^2$ に代入すると、$y = aq^2$
となります。

つまり、「y の値が ap^2 から aq^2 まで変化する」のですから、y の増加量は、$aq^2 - ap^2$ です。

「x の増加量が $q - p$ のとき、y の増加量は $aq^2 - ap^2$」と求められました。これを、関数 $y = ax^2$ のグラフ上で表すと、次のようになります（$a > 0$ かつ $0 < p < q$ の場合）。

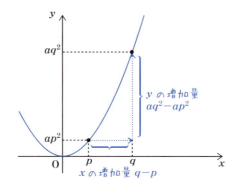

「x の増加量が $q-p$ のとき、y の増加量は aq^2-ap^2」なので、変化の割合は、次のように求められます。

$$変化の割合 = \frac{y \text{ の増加量}}{x \text{ の増加量}}$$

$$= \frac{aq^2 - ap^2}{q-p}$$

共通因数の a をくくり出す

$$= \frac{a(q^2 - p^2)}{q-p}$$

$q^2 - p^2$ を因数分解

$$= \frac{a(q+p)(q-p)}{q-p}$$

$$= \frac{a(q+p)\overset{1}{\cancel{(q-p)}}}{\underset{1}{\cancel{q-p}}}$$

$q-p$ で約分する

$$= a(p+q)$$

$q+p = p+q$（交換法則）

（例2）の答え　$a(p+q)$

（例2）を解くことでわかったのは、関数 $y = ax^2$ で、x の値が p から q まで変化するときの、変化の割合は $a(p+q)$ になるということです。

これを使うと、（例1）のような問題をすばやく解くことができます。もう一度、（例1）をみてみましょう。

例1　関数 $y = -\dfrac{1}{4}x^2$ について、次の問いに答えましょう。

(1) 関数 $y = -\dfrac{1}{4}x^2$ で、x の値が 2 から 4 まで変化するときの、変化の割合を求めましょう。

(2) 関数 $y = -\dfrac{1}{4}x^2$ で、x の値が -6 から -2 まで変化するときの、変化の割合を求めましょう。

では、(1) から解いていきましょう。

「関数 $y = ax^2$ で、x の値が p から q まで変化するときの、変化の割合は $a(p+q)$ になる」のですから、$a(p+q)$ に、$a = -\dfrac{1}{4}$、$p = 2$、$q = 4$ を代入すると

$$a(p+q) = -\frac{1}{4} \times (2+4) = -\frac{1}{4} \times 6 = -\frac{3}{2}$$

これにより、変化の割合が $-\dfrac{3}{2}$ と求められました。

(1) の答え　$-\dfrac{3}{2}$

この項目のはじめに紹介した解き方と比べて、かなりスムーズに求められることがおわかりいただけるでしょう。

続けて、(2) に進みます。

「関数 $y = ax^2$ で、x の値が p から q まで変化するときの、変化の割合は $a(p+q)$ になる」のですから、$a(p+q)$ に、$a = -\dfrac{1}{4}$、$p = -6$、$q = -2$ を代入すると

$$a(p+q) = -\frac{1}{4} \times \{-6 + (-2)\} = -\frac{1}{4} \times (-8) = 2$$

(2) の答え　2

(2) も、このようにすばやく解くことができます。関数 $y = ax^2$ の変化の割合を求めるときの公式として知っておいて損はないでしょう。

ただし、ひとつだけ注意点があります。もし、この本の読者が中学生や高校生の方なら、学校などのテストで、この公式を使うのはやめておいたほうがよい場合があります。

例えば、中学校の数学の定期試験には、「授業で習ったことをおさえられているかどうか」を確認するという意味合いがふくまれています。

もし、学校の先生が、授業中に $a(p+q)$ の公式を教えていたなら、テスト

でこれを使うことは、もちろん問題ありません。

　一方、この公式を授業で教えられていない場合に、テストでこれを使うと、「授業で教えていない解き方をしている」ということで、減点されるおそれがないとは限りません。

　とても便利な方法ですが、その使い方には注意しましょう。

第12章

確率と代表値の「？」を解決する

確率とは何か?

中2

　天気予報での降水確率、宝くじの当選確率など、私たちの生活の中でも「確率」という言葉が使われます。

　ではそもそも、確率とはどういう意味なのでしょうか? なんとなくはわかっていても、正確にその意味をいえる方は少ないのではないでしょうか。この項目では、さいころを投げる実験を通して、確率の正確な意味について解説していきます。

　1つのさいころを投げて、偶数の目（2、4、6の目）が出る回数を調べる実験をしましょう。ただし、この実験では、1から6までの目が偏りなく出るさいころを使うものとします。

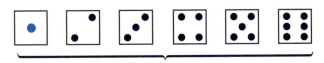

1から6までの目が偏りなく出る

　次の表は、実際にさいころを投げる実験をして、「さいころを投げた回数」と、「偶数の目が出た回数とその割合」を調べたものです（割合は、小数第三位を四捨五入したものです）。

さいころを投げた回数	20	50	100	200	300	400	500	600	700	800	900	1000
偶数の目が出た回数	7	23	61	110	168	217	260	288	335	405	461	497
偶数の目が出た割合	0.35	0.46	0.61	0.55	0.56	0.54	0.52	0.48	0.48	0.51	0.51	0.50

この表をみて、何か気づくことはあるでしょうか？　そうです。投げる回数を増やすにしたがって、偶数の目が出る割合が $0.5\left(=\dfrac{1}{2}\right)$ に近づいていくことがわかりますね。

　このように、**ある事柄（この場合は偶数の目が出ること）が起こると期待される程度を表した数値**を、確率といいます。

　さいころを投げて、偶数の目が出る確率は $\dfrac{1}{2}$ です。

　また、**実験回数を増やすごとに、事柄が起こる割合が、ある割合に近づいていくこと**を、大数の法則といいます。

さいころを投げた回数	20	50	100	200	300	400	500	600	700	800	900	1000
偶数の目が出た割合	0.35	0.46	0.61	0.55	0.56	0.54	0.52	0.48	0.48	0.51	0.51	0.50

［大数の法則］実験回数を増やすごとに
　　　　　　　ある割合（この場合は $\dfrac{1}{2}=0.5$）に近づく

　私が中学生の頃、数学の授業で大数の法則を学んだとき、不思議に感じたのを記憶しています。「さいころを投げる回数を増やすごとに、ある割合に近づいていく」ことに、何か見えない力が働いているような気がしたからです。

第12章　確率と代表値の「？」を解決する

483

「同様に確からしい」とは何か？

中2

　ひとつ前の項目では、さいころを投げて、偶数の目が出る回数を調べる実験をしました。そこで、「**さいころの1から6までの目が偏りなく出る**」というただし書きを加えました（**p.482** 参照）。

　つまり、1、2、3、4、5、6 の目が出る可能性が、それぞれ**同じ程度に期待できる**ということです。このとき、（1 から 6 までの目が出る）それぞれの結果が起こることは、**同様に確からしい**といいます。

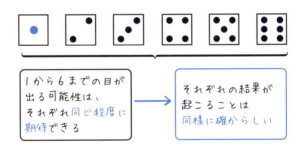

　「同様に確からしい」という用語は、日常ではほとんど使われませんね。ですが、確率について理解するために、とても大事な用語ですので、この項目でしっかりおさえましょう。

　さらに例をあげます。1 枚のコインを投げる場合、表が出る可能性と裏が出る可能性は、それぞれ**同じ程度に期待できます**。このとき、それぞれの結果（表が出る場合と裏が出る場合）が起こることは、**同様に確からしい**といえます。

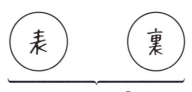

それぞれの結果が
起こることは
同様に確からしい

「同様に確からしい」ということがなぜ大事かというと、このことが、**確率を求めるうえでの前提になる**からです。それは一体どういうことか、説明します。

さいころやコインを投げる実験をして、**ある事柄が起こる確率**を求めたいとしましょう。ただし、どの結果が起こることも、**同様に確からしい**とします。このとき、その事柄が起こる確率は、次の式によって求められます。

確率を求める式

$$\text{ある事柄が起こる確率} = \frac{\text{ある事柄が起こる場合の数}}{\text{起こりうるすべての場合の数}}$$

例えば、ひとつ前の項目でとりあげた実験で「**さいころを投げて、偶数の目が出る確率**」を、この式によって求めてみましょう。

さいころを投げて、**起こりうるすべての場合の数**は、「1、2、3、4、5、6」のそれぞれの目が出る、**6通り**です。この6通りの結果が起こることは**同様に確からしい**ので、先ほどの「確率を求める式」を使うことができます。

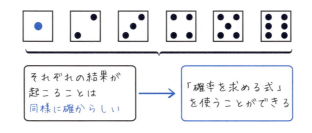

それぞれの結果が
起こることは
同様に確からしい

→ 「確率を求める式」
を使うことができる

一方、**ある事柄が起こる（偶数の目が出る）場合の数**は、「2、4、6」のそれぞれの目が出る、3 通りです。ですから、「さいころを投げて、偶数の目が出る確率」は、次のように求められます。

$$偶数の目が出る確率 = \frac{偶数の目が出る場合の数}{起こりうるすべての場合の数} = \frac{3}{6} = \frac{1}{2}$$

これにより、偶数の目が出る確率が、$\frac{1}{2}$ と求められました。

では、次の例題を解いてみましょう。

> **例** 1 つのさいころを投げて、5 の目が出る確率を求めましょう。ただし、どの目が出ることも同様に確からしいとします。

1 つのさいころを投げて、**起こりうるすべての場合の数**は、「1、2、3、4、5、6」それぞれの目が出る、6 通りです。この 6 通りの結果が起こることは**同様に確からしい**ので、「確率を求める式」を使うことができます。

一方、**ある事柄が起こる（5 の目が出る）場合の数**は、「5」の目が出る 1 通りです。ですから、「さいころを投げて、5 の目が出る確率」は、次のように求められます。

$$5 の目が出る確率 = \frac{5 の目が出る場合の数}{起こりうるすべての場合の数} = \frac{1}{6}$$

答え $\dfrac{1}{6}$

ところで、この例題の問題文には「どの目が出ることも同様に確からしいとします」という、ただし書きがありました。このただし書きは、参考書やテストの問題などでは、省略されることが多いです。

つまり、さいころやコインを投げる問題では、「どの目が出ることも同様に確からしい」ことが前提となっている場合が多いということです。

しかし、厳密な意味においては、先ほどの例題のように、ただし書きを明記することが必要です。なぜなら、さいころを例にすると、それぞれの目が出ることが**「同様に確からしい」とはいえない、さいころも存在しうる**からです。例えば、次のさいころをみてください。

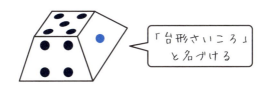

横からみると、台形のように見えるので、このさいころを**「台形さいころ」**と名づけます。台形さいころは、通常のさいころのような、立方体の形をしていません。「5」の目の反対側の面が大きくなっているので、「**5の目が出やすいさいころ**」ということができます。

「同様に確からしい」の意味は、（1から6までの目が出る）可能性がそれぞれ同じ程度に期待できる、ということでした。しかし、**台形さいころは、5の目が出やすいので、それぞれの目が出ることが「同様に確からしい」とはいえない**のです。

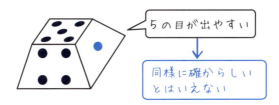

それぞれの結果が起こる可能性が「同様に確からしい」とき、次の式によって、確率を求められることは、前に述べた通りです。

確率を求める式

$$ある事柄が起こる確率 = \frac{ある事柄が起こる場合の数}{起こりうるすべての場合の数}$$

しかし、**台形さいころの場合は、それぞれの目が出ることが同様に確からしいとはいえない**ので、「5の目が出る確率」を、この式によって、求めることはできないのです。

　以上が、**「同様に確からしい」ことが、確率を求めるうえでの前提になる**という解説です。少しややこしく感じられたかもしれませんが、大事なところですので、自分の言葉で説明できるくらいに理解しておくことをおすすめします。

　ところで、先ほどの例題での「ただし、どの目が出ることも同様に確からしいとします」というただし書きは、省略されることがあると述べましたね。この本でも、これ以降、さいころやコインなどの例題の問題文では、同様の表現を省略することとします。

　例えば、さいころの問題なら、1から6までの目が出る結果が同様に確からしい、（通常の）さいころのみを扱うものとするということです。

確率は、どんな範囲の値をとるか？

中2

まずは、次の問題をみてください。

例1　1つのさいころを投げるとき、次の問題に答えましょう。
(1) 出る目が1以上6以下になる確率を求めましょう。
(2) 出る目が7になる確率を求めましょう。

（例1）も、次の式をもとにして考えます。

確率を求める式

$$ある事柄が起こる確率 = \frac{ある事柄が起こる場合の数}{起こりうるすべての場合の数}$$

(1) から求めましょう。1つのさいころを投げるとき、起こりうるすべての場合の数は、6通りです。そのうち、出る目が1以上6以下になる場合の数も6通りです。

ですから、出る目が1以上6以下になる確率は、$\frac{6}{6} = 1$ となります。

(1) の答え　1

1つのさいころを投げると、必ず1以上6以下のいずれかの目が出ますね。このように、**必ず起こるとき、確率は1になります**。

この1を、百分率（パーセントで表した割合）に直すと100％となります。日常会話でも「100％成功させる」というのは「必ず成功させる」ことを意味しますね。このように、**確率は百分率に直すと、考えやすくなる**ことがあります。

(2) は、出る目が 7 になる確率を求める問題です。1 つのさいころを投げるとき、起こりうるすべての場合の数は、6 通りです。しかし、1 つのさいころを投げて出る目が 7 になることはありえませんね。ですから、出る目が 7 になる場合の数は 0 通りです。

ですから、出る目が 7 になる確率は、$\frac{0}{6} = 0$ となります。

<u>**(2)** の答え　0</u>

1 つのさいころを投げるとき、7 になることはありえません。このように、**絶対起こらないとき、確率は 0 となります。**

ちなみに、この 0 を、百分率に直すと 0% です。例えば、日常会話で、「失敗する確率は 0% だ」と言うときは、「絶対失敗しない」という意味を表しますよね。

まとめると、絶対起こらないときの確率が 0 で、必ず起こるときの確率が 1 です。そのため、**確率がとる範囲は、0 以上 1 以下になる**ことがわかります。

では、次の例題に進みましょう。

例2　**1つのさいころを投げるとき、次の問題に答えましょう。**
(1) 出る目が 2 になる確率を求めましょう。
(2) 出る目が 2 にならない確率を求めましょう。

---

(1) から解いていきます。1 つのさいころを投げるとき、起こりうるすべての場合の数は、6 通りです。一方、出る目が 2 になる場合の数は、1 通りです。

ですから、出る目が 2 になる確率は、$\frac{1}{6}$ となります。

<u>(1) の答え　$\frac{1}{6}$</u>

(2) に進みましょう。1 つのさいころを投げるとき、起こりうるすべての場合の数は、6 通りです。一方、出る目が 2 にならない場合の数は、「1、3、4、

5、6」の 5 通りです。ですから、出る目が 2 にならない確率は、$\frac{5}{6}$ となります。

(2) の答え　$\frac{5}{6}$

(2) には、別の解き方もあります。(1) で、出る目が 2 になる確率を $\frac{1}{6}$ と求めました。(2) では、出る目が 2 にならない確率を求めればいいのですから、「**必ず起こる確率（＝1）**」から「**出る目が 2 になる確率（＝$\frac{1}{6}$）**」を引くことによって、求められます。

ですから、出る目が 2 にならない確率は　$1 - \frac{1}{6} = \frac{5}{6}$ となります。

(2) の答え　$\frac{5}{6}$

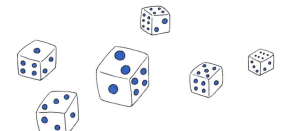

2枚のコインを投げて、2枚とも裏になる確率は？

中2

まずは、次の例題をみてください。

例1 2枚のコインを投げて、2枚とも裏になる確率を求めましょう。

2枚のコインを投げる問題は、中学数学の確率の単元で、よく出題されます。とてもシンプルな問題ですが、直感で答えると大人でも間違ってしまうことがあります。また、解説しがいのある「奥の深い」問題であり、確率について理解するうえで非常に重要な問題であるともいえます。

この問題において、次のような解答をしばしば見かけます。

間違った解き方

2枚のコインの出方は、全部で

(表、表)、(表、裏)、(裏、裏)

の3通りである。

この中で、2枚とも裏になるのは、(裏、裏)の1通りである。

だから確率は、$\frac{1}{3}$ である。

一見正しい解き方にも見えますし、直感的にも $\frac{1}{3}$ が答えであるように思う方もいるでしょう。しかし、この解き方と答えは間違っています。正しい解き方は、次の通りです。

正しい解き方

2枚のコインの出方は、全部で

(表、表)、(表、裏)、(裏、表)、(裏、裏)

の4通りである。この4通りの結果が起こることは同様に確からしい。

この中で、2枚とも裏になるのは、(裏、裏)の1通りである。

だから確率は、$\frac{1}{4}$である。

（例1）の答え　$\frac{1}{4}$

【間違った解き方】と【正しい解き方】で、どの部分が違うか確かめてみましょう。2枚のコインの全部の出方（起こりうるすべての場合の数）が、次のように違いますね。

2枚のコインの出方は、全部で…

間違った解き方→（表、表）、（表、裏）、（裏、裏）の3通り

正しい解き方→（表、表）、（表、裏）、（裏、表）、（裏、裏）の4通り

では、なぜ、2枚のコインのすべての出方を、4通りとするのが正しいのでしょうか？　それについて2種類の解き方によって、説明します。

【解き方　その1】　種類が違うコインと考える

問題をもう一度みてみましょう。

> **例1**　2枚のコインを投げて、2枚とも裏になる確率を求めましょう。

この問題をみるかぎり、2枚のコインが同じ種類の硬貨のように読み取ることができそうです。例えば「10円硬貨2枚」のようにです。

ただし、それについてはっきりと明記されていないので、例えば「10円硬貨1枚と100円硬貨1枚」のように、**種類の違う1枚ずつのコインが2枚あ**

第12章　確率と代表値の「？」を解決する

493

ると考えることもできそうです。

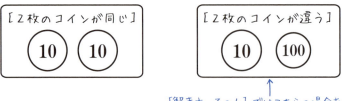

[解き方 その1]ではこちらの場合を考える

　【解き方　その1】では、2枚のコインの種類が違うとき、例えば「10円硬貨1枚と100円硬貨1枚」の場合について考えましょう。

　まず、10円硬貨を投げたとき、その結果は表と裏の2通りが考えられます。それを、次の 図1 のように表します。

　次に、100円硬貨を投げた場合を考えましょう。10円硬貨が表だった場合、100円硬貨は、表と裏の2通りが考えられます。それを、次の 図2 のように表します。

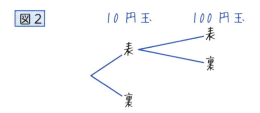

　一方、10円硬貨が裏だった場合、100円硬貨は、表と裏の2通りが考えられます。それを、次の 図3 のように表します。

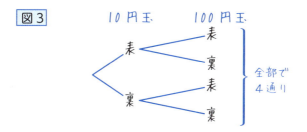

　これにより、「10円硬貨1枚と100円硬貨1枚」のすべての出方は、3通りではなく、**4通り**であることがわかります。そして、この4通りの結果が起こることは同様に確からしいといえます。

　（表、裏）と（裏、表）を区別する意味もおわかりいただけるでしょう。「10円硬貨が表、100円硬貨が裏」と「10円硬貨が裏、100円硬貨が表」の場合を分けるということです。

　ところで、図3のような図を、**樹形図**といいます。木が枝分かれしているように図をかいていくので、樹形図という名がついています。
　樹形図を使うことによって、**もれや重なりのないように、何通りか調べることができる**という利点があります。

　話をもどしましょう。樹形図によって、「10円硬貨1枚と100円硬貨1枚」のすべての出方（起こりうるすべての場合の数）は4通りだとわかりました。
　また、そのうち、2枚とも裏になるのは、1通りであることもわかります。

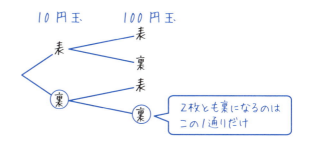

495

ですから、10円硬貨1枚と100円硬貨1枚が、2枚とも裏になる確率は、$\frac{1}{4}$です。

(例1)の答え　$\frac{1}{4}$

【解き方　その2】　同じ種類のコインと考える

問題をもう一度みてみましょう。

例1　2枚のコインを投げて、2枚とも裏になる確率を求めましょう。

【解き方　その1】の解説では、「10円硬貨1枚と100円硬貨1枚」のように、コインの種類が違う場合を考えました。

では、2枚のコインが、例えば「10円硬貨2枚」のように同じ種類の場合の確率はどうなるのでしょうか。

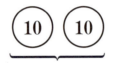

2枚のコインが同じ場合を考える

10円硬貨1枚と100円硬貨1枚が、2枚とも裏になる確率は$\frac{1}{4}$でした。一方、結果からいうと、コインの種類が同じである場合も、2枚とも裏になる確率はやはり$\frac{1}{4}$になります。

「10円硬貨2枚」の場合で考えます。この「10円硬貨2枚」を、**1枚目と2枚目に分けて考えましょう**。

そのうえで、樹形図をかくと次のようになります。

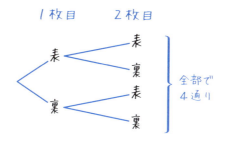

「10円硬貨2枚」のすべての出方（起こりうるすべての場合の数）は、やはり4通りになることがわかります。そして、この4通りの結果が起こることは同様に確からしいといえます。また、そのうち、2枚とも裏になるのは、1通りです。

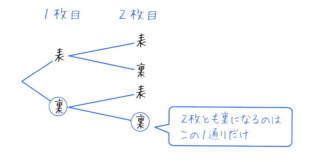

ですから、10円硬貨が2枚とも裏になる確率は、$\frac{1}{4}$ です。

(例1) の答え　$\frac{1}{4}$

【解き方　その1】では、「10円硬貨1枚と100円硬貨1枚」が、2枚とも裏になる確率は、$\frac{1}{4}$であることがわかりました。一方、【解き方　その2】では、「10円硬貨2枚」の場合を考えましたが、硬貨の種類が同じになったからといって、確率は$\frac{1}{4}$のままかわらないのです。

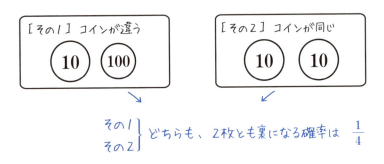

（例1）と同じ考え方によって、次の例題を解くことができます。

> **例2**　2枚のコインを投げるとき、次の問いに答えましょう。
> (1) 2枚とも表になる確率を求めましょう。
> (2) 1枚が表で、1枚が裏になる確率を求めましょう。

2枚のコインを、1枚目と2枚目に分けて考えると、次のような樹形図がかけます。

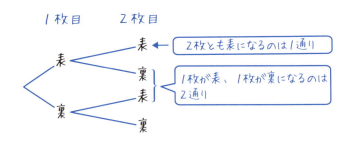

(1) から解きましょう。全部で4通りあり、2枚とも表になるのは1通りなので、(1) の答えは $\frac{1}{4}$ です。

(例2) (1) の答え　$\frac{1}{4}$

(2) は、全部で4通りあり、1枚が表で、1枚が裏になるのは2通りなので、(2) の答えは $\frac{2}{4} = \frac{1}{2}$ です。

(例2) (2) の答え　$\frac{1}{2}$

樹形図に、それぞれの確率を付け加えると、次のようになります。

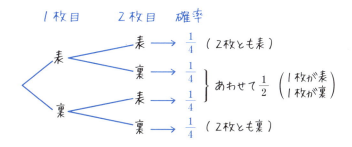

ところで、この項目のはじめのほうで、【間違った解き方】と【正しい解き方】には、次の違いがあると述べました。

> **2枚のコインの出方は、全部で…**
> 【間違った解き方】→（表、表）、（表、裏）、（裏、裏）の3通り
> 【正しい解き方】→（表、表）、（表、裏）、（裏、表）、（裏、裏）の4通り

間違った解き方では、起こりうるすべての場合の数を
　　　　（表、表）、（表、裏）、（裏、裏）の3通り
として、それぞれが起こる確率を $\frac{1}{3}$ としました。これは正しい確率ではありません。

つまり、起こりうるすべての場合の数を

　　　　（表、表）、（表、裏）、（裏、裏）の3通り

とするのは、同様に確からしいとはいえない（それぞれが起こる可能性が同じ程度に期待できない）ので間違いだということです。

一方、起こりうるすべての場合の数を

　　　　（表、表）、（表、裏）、（裏、表）、（裏、裏）の4通り

とするのは、同様に確からしい（それぞれが起こる可能性がどれも$\frac{1}{4}$）ので、こちらが正しい考え方だということになります。

同じ2枚のコインでも、「1枚目」「2枚目」というように区別して、すべての場合の数を考える必要があるというのがポイントです。

2つのサイコロを投げる問題をどうやって解くか？

中2

まずは、次の例題をみてください。

例 2つのさいころを投げるとき、目の和が8になる確率を求めましょう。

2つのさいころを投げる問題も、確率の単元では頻出です。

問題によっては、「大小2つのさいころを投げるとき〜」のように、2つのさいころの大きさが区別されている場合もあります。

しかし、前の項目（2枚のコインを投げる問題）で解説した通り、「同じ2つのさいころ」であっても、「大きさが違う2つのさいころ」であっても、答え（確率）は同じになります。つまり、同じ2つのサイコロを投げる問題では、2枚のコインを投げる問題と同じように、2つのさいころを「1個目」「2個目」と分けて考えればよいということです。

2つのさいころを「1個目」「2個目」と分けて、樹形図をかくと次ページのようになります。

$6 \times 6 = 36$ より、全部で36通りあるということですね。この36通りのそれぞれの結果が起こることは、同様に確からしいといえます。

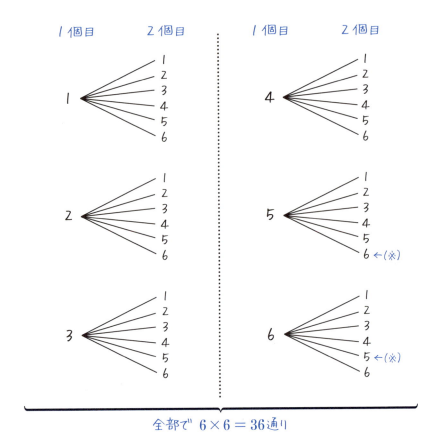

上の表の、2か所の（※）の部分に注目してください。「5と6の目が出る場合」は、2通り（「1個目が5、2個目が6」の場合と「1個目が6、2個目が5」の場合）あるということです。同じさいころを投げる場合、そのさいころが1個目か、2個目かは見た目には区別はつきませんが、違う目が出た場合は2通りとするところがポイントです。

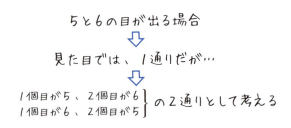

これは、同じ 2 枚のコインを投げるとき、「1 枚が表で、1 枚が裏になる場合」が 1 通りではなく、(表、裏)、(裏、表) の 2 通りあったのと同様の話です。
　このような場合、2 通りに区別することによって、それぞれの結果が起こることが**同様に確からしい**といえるのです。

　話をもどしましょう。表の全 36 通りのうち、「さいころの目の和が 8 になる」ところの右に、○をつけると、次のようになります（例えば、1 個目が 3、2 個目が 5 の場合は、たすと 3＋5＝8 になるので、○をつけます）。

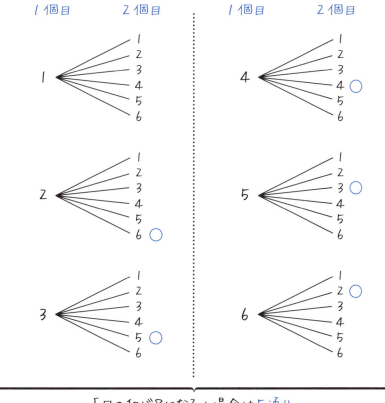

樹形図より、**全 36 通り**のうち、さいころの目の和が 8 になる場合は、**5 通り**あることがわかります。

ですから、さいころの目の和が 8 になる確率は、$\dfrac{5}{36}$ です。

$$\text{答え} \quad \underline{\dfrac{5}{36}}$$

この例題には、別の解き方があります。先ほどの解き方ですと、樹形図を 36 通りもかくのに時間がかかり、少し見づらくもありますね。そこで、次のような表をかいて考えると、見た目もすっきりして解きやすくなります。

1個目＼2個目	1	2	3	4	5	6
1						
2						
3					※	
4						
5						
6						

全部で $6 \times 6 = 36$ 通り

上の表から、先ほどと同様、**全部で（$6 \times 6 =$）36 通り**あるのがわかります。この表で、例えば、※をつけた部分は、「1 個目が 5、2 個目が 3」なので、目の和は、$5 + 3 = 8$ となります。

そして、この表で、「さいころの目の和が 8 になる」ところに、〇をつけると、次のようになります。

1個目／2個目	1	2	3	4	5	6
1						
2						◯
3					◯	
4				◯		
5			◯			
6		◯				

「目の和が8になる」場合は5通り

　上の表のように、5つの◯をつけることができました。

　全36通りのうち、さいころの目の和が8になる場合は、5通りあるのですから、答えは、$\dfrac{5}{36}$です。

答え　$\dfrac{5}{36}$

　このように、表を使うと見た目もすっきりして、すばやく解くことができます。ただし、表のデメリットは、3つ以上のさいころを投げるときに同じ方法では、かけないことです（一方、樹形図は、3つ以上のさいころを投げる場合もかくことができます）。そのため、どちらの解き方も理解しておくことをおすすめします。

第12章　確率と代表値の「？」を解決する

ガリレオが解決した「3つのさいころ」の問題とは?

中2・発展

　数学史のなかで、確率に関する文献があらわれ始めるのは、15世紀の終わりから16世紀にかけてのヨーロッパにおいてです。しかし、その当時の確率に関する研究には、所々に間違いも見られました。確率について本格的な研究が始まったのは、17世紀以降になってからです。

　確率論の始まりともいえる時期に、第11章（p.463 〜 p.466）にも登場したガリレオ（1564 〜 1642）が、確率の考え方の基礎について書いた「さいころゲームについての考察」という論文が存在します。

　この論文は、ガリレオ自身が、このテーマについて興味があったからではなく、ギャンブル好きのある貴族に依頼されて書いたものだといわれています。その貴族が、ガリレオに依頼したのは、次のような内容だったと考えられています。

ある貴族からガリレオへの依頼

　3つのさいころを投げたとき、出た目の和が9になる場合は、

　(1、2、6)、(1、3、5)、(1、4、4)、(2、2、5)、(2、3、4)、(3、3、3)

の6通りだと考えられます。

　一方、3つのさいころを投げたとき、10になる場合は

　(1、3、6)、(1、4、5)、(2、2、6)、(2、3、5)、(2、4、4)、(3、3、4)

の6通りだと考えられます。

　上記のように、それぞれ同じ6通りあるのですが、私（貴族）の経験からすると、和が9になる場合より、和が10になる場合のほうが出やすい

ように感じられます。そこで、ガリレオ氏に、実際のところどうなのか、調べてほしいのです。

上記の依頼文には、誤った箇所があるのですが、どこかわかるでしょうか。この依頼文では、出た目の和が 9 になる場合も、10 になる場合も、それぞれ 6 通りとしていますが、その部分が間違っています。

例えば、出た目の和が 9 になる場合の（1、2、6）に注目してみましょう。依頼文では、この（1、2、6）を 1 通りとして数えていますが、**3 つのさいころを、「1 個目」「2 個目」「3 個目」と分けて考える必要がある**のでしたね。

前の項目で、2 つのさいころを投げたとき、「**5 と 6 の目が出る場合**」は、1 通りではなく、**2 通り**（「1 個目が 5、2 個目が 6」の場合と「1 個目が 6、2 個目が 5」の場合）あると述べたのと同様です。

（1、2、6）と出る目について、**3 つのさいころを分けて樹形図をかくと次の 図1 のようになります。

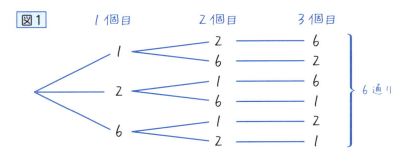

このように、3 つのさいころの目が（1、2、6）になるのは、1 通りではなく、6 通りとなります。この 6 通りについて、それぞれの結果が出るのは同様に確からしいといえます。

ところで、ここで注意すべき点があります。（1、2、6）のように、**3 つのさいころの目の出方がそれぞれ違う場合は、樹形図が 図1 のようになり、6

通りあることがわかります。

　しかし、(1、4、4) のように、2 つのさいころの目が同じ場合や、(3、3、3) のように、3 つのさいころの目が同じ場合においては、6 通りにならないのです。
　つまり、次の 3 つの場合に分けて、それぞれ何通りになるかを考える必要があるということです。

> **3 つのさいころの目の出方（3 パターン）**
> ● (1、2、6) など、3 つのさいころの目の出方がそれぞれ違う場合
> 　　　　　　　　　　　　　　　　　　　　　　　　→ 6 通り
> ● (1、4、4) など、2 つのさいころの目が同じ場合　　→ ? 通り
> ● (3、3、3) など、3 つのさいころの目が同じ場合　　→ ? 通り

　では、(1、4、4) など、2 つのさいころの目が同じ場合が、全部で何通りあるか、調べましょう。3 つのさいころを、「1 個目」「2 個目」「3 個目」と分けて樹形図をかくと次の 図2 のようになります。

　図2 から、2 つのさいころの目が同じ場合は、3 通りあることがわかります。この 3 通りについても、それぞれの結果が出るのは同様に確からしいといえます。

　次に、(3、3、3) など、3 つのさいころの目が同じ場合が、全部で何通りあるか、調べましょう。3 つのさいころを、「1 個目」「2 個目」「3 個目」と分けて樹形図をかくと次の 図3 のようになります。

図3

1個目　　　　2個目　　　　3個目

3 —————— 3 —————— 3 ← 1通り

図3 から、3つのさいころの目が同じ場合は、1通りだけであることがわかります。

ここまでをまとめると、次のようになります。

> **3つのさいころの目の出方（3パターン）**
> ● （1、2、6）など、3つのさいころの目の出方がそれぞれ違う場合
> 　　　　　　　　　　　　　　　　　　　　　→　6通り
> ● （1、4、4）など、2つのさいころの目が同じ場合　　→　3通り
> ● （3、3、3）など、3つのさいころの目が同じ場合　　→　1通り

これをもとに、3つのさいころを投げたとき、出た目の和が9になる場合と10になる場合の、それぞれの数を求めると、次のようになります。

出た目の和が9になる場合

（1、2、6）	→	6通り
（1、3、5）	→	6通り
（1、4、4）	→	3通り
（2、2、5）	→	3通り
（2、3、4）	→	6通り
（3、3、3）	→	1通り

全部で25通り

出た目の和が10になる場合

（1、3、6）	→	6通り
（1、4、5）	→	6通り
（2、2、6）	→	3通り
（2、3、5）	→	6通り
（2、4、4）	→	3通り
（3、3、4）	→	3通り

全部で27通り

第12章　一　確率と代表値の「?」を解決する

509

出た目の和が 9 になる場合の数は 25 通り、出た目の和が 10 になる場合の数は 27 通りということです。つまり、**出た目の和が 10 になる場合のほうが出やすいということを、ガリレオは導いた**のです。

　ただし、ガリレオが導いたのはここまでで、実際の確率を求めるところまではいたらなかったともいわれています。そこで、出た目の和が 9 になる場合と 10 になる場合のそれぞれの実際の確率を求めてみましょう。
　確率は、次の式によって求められるのでしたね。

> **確率を求める式**
>
> $$\text{ある事柄が起こる確率} = \frac{\text{ある事柄が起こる場合の数}}{\text{起こりうるすべての場合の数}}$$

　この式を使うとき、「起こりうるすべての場合の数」を求める必要があります。

　2 つのさいころを投げるとき、「起こりうるすべての場合の数」は $(6 \times 6 =)$ **全 36 通り**でしたね。一方、**3 つのさいころ**を投げるとき、「起こりうるすべての場合の数」は、（2 つの場合の）36 通りそれぞれについて、さらに 6 通りずつの場合が考えられるので、$(6 \times 6 \times 6 =)$ **全 216 通り**となります。

　全 216 通りのうち、出た目の和が 9 になる場合の数は 25 通りです。だから、出た目の和が 9 になる確率は $\dfrac{25}{216}$（＝ 約 0.116）であり、百分率に直すと **約 11.6%** であることがわかります。

　一方、全 216 通りのうち、出た目の和が 10 になる場合の数は 27 通りです。だから、出た目の和が 10 になる確率は $\dfrac{27}{216} = \dfrac{1}{8}(= 0.125)$ であり、百分率に直すと **12.5%** であることがわかります。

　それぞれの確率を比べることで、**出た目の和が 10 になる場合のほうが出やすい**ことを導くことができます。

度数分布表とは何か？

中1

ひとつ前の項目までは、確率についてお話ししてきました。この項目と次の項目では、資料をもとに表やグラフに整理したり、資料の平均を求めたりする方法について解説していきます。まずは、次の資料をみてください。

> **例** 次の資料は、34人のあるクラス全員のテスト結果です。
> 83点　63点　77点　71点　52点　89点　47点　67点　85点
> 79点　68点　65点　96点　88点　75点　70点　95点　61点
> 52点　60点　72点　59点　75点　61点　45点　62点　76点
> 58点　41点　59点　55点　81点　90点　67点

もし、あなたがこのクラスの担任の先生だったら、（**例**）の資料を見てどう思いますか。

「このままでは点数がばらばらで見にくいし、点数の分布がわかりにくい」と思うのではないでしょうか。こんなとき、資料を、表やグラフにするとわかりやすくなります。

まず、資料を、表にする方法を考えましょう。表にはさまざまな種類がありますが、中学校の数学で習うのは、**度数分布表**です。34人のテスト結果を、度数分布表に整理したものが、次の 表1 です。

表1 （度数分布表）

点 数 （点）	度 数 （人）
以上 未満	
40 ～ 50	3
50 ～ 60	6
60 ～ 70	9
70 ～ 80	8
80 ～ 90	5
90 ～ 100	3
計	34

度数分布表に関して、次の用語の意味をおさえましょう。

【度数分布表に関する用語】

階級（かいきゅう） … 区切られたそれぞれの区間（上の表では、40 点以上 50 点未満など）

階級の幅（はば） … 区間の幅（上の表の階級の幅は、10 点）

階級値（かいきゅうち） … それぞれの階級の真ん中の値（上の表では、例えば、70 点以上 80 点未満の階級値は、75 点）

度数（どすう） … それぞれの階級にふくまれる資料の個数（上の表では、例えば、70 点以上 80 点未満の度数は、8）

度数分布表（どすうぶんぷひょう） … 資料をいくつかの階級に区切って、各階級の度数をあらわした表

ばらばらに散らばった資料を、度数分布表に整理することで、**点数の分布がわかりやすく**なりましたね。表1 の度数分布表から「**60 点台から 70 点台の人数が多い**」、「**40 点台から 90 点台にかけて分布している**」といったことも読み取ることができます。

この度数分布表をもとにして、次のように、グラフとして表すこともできます。

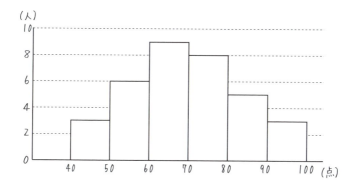

　このように、**度数の分布を、長方形の柱のように表したグラフ**を、ヒストグラムといいます。グラフにすることによって、目でみてわかりやすいかたちになりましたね。

　また、**このヒストグラムのそれぞれの長方形の上の辺の中点（真ん中の点）を結んだグラフ**を度数折れ線といい、次のようなグラフになります。

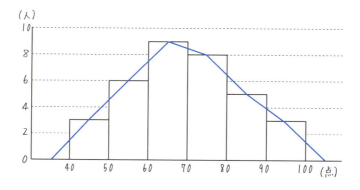

代表値とは何か？

中1

まずは、次の例題をみてください。

> **例** ある日に、A～Iの9人がそれぞれ、図書館で借りた本の冊数は、次の通りです。このとき、後の問いに答えましょう。
>
> | | A | B | C | D | E | F | G | H | I |
> |---|---|---|---|---|---|---|---|---|---|
> | 借りた冊数(冊) | 2 | 5 | 3 | 2 | 6 | 4 | 1 | 2 | 2 |
>
> (1) A～Iの9人が借りた本の冊数の範囲を求めましょう。
> (2) A～Iの9人が借りた本の冊数の平均値を求めましょう。
> (3) A～Iの9人が借りた本の冊数の中央値を求めましょう。

(1)は、A～Iの9人が借りた本の冊数の範囲を求める問題です。**範囲**とは、**資料の値のなかで、最大のものから最小のものを引いた値**のことです。

A～Iの9人のうち、借りる冊数が最も多かったのは、Eの6冊です。
一方、借りる冊数が最も少なかったのは、Gの1冊です。
ですから、範囲は、6－1＝5（冊）です。

(1)の答え　5冊

ところで、**資料の特徴を1つの数値で表したもの**を、**代表値**といいます。

(2)は、A～Iの9人が借りた本の冊数の平均値を求める問題です。「**資料の値の合計**」を「**資料の総数**」で割ったものが、**平均値**です。平均値は、代表値の1つです。

まず、資料の値の合計を求めましょう。A～Iの9人が借りた本の冊数の合計を求めると、次のようになります。

A　B　C　D　E　F　G　H　I
2 ＋ 5 ＋ 3 ＋ 2 ＋ 6 ＋ 4 ＋ 1 ＋ 2 ＋ 2 ＝ 27（冊）

これにより、資料の値の合計（9人が借りた本の冊数の合計）は、27冊と求められました。その27冊を、資料の総数（A～Iの9人）で割ると、次のようになります。

27 ÷ 9 ＝ 3（冊）　…　A～Iの9人が借りた本の冊数の平均値

(2) の答え　3冊

(3) は、A～Iの9人が借りた本の冊数の中央値を求める問題です。**資料の値を小さい順に並べたとき、全体の中央の順位にくる値**のことを、中央値（または、メジアン）といいます。**中央値も、代表値の1つです。**

A～Iの9人が借りた本の冊数を、小さい順に並べると、次のようになります。

中央の順位
↓
1、2、2、2、②、3、4、5、6
↑
中央値

これにより、A～Iの9人が借りた本の冊数の中央値は、2冊であることがわかります。

(3) の答え　2冊

ところで、この例題での資料の個数は、A～Iの9（人）で、奇数です。一方、**資料の個数が偶数のとき、中央値の求め方に注意が必要**です。

例えば、同じ資料で、Iがいない場合の、A～Hの8人（偶数）である場

第12章 ― 確率と代表値の「？」を解決する

515

合の、中央値を求めてみましょう。

8人（偶数）

借りた冊数(冊)	A	B	C	D	E	F	G	H
	2	5	3	2	6	4	1	2

　このとき、A 〜 H の 8 人が借りた本の冊数を、小さい順に並べると、次の
ようになります。

$$1、2、2、2、3、4、5、6$$

中央の順位
↓
平均値を求める
↓
$$(2+3)÷2 = \underline{2.5（冊）}$$
↑
中央値

　上のように、中央には、2 と 3 が並んでいます。このような場合、2 と 3 の
平均値を求めて、それを中央値とします。 2 と 3 の平均値は

$$(2+3)÷2 = 2.5（冊）$$

です。ですから、A 〜 H の 8 人が借りた本の冊数の中央値は、2.5 冊です。

　この例題で、代表値のうち、平均値と中央値について解説しました。中学校
の数学でおさえるべき代表値がもう 1 つあり、それが最頻値です。

　度数分布表において、度数が最も多い階級の階級値（真ん中の値）を、最
頻値（または、モード）といいます。

516 ｜ 代表値とは何か？

ここで、ひとつ前の項目で使った度数分布表を、もう一度みてみましょう。

点　数 （点）	度　数 （人）
以上　　未満	
40 ～ 50	3
50 ～ 60	6
60 ～ 70	9
70 ～ 80	8
80 ～ 90	5
90 ～ 100	3
計	34

この度数分布表での最頻値を求めてみましょう。度数（それぞれの階級にふくまれる資料の個数）が最も多いのは、「60点以上70点未満」の階級です。**この階級の階級値（真ん中の値）が、最頻値です。**

点　数 （点）	度　数 （人）
以上　　未満	
40 ～ 50	3
50 ～ 60	6
60 ～ 70	9　← 度数が最多
70 ～ 80	8
80 ～ 90	5
90 ～ 100	3
計	34

真ん中の値を求める　→　$(60 + 70) \div 2 = 65$（点）
↑
最頻値

これにより、最頻値は65点と求められます。

ここまで学んだ、平均値、中央値、最頻値という、3つの代表値のそれぞれの意味をまとめておきます。

第12章 ── 確率と代表値の「？」を解決する

517

> **3つの代表値の意味**
> 平均値　　　　　…「資料の値の合計」を「資料の総数(そうすう)」で割ったもの
> 中央値(メジアン)…　資料の値を小さい順に並べたとき、全体の中央の順位にくる値
> 最頻値(モード)　…　度数分布表において、度数が最も多い階級の階級値

　数学には「統計(とうけい)」という分野があります。度数分布表や、この項目で学んだ代表値は、統計の基礎のさらに基礎にあたる部分です。

　この章で学んだ、初歩の「確率と統計」については、高校数学でさらに深く学んでいくことになります。

おわりに

― 人に教えてみることのすすめ ―

　どの方も「人に教える」という経験をされたことはあるでしょう。「はじめに」でもふれたとおり、自分が理解できていても、それを「人に教える」というのは簡単そうにみえて、実はとても難しいものです。

　「これはこうなって、だから、こうなって…」と自分なりにわかりやすく教えたつもりでも、相手がわかりにくそうにしていたことはありませんか。
　または、教えているうちに、自分自身がしどろもどろになる経験をおもちの方も少なくないでしょう。

　私自身、今でこそ教えることを専門にしていますが、教える仕事を始めたばかりの頃は「教えることの奥の深さ」に当惑したことを記憶しています。

　「こう説明すればわかってくれるだろう」と思いこんで説明しても、生徒がなかなか理解してくれない。「なぜわかってくれないんだろう」や「こう教えれば理解してくれるのか！」といった試行錯誤のなかで、少しずつ、わかりやすい教え方を体得してきました。

　読者の皆様も、ふだんから「何かを人に教えること」「何かを人にわかりやすく伝えること」を意識して説明してみるのはおすすめです。物事を人にわかりやすく教えることによって、自分自身の思考が整理されて、理解が深まったり、新たな気づきが得られたりすることも多いからです。

　何かを人に説明したとき、「えっ、どういうこと？」「もう1回説明して？」のように言われたことはありませんか？　私自身も同じ経験がありますが、そう言われると「別のわかりやすい伝え方はないかな」などと考えて、けっこう

困ってしまうものです。

　ひとつのことを教えるのにも、何百、何千もの伝え方があります。それらの中からできるだけわかりやすい表現を、考えて選ぶことを習慣にしてみるのはいかがでしょうか。それによって、自分自身の思考力や伝える力が鍛えられるだけでなく、それを伝えた相手の方にも満足してもらえるなど、よいことがたくさんあります。

　この本では、私自身が長年、多くの生徒を教えるなかで培(つちか)ってきた「わかりやすい教え方」や「より興味をもっていただける伝え方」を最大限につめこんで書くことができたと自負しています。ですから、この本を読んで、数学の楽しさを感じてもらえたなら、著者としてこんなうれしいことはありません。

　最後になりましたが、前作の『小学校6年分の算数が教えられるほどよくわかる』に続けて、本作の編集を担当してくださった坂東一郎氏、そしてベレ出版の方々に、心より感謝を申し上げます。

　そして、読者の皆様、本書を読んでいただき、誠にありがとうございました。数学のおもしろさや楽しさ、そして、その背景にある数学の歴史を通じて、数学を好きになる人が一人でも増えることを願っています。

　　　　　　　　　　　　　　　　　　　　　　　　　　　　　小杉　拓也

●参考文献（著者アルファベット・50音順）

Sir. Thomas L Heath『Diophantus of Alexandria: A Study in the History of Greek Algebra』Martino Fine Books

上垣渉『はじめて読む数学の歴史』角川ソフィア文庫

上垣渉、何森仁『数と図形の歴史70話』日本評論社

カジョリ著、小倉金之助補訳『初等数学史』共立出版

ゲルシ・イサーコヴィチ・グレイゼル著、保坂秀正、山崎昇訳『グレイゼルの数学史Ⅰ』大竹出版

ゲルシ・イサーコヴィチ・グレイゼル著、保坂秀正、土居康男、山崎昇訳『グレイゼルの数学史Ⅱ』大竹出版

ゲルシ・イサーコヴィチ・グレイゼル著、保坂秀正、山崎昇訳『グレイゼルの数学史Ⅲ』（改訂版）大竹出版

斎藤憲『ユークリッド『原論』とは何か　二千年読みつがれた数学の古典』岩波科学ライブラリー

スタンダール著、桑原武夫、生島遼一訳『アンリ・ブリュラールの生涯　上』岩波文庫

スタンダール著、桑原武夫、生島遼一訳『アンリ・ブリュラールの生涯　下』岩波文庫

デカルト著、谷川多佳子訳『方法序説』岩波文庫

デカルト著、野田又夫訳『精神指導の規則』岩波文庫

デカルト著、原亨吉訳『幾何学』ちくま学芸文庫

遠山啓『数学入門（上)』岩波新書

遠山啓『数学入門（下)』岩波新書

林隆夫『インドの数学―ゼロの発明』中公新書

藪内清『中国の数学』岩波新書

湯川秀樹『旅人』角川ソフィア文庫

吉田光由著、大矢真一校注『塵劫記』岩波文庫

吉田洋一、赤攝也『数学序説』ちくま学芸文庫

◎ 索 引 ◎

数字

1次関数······················ 436

1次関数のグラフ ··············· 437

1次方程式の文章題 ············· 115

2次関数······················ 462, 463

2次方程式の解の公式··········· 215

2次方程式の文章題 ············· 222

アルファベット

x座標······················ 418

x軸························ 417

y座標······················ 418

y軸························ 417

あ

アハの問題 ··················· 116

アルキメデスの原理··········· 272

アルゴリズム················· 114

移項························ 107

遺題························ 391

遺題継承 ··················· 392

因数························ 190

因数分解··················· 190

右辺························ 098

鋭角························ 332

円周························ 250

円周角··················· 373

円周角の定理··············· 374

円周率······················ 250

円錐························ 262

円柱························ 258

オイラーの多面体定理··········· 275

おうぎ形··················· 252

か

解························ 099

外角························ 295

階級························ 512

階級値··················· 512

階級の幅··················· 512

角錐························ 262

角柱························ 258

角の二等分線··············· 247

確率························ 482, 483

加減法··················· 126

傾き························ 441

仮定························ 314

仮定法··················· 118

加法························ 025

関数························ 410

関数 $y=ax^2$ ········ 461, 462, 463, 467

関数 $y=ax^2$ のグラフ ··············· 467

幾何（学）··············· 059, 228

逆························ 315

逆数··················· 085

球························ 270

球の体積と表面積··········· 272

522 ｜ 索 引

共通因数	191	四角柱	258
近似値	147	式の値	094
係数	071	指数	049
結合法則	046	次数	072
結論	314	自然数	016
弦	373	実数	152
原点	417	斜辺	332
減法	025	樹形図	495
弧	252, 373	循環小数	152
項	072	商	042
交換法則	046	小数	152
合同	305, 358	乗法	033
五角錐	262	乗法公式	182
五角柱	258	証明	315
根号	143	除法	042
		垂線	233
		錐体	262
		錐体の体積	262

さ

差	025	錐体の表面積	265
最頻値（モード）	516, 518	垂直	233
作図	235	垂直二等分線	242, 247
錯角	290, 292	数直線	017
座標	418	正三角形	330
座標平面	418	正四面体	275
左辺	098	正十二面体	275
三角形の合同条件	308, 310	整数	153
三角形の相似条件	366, 369	正多面体	275, 281
三角定規	399	正二十面体	275
三角錐	262	正の数	016
三角柱	258	正の整数	016
算道	134	正の符号	016
三平方の定理	231, 380	正八面体	275
四角錐	262		

523

正負の数 ・・・・・・・・・・・・・・・・・ 016	多面体 ・・・・・・・・・・・・・・・・・・ 275
正方形 ・・・・・・・・・・・・・・・・・・・ 356	タレスの定理 ・・・・・・・・・・・・ 231, 325
積 ・・・・・・・・・・・・・・・・・・・・・・・・・ 033	単項式 ・・・・・・・・・・・・・・・・・・・ 071
絶対値 ・・・・・・・・・・・・・・・・・・・ 022	中央値（メジアン）・・・・・・・・ 515, 518
切片 ・・・・・・・・・・・・・・・・ 439, 441	中心角 ・・・・・・・・・・・・・・・・ 252, 373
線分 ・・・・・・・・・・・・・・・・・・・・ 232	柱体 ・・・・・・・・・・・・・・・・・・・・ 258
素因数分解 ・・・・・・・・・・・・・・・ 163	柱体の体積 ・・・・・・・・・・・・・・・ 259
増加量 ・・・・・・・・・・・・・・・・・・・ 443	柱体の表面積 ・・・・・・・・・・・・・ 259
双曲線 ・・・・・・・・・・・・・・・・・・・ 427	中点 ・・・・・・・・・・・・・・・・・・・・ 242
相似 ・・・・・・・・・・・・・・・・・・・・・ 358	頂角 ・・・・・・・・・・・・・・・・・・・・ 324
相似比 ・・・・・・・・・・・・・・・・・・・ 361	頂点 ・・・・・・・・・・・・・・・・・・・・ 234
側面 ・・・・・・・・・・・・・・・・ 259, 262	長方形 ・・・・・・・・・・・・・・・・・・・ 353
側面積 ・・・・・・・・・・・・・・・・・・・ 259	直線 ・・・・・・・・・・・・・・・・・・・・ 232
素数 ・・・・・・・・・・・・・・・・・・・・・ 163	直方体の対角線 ・・・・・・・・・・ 405, 407
	直角 ・・・・・・・・・・・・・・・・・・・・ 233

た

対応する角 ・・・・・・・・・・・・ 305, 359	直角三角形 ・・・・・・・・・・・・・・・ 332
対応する点 ・・・・・・・・・・・・ 305, 359	直角三角形の合同条件 ・・・・・・・ 335
対応する辺 ・・・・・・・・・・・・ 305, 359	底角 ・・・・・・・・・・・・・・・・・・・・ 324
対角 ・・・・・・・・・・・・・・・・・・・・ 338	定義 ・・・・・・・・・・・・・・・・・・・・ 322
代数（学）・・・・・・・・・ 059, 092, 113	定数 ・・・・・・・・・・・・・・・・・・・・ 412
大数の法則 ・・・・・・・・・・・・・・・ 483	底辺 ・・・・・・・・・・・・・・・・・・・・ 324
対頂角 ・・・・・・・・・・・・・・・・・・・ 288	底面 ・・・・・・・・・・・・・・・・ 258, 262
代入 ・・・・・・・・・・・・・・・・・・・・ 094	底面積 ・・・・・・・・・・・・・・・・・・・ 258
代入法 ・・・・・・・・・・・・・・・・・・・ 131	定理 ・・・・・・・・・・・・・・・・・・・・ 322
代表値 ・・・・・・・・・・・・・・・・・・・ 514	展開図 ・・・・・・・・・・・・・・・・・・・ 259
対辺 ・・・・・・・・・・・・・・・・・・・・ 338	展開する ・・・・・・・・・・・・・・・・・ 181
多角形 ・・・・・・・・・・・・・・・・・・・ 295	同位角 ・・・・・・・・・・・・・・・・ 289, 292
多角形の外角の和 ・・・・・・・・ 300, 302	等号 ・・・・・・・・・・・・・・・・・・・・ 098
多角形の内角の和 ・・・・・・・・ 299, 302	等式 ・・・・・・・・・・・・・・・・・・・・ 098
高さ ・・・・・・・・・・・・・・・・・・・・ 258	等式の性質 ・・・・・・・・・・・・・・・ 101
多項式 ・・・・・・・・・・・・・・・・ 071, 111	同様に確からしい ・・・・・・・・・・・ 484
	同類項 ・・・・・・・・・・・・・・・・・・・ 077

524 | 索引

同類項をまとめる …………………… 077	平均値………………………… 514, 518
度数 …………………………………… 512	平行 …………………………………… 233
度数折れ線 …………………………… 513	平行四辺形 …………………………… 338
度数分布表 ………………… 511, 512	平方根 ………………………………… 140
	辺 ……………………………………… 234

な

内角 …………………………………… 295	変域 …………………………………… 435
二等辺三角形 ………………………… 322	変化の割合 …………………… 442, 472
	変数 …………………………………… 412

は

	方程式 ……… 098, 099, 111, 134, 138
背理法 ………………………………… 157	方程式を解く ………………………… 099
パピルス ……………………………… 115	放物線 ………………………………… 470
範囲 …………………………………… 514	母線 …………………………………… 266
半直線 ………………………………… 232	

ま

反比例 ………………………………… 424	未知数 ………………………………… 099
反比例のグラフ ……………… 427, 428	無限小数 ……………………………… 152
反例 …………………………………… 317	無理数 ………………………………… 152
ひし形 ………………………………… 354	文字式 ………………………………… 056
ヒストグラム ………………………… 513	文字式のルール ……………………… 060

や

ピタゴラス数 ………………………… 388	有限小数 ……………………………… 152
ピタゴラスの定理 …………………… 380	有理化 ………………………………… 171
比の値 ………………………………… 156	有理数 ………………………………… 152
表面積 ………………………………… 259	

ら

比例 …………………………………… 419	立方体 ………………………………… 275
比例定数 ……………………… 419, 424	両辺 …………………………………… 098
比例のグラフ ………………… 422, 423	累乗 …………………………………… 049
符号 …………………………………… 016	ルート ………………………………… 143
不等号 ………………………………… 021	連立方程式 …………………………… 126
負の数 ………………………………… 016	連立方程式の文章題 ………………… 135
負の整数 ……………………………… 016	
負の符号 ……………………………… 016	
分配法則 …………………… 074, 076, 180	

525

わ

和‥‥‥‥‥‥‥‥‥‥‥ 025
和算‥‥‥‥‥‥‥‥‥‥‥ 391

人名・書名

アルキメデス‥‥‥‥‥ 151, 251, 272
『アルジャブルとアルムカーバラの計算
法』‥‥‥‥‥‥‥‥‥‥‥‥‥ 113
アル・フワーリズミー‥‥‥‥‥ 113, 213
ヴィエト‥‥‥‥‥‥‥‥‥‥‥ 069
オイラー‥‥‥‥‥‥‥‥‥ 251, 275
ガーフィールド‥‥‥‥‥‥‥‥ 384
ガリレオ‥‥‥‥‥‥‥ 463, 465, 506
『九章算術』‥‥‥‥‥‥‥ 019, 134
『原論』‥‥‥‥‥‥‥‥‥ 187, 228
『算術』‥‥‥‥‥‥‥‥‥ 124, 222
『算法統宗』‥‥‥‥‥‥‥‥‥ 391
シュティフェル‥‥‥‥‥‥‥‥ 018
『塵劫記』‥‥‥‥‥‥‥‥‥‥ 391
スタンダール‥‥‥‥‥‥‥‥‥ 033
ステヴィン‥‥‥‥‥‥‥‥‥‥ 463
タレス‥‥‥ 230, 289, 312, 325, 363, 379
チャンパーノウン‥‥‥‥‥‥‥ 155
ディオファントス‥‥‥‥‥ 122, 222
デカルト‥‥‥‥‥018, 069, 099, 465
ニュートン‥‥‥‥‥‥‥‥‥‥ 070
バスカラ‥‥‥‥‥‥‥‥ 141, 204
パスカル‥‥‥‥‥‥‥‥‥‥‥ 018
ピタゴラス‥‥‥‥‥‥ 160, 330, 380
ブラフマグプタ‥‥‥‥‥‥ 032, 041

ユークリッド‥‥‥‥‥‥‥ 187, 228
湯川秀樹‥‥‥‥‥‥‥‥‥‥‥ 119
吉田光由‥‥‥‥‥‥‥‥‥‥‥ 391
『リンド・パピルス』‥‥‥‥‥‥‥ 115
レントゲン, ヴィルヘルム‥‥‥‥‥099

著者略歴

小杉 拓也（こすぎ・たくや）

▶東京大学経済学部卒。プロ数学講師。志進ゼミナール塾長。
プロ家庭教師、SAPIXグループの個別指導塾の塾講師など15年以上の豊富な指導経験があり、常にキャンセル待ちの出る人気講師として活躍している。

▶現在は、学習塾「志進ゼミナール」を主宰し、小学生から高校生に指導をおこなっている。毎年難関校に合格者を輩出している。
数学が苦手な生徒の偏差値を18上げて難関高校（偏差値60台）に合格させるなど、着実に学力を伸ばす指導に定評がある。暗算法の開発や研究にも力を入れている。

▶ずっと数学を得意にしていたわけではなく、中学3年生の試験では、学年で下から3番目の成績だった。数学の難しい問題集を解いても成績が上がらなかったので、教科書を使って基礎固めに力を入れたところ、成績が伸び始める。
その後、急激に成績が伸び、塾にほとんど通わず、東大と早稲田大の現役合格を達成する。この経験から、「基本に立ち返って、深く学習することの大切さ」を学び、それを日々の生徒の指導に活かしている。

▶著書は、『小学校6年分の算数が教えられるほどよくわかる』（ベレ出版）、『小学校6年間の算数が1冊でしっかりわかる本』（かんき出版）、『中学校3年間の数学が1冊でしっかりわかる本』（かんき出版）、『ビジネスで差がつく計算力の鍛え方』（ダイヤモンド社）、『この1冊で一気におさらい！小中学校9年分の算数・数学がわかる本』（ダイヤモンド社）など多数。

中学校3年分の数学が教えられるほどよくわかる

2018年1月25日	初版発行
2018年3月4日	第2刷発行

著者	小杉 拓也
本文イラスト	村山 宇希
DTP	あおく企画
発行者	内田 真介
発行・発売	ベレ出版
	〒162-0832　東京都新宿区岩戸町12 レベッカビル
	TEL.03-5225-4790　FAX.03-5225-4795
	ホームページ　http://www.beret.co.jp/
	振替 00180-7-104058
印刷	モリモト印刷株式会社
製本	根本製本株式会社

落丁本・乱丁本は小社編集部あてにお送りください。送料小社負担にてお取り替えします。
本書の無断複写は著作権法上での例外を除き禁じられています。購入者以外の第三者による本書のいかなる電子複製も一切認められておりません。

©Takuya Kosugi 2018. Printed in Japan

ISBN 978-4-86064-534-2 C0041　　　　　　　　　編集担当　坂東一郎

各店でランキング1位を獲得したロングセラー！

小学校6年分の算数が教えられるほどよくわかる

小杉拓也 著

- 公式が成り立つ理由がとにかく丁寧に書かれているので助かる。（50代女性）
- 分数の割り算のしくみを娘に教えたら、娘から褒められました。（40代男性）
- 孫に教えたいと思って読んでみたが自分が楽しめた。（70代男性）
- どうして「筆算」で計算できるのか、この本で初めて納得できました。（30代女性）

大好評発売中！

●本体 1400 円＋税
978-4-86064-471-0